中国环境宏观战略研究摘要

中国环境宏观战略研究项目办公室 编

中国环境出版社·北京

图书在版编目（CIP）数据

中国环境宏观战略研究摘要/中国环境宏观战略研究项目办公室编. —北京：中国环境出版社，2013.12
ISBN 978-7-5111-1645-1

Ⅰ. ①中… Ⅱ. ①中… Ⅲ. ①环境保护—发展战略—研究—中国 Ⅳ. ①X-012

中国版本图书馆 CIP 数据核字（2013）第 271803 号

出 版 人 王新程
责任编辑 任海燕 赵亚娟
责任校对 唐丽虹
封面设计 彭 杉

出版发行 中国环境出版社
（100062 北京市东城区广渠门内大街 16 号）
网 址：http://www.cesp.com.cn
电子邮箱：bjgl@cesp.com.cn
联系电话：010-67112765（编辑管理部）
010-67112753（辞书编辑部）
发行热线：010-67125803，010-67113405（传真）
印 刷 北京市联华印刷厂
经 销 各地新华书店
版 次 2013 年 12 月第 1 版
印 次 2013 年 12 月第 1 次印刷
开 本 787×960 1/16
印 张 16
字 数 270 千字
定 价 40.00 元

目 录

第一章　环境保护的战略地位

大气、水源、海洋、土地、草原和森林孕育着生机勃勃的世界，滋养着美丽温馨的家园，延续着我们世代的生机，这是人类赖以生活的空间和发展的根基、生存的条件。

地球是人类赖以生存和发展的家园。1961年4月12日，苏联航天员尤里·阿列克谢维奇·加加林乘坐“东方一号”宇宙飞船进行人类首次太空遨游。当他从舷窗中深情地遥望自己的家园时，惊讶地发现地球是一颗美丽的蔚蓝色星球，在茫茫太空中仿佛一叶扁舟，孑然无助之状让人顿生爱怜。当我国的神舟飞船运行在宇宙轨道上的时候，我们的宇航员也从太空中看到了地球无与伦比的景色：她缓慢地自转，纷卷漂浮的云层覆盖着仪态万千的陆地景观。地球以外的广袤太空让人猜想，在那里也许藏匿着我们无法想象的别的生命形式。虽然科学家在已知的数以亿万计的星体中苦苦寻找，但是迄今为止也没有发现任何星球具有地球上如此适合生命存在的得天独厚的生态环境。我们不禁扼腕感叹：人类之生于地球，实属万幸！我们别无选择地要与地球同舟共济！

追溯历史长河，自然环境一直都在不断变化和自我演替，呈现缓慢的进化态势。在此之外，人类的发展以及人类文明的缔造更是与自然环境的变化息息相关。当人猿相揖别，远古的蛮荒燃起文明之火，我们的祖先便开始主宰大自然的各种尝试。斗转星移，岁月递嬗，在生生不息的历史进程中，人类以其凌驾万物的智慧构筑起巍峨辉煌、无与伦比的文明丰碑。伴随着对资源环境的不断利用、改造和征服，人类社会得以迅速发展，在同生存环境艰苦卓绝的搏斗中，获得了巨大的物质财富和精神财富，创造了光辉灿烂的文明，使人类社会从渔牧狩猎时代发展到农业社会、工业社会，并向信息社会迈进，延伸着人类的梦想和荣耀，到处可以寻找到成功和希望的迹象：死亡率下降、贫困问题缓解、卫生健康指标不断提高等，开创了一个快速发展的崭新时代。

但是，人类在为征服大自然的节节胜利陶醉的同时，也愚昧地把破坏生态和污染环境的祸根植入人类赖以生存的地球，导致许多未曾预料的环境问题接踵而至，酿成许多自毁家园的惨剧。远古时代曾是水源充沛、土地肥沃、五谷丰登、人丁兴旺的美索不达米亚，随着沧桑变迁和生态环境恶化已辉煌不再。尼罗河、底格里斯和幼发拉底河、印度河和恒河流域也都因生态良好而兴旺，随生态恶化而衰败。

蒸汽机吹响了工业革命和现代文明的号角，各类工厂遍布地球的角角落落。日新月异的科学技术帮助人类攻克了一个又一个大自然的堡垒，人类征服和改造自然的能力获得空前提高。然而，滥伐林木、毁坏植被、乱捕鸟兽、人工填海、截改河道等破坏了生态平衡，大量污染物的随意排放使地球上已难找到一块净土，珠峰雪样中含汞含锰，大西洋底铅铬沉积，南极企鹅体内含苯，北极云雾在加浓变酸……支撑人类生命活动的生态系统被打破，带来了全球性的环境灾难。大自然开始报复了，干旱、洪灾、沙化、气温升高、大气污染、臭氧层空洞……灾难接踵而至，惩罚接连不断。

中国同样也不能幸免，许多地方也经历了与美索不达米亚极为相似的兴衰。数千年前，黄河流域林木葱茏，水草丰美，资源富饶，因自然生态好，农牧业兴旺，创造了举世闻名的黄河文明，孕育了辉煌的中华文明。迭经世代耕垦，森林植被递减，草原衰退，水土流失，生态恶化，结果我们的祖先被沙漠驱赶迁徙。楼兰王国的迁都，苏巴什古城的湮没，交河古城的衰落，高昌古城成为残垣断壁的遗址，丝绸之路在荒芜中沉埋、在万顷流沙之中湮没。新中国成立后，历史的遗留问题、人口的负担、外部的竞争压力，使发展成为国家追求的最迫切的主题。由于我国经济增长方式还比较粗放，在保持较快增长速度，短期内使我国的经济出现令人欣喜的繁荣的同时，我们也为此付出了巨大的资源环境代价。

随着经济社会的快速发展，人口不断增加，工业化、城市化步伐逐步加快，我国的环境问题也越来越突出。20 世纪 60 年代至 70 年代，在国外环境公害泛滥之际，我们没有把国外污染公害的惨痛教训作为“前车之鉴”，甚至错误地认为这是资本主义的特有产物，是私有制的固有弊端。虽然当时我国局部地区已经出现了一些污染问题，但我们始终认为不会重蹈西方国家“先污染、后治理”的覆辙。但严峻的现实是，环境问题正步步紧逼：20 世纪 50 年代“大炼钢铁”，“小工业”遍地开花，形成了我国环境污染的早期格局；60 年代“以粮为纲”、“围湖造田”，以牺牲林牧副渔为代价来发展粮食生产，形成了今日生态破坏的基本态势；70 年代松花江出现汞污染，北京官厅水库出现污染，辽宁本溪成为卫星上看不见的城市；80 年代发展“十五小”、“新五小”企业，导致了环境污染由城市向农村的蔓延；90 年代开发区遍地开花，导致了环境污染由小流域向大流域转移，淮河等流域出现重大环境污染事故；进入 21 世纪，一些地方重化工业的盲目发展，从北部的松花江，到长江上游的沱江，到太湖流域，突发性重大环境事件不断发生。过去曾认为只有西方、发达国家才有的环境问题，如今也变成了我国生死攸关的重大战略问题，导致我国现代化进程中面临的人口、资源和环境压力越来越大。当前，我国既面临环境污染、生态破坏、生活质量下降等生态失衡的矛盾，更存在公众环境意识薄弱、生态观念淡漠、生态伦理道德缺失等深层次的生态冲突问题，使得当前我国环境面临的压力比世界上任何国家、任何时候都大，环境资源问题比任何国家、任何时候都要突出，解决起来也比任何国家、任何时候都要艰难。

在新世纪加快发展的重要战略机遇期内，生态环境已成为人们生活质量和生命质量的第一要素。环境质量是国民经济可持续发展的基础条件，环境资源也是现实的竞争力和未来的生产力。环境保护是可持续发展的三大支柱之一，环境安全是社会公平与稳定的重要保障，环境改善是实现全面小康目标的重要任务。从客观上说，环境问题也是经济问题，是经济发展阶段、发展水平无法回避的，必须在发展中解决；从主观上说，人类的自私、贪婪和短视，对大自然毫无节制地索取，带来了严重的环境污染和生态破坏。因此，环境与发展是矛盾的对立统一体，并与自然、经济、社会、政治、技术、文化等休戚相关，这些因素相互交叉、相互影响，共同构成了一个环境问题的综合体。

我国历代哲学家、思想家、科学家乃至佛家、儒家、道家，都曾提出许多人与自然和谐相处的主张。古代哲人提出的“万物不同，而用之于人异也”，孔子的“智者乐水、仁者乐山”，老子的“人法地，地法天，天法道，道法自然”，都体现了人应顺从自然、追求自然之道和人为之道的统一，将人与自然的和谐作为价值目标，因而，历史上曾创造了女娲补天、大禹治水、神农尝百草等许多美丽的传说。

一、增进人民福祉

环境改善是关系民生的重大问题。环境福祉是人们从良好的环境状况中所享受到的安全、健康和舒适的幸福感，是广大群众最关心、最直接、最现实的利益之一。

生命和健康是民生之本，以解决危害群众健康和影响可持续发展的环境问题为重点，让人民喝上干净的水、呼吸清洁的空气、吃上放心的食物，在良好的环境中生产生活，这是基本的民生要求。新时期环境保护的工作重点应转向以保护人民健康为核心的环境公共服务上来。要坚持以改善环境质量为中心，以保护人民群众健康为宗旨，综合考虑人口、资源、经济与环境保护的协调发展。在环境管理活动中，优先保护人的生命健康，保障群众生活、劳动和休息的良好生态环境。

二、优化经济增长

以环境保护优化经济增长是新时期环境保护的新要求，是环境保护融入经济社会发展全局、融入全面建设小康社会目标中的真正体现。环境保护之所以能够优化经济增长，是因为经济发展要把环境承载力作为基础条件，走少排放、低排放（最好是零排放）、高效率的道路，这些要求对经济行为主体形成一种外在的强制约束条件，促使技术创新，提高资源利用效率并尽量循环利用再生资源，而且还能激励他们通过发展绿色产业而获得新的经济效益。同时，以环境治理带动环保产业发展，以绿色消费带动绿色生产，积极培育新的经济增长点。这些在客观上都会提高经济系统的运行质量，增强国家经济竞争能力。

以上这些重要使命，集中起来就是环境保护对于生态文明建设的重大推进。建设生态文明是中国环境保护新路的重要指导思想。实现 2020 年全面建设小康社会的奋斗目标，就是要整体推进经济建设、政治建设、社会建设、文化建设和生态文明建设，坚持走中国特色的新型工业化、农业现代化、新型城市化道路。

环境保护是一项伟大的事业。伟大的事业需要伟大的实践。改革开放 30 年是我国环境保护事业不断发展的 30 年，也是不懈探索中国环保新路的 30 年。我们在总结过去经验，指导并做好当前环保重点工作的同时，还应未雨绸缪，积极谋划未来，研究确定今后更长一段时间内我国环境保护的发展战略，探索中国环境保护新路。环境保护战略是国家关于环境保护的基本性、整体性和长期性问题的谋略，直接关系到全面建设小康社会和基本现代化目标的实现。探索中国环境保护新路，就要把环境保护放到落实科学发展观、促进社会和谐的高度来认识，把保障环境安全摆上经济社会发展的战略地位，通过资源节约型、环境友好型社会的建设，强化全社会的危机意识，加快生态文明建设，改善生态环境质量，完善环保体制机制，实现经济社会发展与环境生态资源相协调、人与自然和谐相处。

今天，无论是专家学者还是普通百姓都在探讨人类可持续发展之路，环境保护已成为全人类共同关心的热门话题。自 1972 年联合国在瑞典首都斯德哥尔摩召开人类环境会议以来，环境保护早已超出地域、国家的限制，成为我们每个地球人的共识：人类只有一个地球，保护环境是所有地球人义不容辞的责任，保护地球就是保护我们赖以生存的绿色家园。只要我们善待自然，尊重自然，保护环境，合理改造和利用环境资源，建立和谐的人与自然相互依存的良性循环关系，人类就可以给地球带来和谐与无限生机，还空气以清新、江河以清澈、山川以秀美，为子孙后代留下良好的生存和发展空间，留下一个青山常在、碧水长流、空气清新的地球家园。

第二章　中国环境保护事业发展历程及成就

中国环境保护事业经历了几代人的艰苦奋斗，从无到有、逐步发展，取得了辉煌的成就。环保事业发展的历程是我国发展进程的一个重要部分，也是综合国力不断提升在环境保护领域的特殊反映。回顾和总结中国环保事业的发展历程，准确把握其规律与进程，这是制定环境宏观战略的基础与前提。

一、中国环境保护事业发展历程

中国环境保护事业是从 20 世纪 70 年代起步的，从那时至今，根据重大环境事件、重要环保决策、重点环保行动等典型因素，可以把我国环境保护的历程大体分为三个阶段：点源治理、制度建设阶段（1973—1993），流域整治、强化执法阶段（1994—2004）和全防全控、优化增长阶段（2005 年至今）。

（一）第一阶段：点源治理、制度建设阶段（1973—1993）

1. 经济改革起步，环保工作积极探索

该阶段，我国从十年动乱以阶级斗争为纲到改革开放以经济建设为中心，从完全的计划经济向有计划的社会主义市场经济转变，经济发展的主要特征表现为：在农村体制改革带动下的农业快速发展，以及以轻工、纺织为主导的乡镇企业迅速崛起。与此同时，一些地方和行业无序发展现象严重，耗能高、效率低、浪费资源、污染严重的项目盲目上马，小造纸、小电镀、小炼焦、小冶炼等泛滥，乱采滥挖、破坏资源等行为普遍。由于乡镇企业数量多，布局混乱，产品结构不合理，技术装备差，经营管理不善，资源和能源消耗大，绝大部分没有防治污染措施，使污染危害变得更加突出和难以防范，导致污染由点到面、由城市向农村蔓

延，环境保护工作严重滞后于经济发展。

1972年发生的大连湾污染事件、蓟运河污染事件、北京官厅水库鱼污染事件，以及松花江流域出现类似日本水俣病的征兆，表明我国的环境问题已经到了危急关头。其中北京官厅水库鱼污染事件直接引发我国第一项治污工程的开展。1972年3月，一些北京市民在食用了市场出售的鲜鱼后，出现了恶心、呕吐等症状。因为当时特殊的政治环境，甚至有人认为是阶级敌人在搞破坏，该事件引起周恩来总理的高度重视，当时国家计委、国家建委立即组成调查组开展调查，结果显示官厅水库的鱼受到了污染，是由河北宣化地区以及张家口、大同等地区的污水进入水库造成的。调查报告还指出，官厅水库的水污染呈现急剧加重趋势，水库盛产的小白鱼、胖头鱼体内DDT含量每千克达2 mg（当时日本标准为0.11 mg）。为妥善解决这次污染事件，当时由北京、河北、山西和中央有关部委共同组成领导小组，万里同志任组长，全面推动官厅水库污染整治。经过分期治理，控制住了官厅水库的污染。这是新中国成立后由国家组织进行的第一项污染治理工程。

同年，联合国第一次人类环境会议在瑞典斯德哥尔摩召开，我国政府派团参加，代表们深刻了解了世界环境概况和环境问题对经济社会发展的重大影响，开始认识到我国也存在严重的环境问题。周恩来总理在听取了参会代表团的汇报之后指示，对环境问题再也不能不管了，应当把它提到国家的议事日程上来。在上述背景下，1973年8月5日至20日，第一次全国环境保护会议在北京召开，从此揭开了我国环境保护事业的序幕。1978年12月31日，中共中央批转了国务院环境保护领导小组的《环境保护工作汇报要点》。1979年9月，五届人大十一次常委会通过新中国的第一部环境保护基本法——《中华人民共和国环境保护法（试行）》，对我国的环境保护事业产生了深远影响。1982年7月国务院颁布《征收排污费暂行办法》，并逐步在全国实施。

这一时期，环境保护国际合作领域发生了一系列重大事件，极大地推动了我国环境保护事业的发展。1984年，成立了国务院环境保护委员会，主要研究审议涉及国家和地方重大环境问题的规划、政策、规定、条例、决定等。我国积极参与国际合作，与30多个国家签署了环境合作协定，15个核安全与辐射环境合作协定。参加了亚太经合组织、亚欧会议、东北亚环境合作等区域环境合作会议和行动。1992年中国环境与发展国际合作委员会（简称“国合会”）成立，主要是利用国际智力资源为我国政府科学决策搭建国际合作平台。多年来，中国政府领导定期听取国合会咨询意见。国合会在向中国引进、传播国际社会和有关国家环境与发展新的理念、思想、观点和先进经验的同时，也如实地向国际社会传播了中国环境与发展的成就与经验，在中国政府与国际社会之间架设了一座相互交流、友好合作的桥梁，促进了中国与国际社会和有关国家之间经验的“双向共享”。

1992 年 6 月联合国环境与发展首脑会议召开，国务院总理李鹏应邀出席了会议并发表重要讲话，进行了广泛的高层次接触。国务委员宋健率中国代表团参加了部长级会议，并做了重要发言。这次会议使全球环境保护进入了“可持续发展阶段”。同年 8 月，中共中央、国务院批准了《中国环境与发展十大对策》，发布了《中国 21 世纪议程——中国 21 世纪人口、资源与发展白皮书》。1993 年 3 月，全国人大成立了环境与资源保护委员会（简称环资委），标志着我国进入环境资源立法高潮。环资委成立后，提出了“中国环境与资源保护法律体系框架”。

2．党和国家高度重视环境保护，做出一系列重大决策

（1）第一次环境保护会议拉开了中国环境保护事业序幕

1973 年，第一次全国环境保护会议在北京召开，揭开了我国环境保护事业的序幕。这次会议首次承认我国也存在环境问题，并且还比较严重。在政治动乱、极“左”思潮泛滥、“四害”横行的文化大革命中做到这一点是很不容易的。会议提出了“全面规划、合理布局、综合利用、化害为利、依靠群众、大家动手、保护环境、造福人民”的工作方针（简称“三十二字方针”），体现了预防为主、充分利用资源和公众参与的思想，直到今天仍然具有积极意义。

会议审议通过了我国第一个具有法规性质的环境保护文件——《关于保护和改善环境的若干规定》，从做好全面规划、工业合理布局、逐步改善老城市环境、尽量减少噪声、综合利用、除害兴利、加强对土壤和植物的保护、加强水系和海域的管理、大力植树造林、认真开展环境监测工作、大力开展科研与宣教工作、安排落实环保投资等十个方面，对保护和改善环境作出了规定。

（2）中央批转关于环境保护工作汇报要点，推动环保事业向前发展

1978 年 12 月 31 日，中共中央批转了国务院环境保护领导小组的《环境保护工作汇报要点》（以下简称《汇报要点》），指出：“我国环境污染在发展，有些地区达到了严重的程度，影响广大人民劳动、工作、学习和生活，危害人民群众健康和工农业生产的发展，群众反映强烈。”“消除污染，保护环境，是进行社会主义建设，实现四个现代化的一个重要组成部分……我们绝不能走先建设、后治理的弯路。我们要在建设的同时就解决环境保护污染的问题。”这是中国共产党历史

上第一次以党中央的名义对环境保护工作作出的指示。它引起了各级党组织的重视，《汇报要点》的转批加快了全国各级环保系统的机构建设步伐，切实推动了我国环境保护事业的发展。

（3）第一部环境保护法将环保事业引入法制轨道

1979 年 9 月 13 日《中华人民共和国环境保护法（试行）》的颁布，是我国环境保护事业进入法制轨道的转折点。该法依据 1978 年宪法的原则规定，总结了我国环境保护的基本经验，参考国外环境法中行之有效的管理制度，对环境保护的对象、任务、方针和政策、环境保护的基本原则和制度，保护自然环境、防治污染和其他污染的基本要求和措施，环境管理的机构和职责，科学研究和教育，以及奖励和惩罚等作了全面的规定。该法的意义在于，它不仅规定了环境影响评价、“三同时”和排污收费等基本法律制度，而且明确要求从国务院到省、市、县各级政府设立环境保护机构；并第一次从法律上要求各部门和各级政府在制定国民经济和社会发展计划时，必须对环境的保护改善统筹安排并组织实施，为实现环境和经济的协调提供了法律保障。它的颁布实施，带动了我国环境保护立法的全面开展。环境保护法的试行表明我国环保事业进入了法制轨道。这期间，我国制定了《中华人民共和国海洋环境保护法》（1982 年 8 月），作为保护海洋环境的单行法，不仅对防治海岸工程、海洋石油作业、陆源污染物、船舶和倾废对海洋环境的污染损害作了系统规定，并首次在法律上明确了环境保护工作中实行环境保护部门统一监督、有关部门分工负责的环境管理体制。《中华人民共和国水污染防治法》（1984 年 5 月）、《中华人民共和国大气污染防治法》（1987 年 9 月）相继颁布，为有效防治水污染和大气污染提供了法律依据。同时还颁布了《中华人民共和国草原法》（1985 年）、《中华人民共和国水法》（1988 年 1 月）等污染防治和自然资源保护方面的法律和一系列行政法规和规章。1989 年 12 月七届全国人大第十一次会议通过了《中华人民共和国环境保护法》。环境保护法律开始成为我国环境保护工作的重要支柱和保障，成为我国社会主义法律体系中新兴的、发展迅速的一个重要组成部分。1982 年排污收费制度正式建立，成为我国环境管理的一项基本制度，也是促进污染防治的一项重要经济政策。

（4）国民经济调整时期提出“谁污染、谁治理”原则

改革开放初期，环境保护工作主要结合经济调整的各项政策措施，认真贯彻执行《中华人民共和国环境保护法（试行）》，以污染防治作为重点，并采取相应的政策措施。1981 年，国务院发布《关于在国民经济调整时期加强环境保护工作

的决定》，提出了“谁污染、谁治理”的原则，要求工厂企业必须切实负起治理污染的责任，对生产工艺落后、污染危害大又不好治理的工厂企业，根据实际情况有计划地“关”、“停”、“并”、“转”。对于布局不合理，资源能源浪费大，对环境污染严重又无有效治理的项目，应坚决停止建设。1985年，国务院召开了全国城市环境保护工作会议，原则通过了《关于加强城市环境综合整治的决定》。开展城市环境综合整治，拉开了城市工业企业搬迁、城市基础设施建设、城市河道整治等城市环境整治工程的序幕，对于社会主义物质文明和精神文明建设具有重要意义。

（5）**第二次环境保护会议首次提出环保是一项基本国策**

1983年12月国务院召开了第二次全国环境保护会议。会议的主要任务是总结过去10年环境保护工作经验，研究新时期环境保护的方针政策，确定近期和长远的环境保护奋斗目标和工作任务，使环境保护与经济建设统筹兼顾，同步发展。

这次会议的最大贡献有两个方面：一是明确提出了环境保护是一项基本国策；二是强调了经济建设和环境保护必须同步发展，要求经济建设、城乡建设和环境保护同步规划、同步实施、同步发展，做到经济效益、社会效益和生态效益的统一。基本国策的确立确定了环境保护在国民经济和社会发展中的重要地位，“三同步”与“三统一”是第一次在战略高度上确定了环境保护工作的指导方针，对环保事业的发展具有深远的影响，标志着我国的环境保护从单纯的污染治理开始转向重视经济、社会与环境协调发展的新阶段。

会议强调了要把自然资源的合理开发和充分利用作为环境保护的基本政策，加强对环境保护工作的科学管理，进一步加强对环境保护工作的领导，落实环境保护的资金渠道。这些要求在1984年颁布的《国务院关于环境保护工作的决定》中得到了充分体现。该决定对建立环保体制和加强能力建设做出明确要求，包括成立国务院环境保护委员会、对相关部委的职能进行界定、在地方政府和大中型企业设置环保机构、将环保能力建设纳入中央和地方的投资计划，同时，对新建、扩建和改建项目“三同时”、老企业污染治理资金来源以及采取鼓励综合利用的政策等做出具体规定。同年，国务院环委会成立，召开了多次工作会议，研究审议涉及国家和地方重大环境问题的规划、政策、规定、条例、决定等。国务院环委会的成立使环境保护冲破机构局限，加大了各部门在环境保护工作上的协调合作，对推动环保事业发展起到了积极作用。

(6) 第三次环境保护会议提出向环境污染宣战，并强调加强制度建设

1989 年 4 月 28 日至 5 月 1 日，国务院召开了第三次全国环境保护会议。这次会议主要研究在治理经济环境、整顿经济秩序和全面深化改革中，如何治理环境污染、整顿生态环境，把环境保护工作推上一个新的阶段。

宋健同志在会议开幕式中强调要向环境污染宣战，表明了国家治理污染的决心。会议明确了到 1992 年的环境保护目标是：努力控制环境污染的发展，力争一些重点城市和地区的部分环境指标有所改善；努力制止自然生态环境恶化的趋势，力争局部地区有所好转，为实现 2000 年控制住环境污染发展的目标打下基础。同时，对工业废水排放量控制、二氧化硫排放量控制、工业固废综合利用率等提出了具体目标。但当时很大程度上“向污染宣战”的时机和条件不成熟，有些地方环保部门对加强环保执法工作还缺乏足够的信心和决心。同时对当时的环境问题的复杂性认识不足、准备不充分，此外受“89 风波”的影响，相关措施并未得到很好落实。

这次会议的一个具体贡献在于提出在治理整顿中建立环境保护工作的新秩序，其核心是加强制度建设，全面推行新老八项环境管理制度，即在实行环境影响评价、“三同时”、排污收费三项制度基础上，增加环境保护目标责任制、城市环境综合整治定量考核、排污许可证、污染集中控制和限期治理五项新制度；强化监督管理；不断完善环境保护法律法规，依法治理环境，把环境保护工作新秩序建立在法制的基础上。

为了落实第三次全国环境保护会议精神，1990 年，国务院颁布了《关于进一步加强环境保护工作的决定》（以下简称《决定》），强调了要严格执行环境保护法律法规和依法采取有效措施防治工业污染，具体是全面落实八项环境管理制度，并将实行环境保护目标责任制放到了突出的位置。与 20 世纪 80 年代初的两个《决定》相比，1990 年《决定》还有三个创新：一是强调了在资源开发利用中重视生态环境的保护，拓展了环保工作的领域，为 20 世纪 90 年代中期将生态保护与污染防治并重的环保战略的形成奠定了基础。二是根据当时国际环境合作日益活跃，世界环境与发展大会召开在即的新形势，该《决定》首次提出要积极参与解决全球环境问题的国际合作。三是将环境保护宣传教育和环境保护科学技术发展放到了重要的位置。

总体来看，这一时期中央对环保事业高度重视，1978 年批转的关于环境保护汇报纲要，是我党历史上第一次以中央的名义作出的关于环境保护工作的指示。

三次环境保护会议从拉开环保事业序幕到基本制度的建立，推动了环境保护事业向前发展，环境保护法的试行将环境保护事业纳入法制化轨道。

3. 建立环境保护的基本制度，重点整治凸显的环境问题

该阶段，我国的环保事业从无到有，经历了一个漫长的探索、发展过程，从建立机构到制度建设再到实施一系列环保措施。制度建设和对重点地区进行污染治理是这个阶段最鲜明的特征。其中伴随着改革开放和经济的快速发展，以基本国策为核心的环境保护理论体系、以排污收费制度、“三同时”制度、环境影响评价制度为主体的环保制度和以《环境保护法》为代表的法制体系等相继建立，为下一步大规模开展环境治理奠定了重要的制度基石。

这期间，环保机构建设也发生了巨大变化。从20世纪70年代，环境保护是国务院的一个工作办公室；到80年代初期，提升为城乡建设环境保护的一个司局；再到80年代末期，再次提升为国家环保局并作为国务院直属机构。

(1) 环境保护制度建设奠定了环保工作的基础

该阶段建立了排污收费、环境影响评价、“三同时”制度、城市环境综合整治定量考核制度等环境保护基本制度体系，为环保的制度建设打下了坚实的基础。其中通过排污收费制度不仅遏制污染的排放，还通过资金的筹集有力地支持了环境管理、监理、监测、宣传教育等项业务工作的开展。排污收费制度加强了企业管理，促进了企业污染治理，为企业治理污染源开辟了一条资金渠道，取得了一定的环境效益。我国的环境影响评价工作开始于20世纪70年代末，这一制度吸收美国、加拿大等发达国家环评工作的经验和方法，同时也是在国内许多城市和地区广为开展环境质量评价基础上发展形成的，它有力地推动了我国开发建设中的环境管理工作。“三同时”制度在基本建设项目和技术改造项目中严格控制新污染，与环境影响评价制度相辅相成，成为防止新污染的两大措施。通过实行城市环境综合整治定量考核制度，使城市的环境问题得到一定改善，城市基础设施建设取得新进展，提高了城市综合服务水平和污染防治能力，使城市环境管理水平明显提高。

(2) 加大环境保护力度，重点进行“三废”治理

该阶段，国家在制定环境规划与计划，开展“三废”治理，限期整改和搬迁污染企业、推动城市环境综合整治、加大环保投入等方面取得了长足的进展。

一是制定环境保护规划与计划。为了在短期内控制环境恶化，改善环境质量，

从 1974 年国务院环境保护领导小组成立之后，1974 年、1975 年、1976 年连续下发了《环境保护规划要点》、《关于环境保护的 10 年规划意见》与《关于编制环境保护长远规划的通知》三个文件，并要求从 1977 年起，切实把环境保护纳入国民经济的长远规划和年度计划，为有计划地逐步解决环境污染问题奠定了基础。1981 年颁发的《国务院关于在国民经济调整时期加强环境保护工作的决定》，再次强调要加强国家对环境保护的计划指导，对工业布局、城镇分布、人口配置等问题进行统筹规划，创造适宜于人们生活和工作的良好环境，要求各级人民政府在制订国民经济和社会发展计划、规划时，必须把保护环境和自然资源作为综合平衡的重要内容，把环境保护的目标、要求和措施，切实纳入计划和规划，加强计划管理。工交、农林、科研、卫生等企事业单位及其主管部门，都要制定具体的环境保护目标和指标，在年度计划中作出安排。

二是开展以“三废”治理和综合利用为特点的污染防治。1973 年 8 月第一次全国环境保护会议之后，国务院在批转国家计委《关于全国环境保护会议情况的报告》和《关于保护和改善环境的若干规定》时指出：对所有的城市、河流、港口、工矿企业、事业单位的污染，要迅速做出治理规划，分批分期加以解决。从此，环境保护被提上议事日程，根据城市煤烟型污染的特点，城市环保工作主要开展了以点源治理为主的锅炉改造和安装除尘设备的消烟除尘工作。1975 年印发的《关于环境保护的 10 年规划意见》指出，对工矿企业不适当地排放“三废”，解决办法其一是对现有工矿企业的污染进行积极治理，逐步消除；其二是新建、扩建、改建的工业项目，要同时采取防治措施，不再造成新的污染；其三是按照环境保护的要求，注意工业的合理布局。1977 年印发的《关于治理工业“三废”，开展综合利用的几项规定》，在经营管理、防止新污染、加强考核、合理利用、规划制定、收费规定、税收优惠、盈利规定、污染企业、科研监测、物资供给和人员需求 12 个方面作出了明确规定。

据不完全统计，1985 年，为控制大气污染，全国 10 万台污染严重的锅炉中，有 70%以上进行了消烟除尘改造。通过改进燃烧方式和采取净化处理设施，解决了部分城市局部的环境污染。

三是开展城市环境综合整治，实施城市环境综合整治定量考核制度。通过开展城市环境综合整治，城市工业污染防治和城市基础设施建设得以快速发展，1985—1990 年，在工业稳定增长的情况下，工业烟尘和工业粉尘排放量由 2 600 万 t 下降到 2 100 万 t，万元产值工业废水排放量由 310 t 下降到 180 t。北京市发展城市煤气、建设城市集中供热体系，解决城市大气煤烟型污染的状况，1986年颁布了《关于在规划市区内征收城市“四源”建设费暂行规定》，通过价格手段推进煤气厂建设，促进大气环境质量的改善。天津城市环境治理工作，主要从调整城市发展结构入手改善城市环境。在产业结构调整过程中，实行污染企业搬迁，同时开展小电镀治理工作，建立了全国首家最大的城市二级污水处理厂——日处理城市混合污水26万t的纪庄子污水处理厂。城市环境综合整治已经逐渐从单一的污染治理转到从城市发展全局出发进行防治，取得了成效。城市环境治理的成功也成为该阶段环境发展过程中闪亮的一页。

曾经被称为“卫星上看不见的城市”的辽宁省本溪市，通过城市环境综合整治、生态建设、加大消烟除尘力度，使全市污染严重的21条“烟龙”、17股污水、两座废渣山得到治理，建成220 km^2 的环城森林公园，环境状况得到明显改善。革命圣地延安市的大气污染也曾一度引起国内外媒体的高度关注。在中央的支持和当地政府的努力下，延安市的大气环境质量也得到明显改善。

四是对污染危害严重的工厂进行限期治理。从1973年开始，官厅水库、蓟运河、渤黄海等污染问题日趋突出，环境污染已经到了非解决不可的时候了。在周恩来总理的亲切关怀下，国务院连续召开会议，研究污染治理对策，其中的一项重要措施就是对那些污染危害严重的工厂进行限期治理、限期搬迁和转产。1978年，由国家计委、国家经委、国务院环境保护领导小组提出了一批严重污染环境的重点工矿企业名单，涉及167家企业、227个重点项目，重点解决重金属、酚、氰、油、高浓度有机污染物。在此期间，各省、市、自治区也相继下达了多批地方限期治理项目，总数达12万个，重金属等污染得到明显控制。

五是明确环境保护的资金渠道。1976年由国家计委和国务院环境保护领导小组联合下发的《关于编制环境保护长远规划的通知》，首次对环境保护的资金渠道提出了明确要求：其一是新建、扩建、改建项目的“三废”治理工程所需投资，随主体工程由各部门、各地区在建设投资中安排；其二是现有企业治理污染所需资金，主要在“固定资产更新和技术改造资金”中解决。工程量大、费用多的治理项目，应分别纳入各部门、各地区的基本建设计划。国务院各部直属、直供企业，由各部负责安排解决；地方企业由地方负责安排解决。城市排水管网的污水处理设施建设，在城市建设费用中安排解决；其三是凡属“三不管”的污染治理项目和事情，其所需资金在国家“五五”规划已分配给各省、市、区的环境保护补助投资中解决。该阶段，大力加强环保力度，城市烟尘治理、环境卫生等取得积极进展，但是流域、区域性污染开始出现，1987年、1988年的淮河污染事件，标志着环境污染开始向流域蔓延。同时由于经济高速发展，二氧化硫排放强度逐年增加，酸雨问题日趋严重。虽然环保投入渠道明确，但落实情况并不好，企业治污资金和城市环境整治资金长期缺口较大。

总体上，这个阶段是十年动乱结束，国家进入治理整顿阶段。改革开放以后，国民经济从复苏进入振兴，在此背景下环保起步，初步明确了环境保护在社会经济发展中的地位和作用，开始从宏观上理顺经济建设和环境保护的关系；成立了独立的环境保护机构，进行了环境保护立法、制定了环境保护政策和制度，加强了重点地区环境污染的整治力度。但是由于改革开放初期，乡镇企业不断发展壮大，环境保护工作没有及时跟上经济发展形势，乡镇企业的环境污染监管处于失控状态，"十五小"导致环境急剧恶化，环境问题从点到面、从城市到农村蔓延的局面十分严重。尽管此阶段国家环保工作在不断加强，但环境不断恶化的趋势没有得到遏制。

（二）第二阶段：流域整治、强化执法阶段（1994—2004）

1. 经济高速发展，环境事故频发，流域性污染问题严重

自1993年开始，我国工业化进程开始进入第一轮重化工时代。在此期间，产业结构重工业产值比重开始明显超过轻工业，电力、钢铁、机械设备、汽车、造船、化工、电子、建材等产业成为经济增长的主要动力，以满足居民住、行的"大额消费"需求。高增长行业包括能源和原材料行业，如石油及天然气等开采业；基础设施和基础产业，如公路、港口和电力等；家电产品，如彩电、冰箱、洗衣机和空调机等。"九五"时期，国内生产总值年平均实际增长 8.3%，2002—2005年，我国经济快速发展，增长率连续四年超过10%，继2002年我国人均GDP首次超过1 000美元，达到1 100美元后，2005年又超过1 700美元，成为改革开放以来经济增长快、持续时间长的时期之一。

与此同时，城市化进程加快，1999年城市化率比1978年的17.92%整整增加了一倍，到2005年提高到43%。城乡人民生活进一步提高，居民消费结构不断改善，食物性消费支出比重继续下降，耐用消费品拥有量不断增加，并逐渐向高档化发展。但是，由于经济增长方式粗放，技术和管理水平落后，资源、能源的消耗量也大幅度增加，煤炭消耗量由 2002 年的 152 812 万 t 上升为 2005 年的

218 203 万 t，增长了近 43%。直接导致主要污染物排放量居高不下，2005 年二氧化硫和 COD 排放量分别为 2 549.3 万 t 和 1 414.2 万 t，分别比 2002 年增长了 32.3% 和 3.5%。污染影响的范围也逐渐扩大，以城市为中心的环境污染仍在加剧，并且向农村蔓延，生态破坏的范围仍在扩大。农业在有限的耕地面积上产值不断提高，然而由于大量农药、化肥以及塑料薄膜的使用，农业面源污染问题开始凸显。一些地区的环境污染和生态破坏已经阻碍了经济的健康发展，甚至对人民群众的健康构成了直接威胁。

伴随粗放式经济的高速发展，我国进入环境问题全面爆发期。工业污染和生态破坏总体呈加剧趋势。在污染结构上，城市生活型污染开始凸显，复合型和压缩型污染特征形成。20 世纪 80 年代末，淮河水质明显恶化，当地居民反应强烈，大面积的死鱼事件相继发生，甚至污染了一些农村的饮用水。1994 年淮河再次爆发污染事故，干流 300 km 河道如酱油一般，敲响了环境安全警钟。进入 21 世纪，我国部分流域的水污染已经从局部河段向全流域蔓延，重大污染事件集中爆发，标志着我国因历史上污染累积带来的环境事故已进入高发期。2003 年，全国共发生 17 起特大和重大污染事故，其中造成人员死亡和集体中毒事件 10 起，水污染影响社会稳定和较大经济损失 7 起。这 17 起污染事故，共造成 249 人死亡（其中重庆开县“12·23”井喷事故死亡 234 人），600 多人中毒，波及群众近 3 万人。2004 年 7 月 20 日至 27 日，淮河爆发有史以来最大的污染团，充斥河面的黑色污水带全长 133 km，总量超过 5 亿 t。2004 年 3 月，四川成都市青白江区的川化集团违法排污，造成沱江特大污染事故，沿岸上百万群众生产生活用水困难，水生态功能遭到严重破坏。

2. 在可持续发展思想指导下，环境保护重大决策频频出台

(1) 加快了落实环境保护基本国策和可持续发展战略的步伐

1994 年 3 月 25 日，国务院第十六次常务会议讨论通过了《中国 21 世纪议程》，从人口、环境与发展的具体国情出发，提出了中国实施可持续发展的总体战略、对策以及行动方案。1996 年 3 月，第八次全国人民代表大会第四次会议审议通过《中华人民共和国国民经济和社会发展“九五”计划和 2010 年远景目标纲要》，把实施可持续发展作为现代化建设的一项重大战略写入纲要之中。2002 年 8 月 26 日至 9 月 4 日，我国参加在南非约翰内斯堡举行的联合国可持续发展世界首脑会议。朱镕基总理在会上全面阐述中国对可持续发展问题的原则立场，宣传介绍中

国的环境保护和经济社会发展经验，呼吁各国深化对可持续发展的认识，改变传统的发展思路和模式，同时宣布中国政府核准《京都议定书》，引起强烈反响，许多国家对此给予高度评价。2002年党的十六大明确提出经济建设要“走出一条科技含量高、经济效益好、资源消耗低、环境污染少、人力资源优势得到充分发挥的新型工业化路子”。同年，江泽民总书记在全球环境基金第二次成员国大会上指出：“只有走以最有效利用资源和保护环境为基础的循环经济之路，可持续发展才能实现。”这些重大战略决策，对不断提高资源环境保障能力，解决我国经济发展与资源环境矛盾，实现国民经济又快又好发展具有重要意义。

（2）**正确认识经济发展同人口、资源、环境的关系**

面对日益严峻的环境形势，国务院分别在1996年和2002年召开了第四次和第五次全国环境保护会议，重申环境保护的重要战略地位，并进一步做出重大部署。1996年《国务院关于环境保护若干问题的决定》中明确提出，“保护环境的实质就是保护生产力”，将环境保护的意义提升到保护生产力的战略高度，并采取关停“十五小”、“一控双达标”等重大措施，对推动环境污染治理发挥了重要作用。2002年第五次全国环境保护会议上朱镕基总理又进一步强调，“加快经济建设绝不能以破坏环境为代价，绝不能把环境保护同经济发展对立起来或割裂开来，绝不能走先污染后治理的老路”。

1995年9月，江泽民总书记在中共十四届五中全会《正确处理社会主义现代化建设中的若干重大关系》的讲话中指出，在现代化建设中，必须把实现可持续发展作为一个重大战略，把控制人口、节约资源、保护环境放到重要位置，使人口增长与社会生产力的发展相适应，使经济建设与资源、环境相协调，实现良性循环。1998年国家将原来每年举行的中央计划生育工作座谈会改为中央计划生育和环境保护工作座谈会，1999年又改为中央人口资源环境工作座谈会，此后每年3月“两会”期间举行，结合具体形势讨论国家经济建设中遇到的重大人口、资源、环境问题。2000年将人口资源环境工作上升到关系我国经济和社会的安全、人民生活的质量、中华民族生存和发展的战略高度。2002年，提出正确处理经济发展同人口资源环境的关系，必须高度重视并切实解决经济增长方式的转变问题，按照可持续发展的要求，促进人和自然的协调与和谐，努力开创生产发展、生活富裕、生态良好的文明发展道路。

2003年3月9日，胡锦涛总书记主持召开中央人口资源环境工作座谈会，进一步提出人口资源环境工作是强国富民安天下的大事，是全面建设小康社会的必然要求；2004 年，提出要以科学发展观为统领，做好人口资源环境工作。2005年中央人口资源环境工作座谈会议上，提出了“努力建设资源节约型、环境友好型社会”的战略目标。

(3) 强化环保部门的统一监督管理职能

为了进一步加强对环境保护工作的指导，落实国务院关于环境保护工作的部署，1998 年 4 月国家环保局升格为国家环保总局，作为国务院直属机构，国务院环境保护委员会撤销，有关组织协调的职能由国家环境保护总局承担。同年 6 月，国家核安全局并入国家环境保护总局，内设机构为核安全与辐射环境管理司（国家核安全局)。2003 年 12 月，为加强对放射源安全的统一监管，中编办印发《关于放射源安全监管部门职责分工的通知》，明确环保部门统一负责放射源的生产、进出口、销售、使用、运输、贮存和废弃处置安全的监管。至此，核与辐射安全监管成为环保部门的一项重要职能。

为了更好地完成协调管理环境事务的新职能，由国家环境保护总局牵头，分别建立了相关部际联席会议制度。2001 年 3 月 14 日，牵头召开了全国生态环境建设部际联席会议第一次会议，7 月国家环保总局发文建立全国环境保护部际联席会议制度；2003 年 8 月，经国务院批准，由国家环境保护总局牵头正式建立生物物种资源保护部际联席会议制度。但是由于环境问题的复杂性以及当时部际协调机制还不完善，使得污染治理和生态保护的统一监督管理能力并没有得到实质性的加强。

(4) 全面治理环境污染、恢复和重建自然生态系统

1996—2002 年，是强化执法、全面治理污染和保护生态的一段重要时期，环境保护的领域与职能不断扩展，已经由单纯的工业污染治理扩展到生活污染治理、生态保护、农村环境保护、核安全监管、突发环境事件应急等各个重要领域，并且开始逐步参与国民经济发展的综合决策过程。

① 由点源治理向区域、流域综合治理转变

20 世纪 90 年代中期，国家提出了污染防治抓重点区域，以重点带全面，推进全国环境保护工作的政策。其标志性举措是 1994 年第一次淮河流域水污染治理和 1996 年开始实施的《中国跨世纪绿色工程规划》。

由于 20 世纪 80 年代大量乡镇企业无序发展，缺乏有效环境监管，淮河干流在 1989 年、1992 年、1994 年相继发生特大水污染事故，引起国家领导高度重视。1994 年初全国环境保护厅局长会议专门对此研究对策。1994 年 5 月，国务院环境

保护委员会召开淮河流域环境保护执法检查现场会，宋健同志和国家10个部委的领导、沿淮四省政府主管负责人查看了淮河污染情况，直接部署治理工作，拉开了淮河流域大规模治理水污染的序幕。1994年6月，由国家环保局、水利部和河南、安徽、江苏、山东沿淮四省共同颁布《关于淮河流域防止河道突发性污染事故的决定（试行）》。这是我国大江大河水污染预防的第一个规章制度。1995年8月，国务院签发了我国历史上第一部流域性法规——《淮河流域水污染防治暂行条例》，明确了淮河流域水污染防治目标："1997年实现全流域工业污染源达标排放；2000年淮河流域各主要河段、湖泊、水库的水质达到淮河流域水污染防治规划的要求，实现淮河水体变清。"仅1996年一年，全流域4 000多家"十五小"企业被关闭。

中国跨世纪绿色工程规划是《国家环境保护"九五"计划和2010年远景目标》的一个重要组成部分，按照突出重点、技术经济可行和发挥综合效益的基本原则，对流域性水污染、区域性大气污染实施分期综合治理。到2010年共实施项目1 591个，投入资金1 880亿元。先后确定了"九五"期间全国污染防治的重点地区，简称"33211"工程，即"三河"（淮河、辽河、海河）、"三湖"（太湖、滇池、巢湖）、"两控区"（二氧化硫控制区和酸雨控制区）、"一市"（北京市）、"一海"（渤海），重点集中力量解决危及人民生活、危害身体健康、严重影响景观、制约经济社会发展的环境问题。同时提出了"一控双达标"的环保工作新思路，即要实施污染物排放总量控制，工业污染源排放污染物要达到国家或地方规定的标准；直辖市及省会城市、经济特区城市、沿海开放城市和重点旅游城市的环境空气、地面水环境质量，按功能分区分别达到国家规定的有关标准。

——重点流域水污染防治。"三河"、"三湖"流域面积达81万km^2，跨越全国14个省（市），居住人口3.6亿。国家制定并实施重点流域"九五"、"十五"（2001—2005年）水污染防治计划，实行污染物总量控制制度，将总量削减指标落实到排污单位，逐步完善排污许可证管理方式，并建设了一批重点治理工程项目。根据国务院新闻办公室2006年发布的数据，截至2005年底，列入重点流域水污染防治"十五"计划的2 130个项目中，已完成1 378项，占项目总数的65%。

——"两控区"污染防治。1998年我国政府批准划定了二氧化硫控制区和酸雨控制区，涉及27个省、自治区、直辖市的175个城市、地区，总面积约为109万km^2。国家在"两控区"内进行能源结构调整，推广清洁燃料和低硫煤，大中城市禁止民用炉灶燃用散煤。与 1998 年相比，2005 年二氧化硫控制区内二氧化硫年均浓度达标城市比例由 32.8%增加到 45.2%；2005 年酸雨控制区内二氧化硫年均浓度超过国家三级标准的城市比例由 15.7%下降到 4.5%。

——北京市大气污染治理。自 1998 年以来，北京市连续实施了大气污染控制措施。天然气、电采暖、地源热泵、建筑节能等清洁能源利用技术和节能技术进一步推广；严格机动车排放管理，对在用机动车实施了环保标志管理，对高排放黄标车采取限行措施，2005 年提前实施了国家第三阶段排放标准（相当于欧洲三号标准）；加大建筑工地管理，加强对道路机械清扫、冲刷和喷雾压尘工作的监督检查，并对市区 100 多家污染企业实施关停搬迁，全市水泥立窑生产线全部关停。经过积极治理，北京市蓝天数量大幅度增加。

——渤海污染治理。2001 年我国政府批复《渤海碧海行动计划》。截至 2005 年底，265 个各类治理项目（不含自然保护区项目）已完成了项目总数的 63%。投资达 175 亿元人民币，其中新建城市污水处理厂 44 个，形成污水日处理能力 355.3 万 t，新建城市垃圾处理场 18 个，形成垃圾日处理能力 7 000 多 t，新建生态农业、生态养殖项目 89 个，新建船舶港口和溢油反应项目 9 项，初步遏制了渤海海域环境继续恶化的趋势。

“十五”期间还加强了三峡库区和南水北调工程沿线的水污染治理，启动了长江上游、黄河中游和松花江流域的水污染综合治理，并将 113 个大气污染防治重点城市也确定为全国污染防治工作的重点。

虽然 20 世纪 90 年代中期提出的淮河、太湖要在 2000 年零点以前实现水体变清的目标（“零点行动”）超出了现实的可能，但重点区域的污染防治改善了局部地区的环境质量，防止了环境形势的全面恶化。

② 实施清洁生产

20 世纪 90 年代初，我国的污染治理基本是以末端治理为主，进入 20 世纪 90 年代以后，开始关注污染源头治理，其标志性行动是推行清洁生产和发展循环经济。1997 年国家环保局发布了《关于推行清洁生产的若干意见》，要求各地环保主管部门将清洁生产纳入已有的环境管理政策中。2002 年 6 月，第九届全国人大常委会第二十八次会议通过《清洁生产促进法》，标志着清洁生产和全过程控制进入新的法制化和规范化管理轨道。国务院主管部门发布了《国家重点行业清洁生产技术导向目标》，在环保部门、经济综合部门以及工业行业管理部门的推进下，全国绝大多数省、自治区、直辖市都开展了清洁生产示范项目，涉及化工、轻工、建材、冶金、石化等 14 个行业；1999 年开始在工业集中地区、经济开发区积极推动生态工业园区试点，2000 年以来，循环经济在江苏、山东、广西等省（自治区）和冶金、化工、食品等行业率先发展。

此外，运用环保规划、ISO 14000 环境管理体系认证以及强化完善环境影响评价等手段实现源头治理、决策管理的全过程控制。在 1992 年开始正式编制全国环境保护年度工作计划的基础上，从“九五”正式开始编制国家环境保护五年规划，将环境保护规划纳入国民经济发展总规划中。此外，还逐步建立生产者责任延伸制度，促进产品生态设计。ISO 14000 环境管理体系认证在企业、行政机关和研究机构等单位逐步实行。截至 2006 年 8 月中旬，全国已有化工、轻工、电力、煤炭、机械、建材等行业 5 000 多家企业通过了清洁生产审核，全国已有 12 000 多家企业获得了 ISO 14000 环境管理体系认证，1 200 多家企业、20 000 多种规格型号产品获得我国环境标志认证，年产值约 700 亿元人民币。

③ 启动一系列生态保护重大工程

1996 年 7 月国务院召开的第四次全国环境保护会议提出“环境保护工作要坚持防治污染和保护生态并重的方针”。生态保护进入了新的发展阶段。1998 年长江、嫩江、松花江特大洪水以后，人们清楚地认识了自然灾害与生态环境破坏的关系。党中央、国务院进一步加大了生态保护力度，出台了一系列重大措施，启动了若干重大生态建设与保护项目或工程。

1998 年 11 月，国务院颁布《全国生态环境建设规划》，提出“保护和建设好生态环境，实现可持续发展，是我国现代化建设中必须始终坚持的一项基本方针”。2000 年 12 月，国务院办公厅印发《全国生态环境保护纲要》。2002 年 3 月，国家环境保护总局印发国务院批复的《全国生态环境保护“十五”计划》。2003 年 5 月国家环境保护总局发布《生态县、生态市、生态省建设指标（试行）》，进一步深化生态示范区建设。

为贯彻落实近年来中央人口资源环境工作座谈会关于“加快生态环境调查，抓紧制定生态功能区划和生态保护规划”的精神，2000—2003 年，国家环境保护总局会同有关部门和单位相继开展了西部地区生态环境现状调查和中东部地区生态环境现状调查，深入揭示了我国生态环境现状、存在问题及成因，对推动我国生态保护奠定了坚实的科学基础。2001 年 3 月，国家环保总局批准 10 个地区为国家级生态功能保护区建设试点。6 月，国家环保总局和科技部联合在北京举行“中国生态系统评估研究计划”启动仪式。

1999 年国家开展了退耕还林、还草工程试点，涉及全国 17 个省（自治区、直辖市）和新疆生产建设兵团的 188 个县，优先在水土流失、沙化、盐碱化、石漠化严重地区，生态地位重要、粮食产量低而不稳的 25°以上的陡坡地段及江河源头、湖库周围等生态地位重要区域的耕地开展退耕还林。2002 年 12 月，国务院颁布了《退耕还林条例》，使退耕还林进一步制度化、规范化。为巩固退耕还林成果，解决退耕农户生活困难和长远生计问题，国务院于 2007 年 8 月又发布了《关于完善退耕还林政策的通知》，进一步完善了退耕还林政策。

从 2000 年开始，国家投资千亿元的天然林资源保护工程也全面启动，重点保护长江上游、黄河中上游和东北国有林天然林资源。同时推进退田还湖，生活在湖区的 55 万农民迁往外地或高地定居，大量的堤垸重新成为湖泊或行洪道。到 2002 年，洞庭湖区有 37 万多人免除了洪灾的侵扰，每年减少直接经济损失 5 亿多元，降低防汛抢险投入 4 000 多万元。

针对 2000 年以来多次出现大范围的沙尘暴，2006 年 6 月，国务院发布了《关于禁止采集和销售发菜　制止滥挖甘草和麻黄草有关问题的通知》，对推动草原地区生态保护起到了积极作用。

2005 年 8 月，青海三江源自然保护区生态保护和建设工程在青海西宁正式启动。2005 年国务院《关于落实科学发展观　加强环境保护的决定》提出了国家的重点环保工程，包括危险废物处置工程、城市污水处理工程、垃圾无害化处理工程、燃煤电厂脱硫工程、重要生态功能保护区和自然保护区建设工程、农村小康环保行动工程、核与辐射环境安全工程、环境管理能力建设工程。

④ 加强防范突发环境事件

1994 年 9 月，国家环保局成立重大环境污染与自然生态破坏事故应急处理工作领导小组，负责对全国重大环境污染与生态破坏事故做出应急响应，指导、协助地方做好事故的处理工作。2002 年 3 月，国家环保总局又开始组建国家环境保护总局环境应急与事故调查中心。面对日益增多的突发环境事件，国家制定和完善了一系列涉及重点流域敏感水域水环境、大气环境、危险化学品（废弃化学品）应急预案和核与辐射应急方案（2001 年）等 9 个相关环境应急预案，国家环保总局印发《国家环境保护总局核事故与辐射事故应急响应方案》，以及《处置化学恐怖袭击事件应急预案》（2002 年）、《处置核与辐射恐怖袭击事件应急预案》（2002 年）、《黄河流域敏感河段水环境应急预案》（2003 年）、《农业重大有害生物及外来生物入侵突发事件应急预案》（2004 年）、《农业环境污染突发事件应急预案》

（2005年）等突发环境事件应急预案。2005年我国政府制定的《国家突发环境事件应急预案》，对突发环境事件信息接收、报告、处理、统计分析，以及预警信息监控、信息发布等提出明确要求。针对松花江污染事故，2005年12月，国家环保总局发出紧急通知，在全国范围内开展环境安全大检查，对重要江河干流及其主要支流沿线的大中型企业，特别是城镇集中式饮用水水源地上游和城乡居民集中居住区周围的大中型化工企业开展重点检查。

⑤ 环保投入逐年增加

面对严峻的环境形势，国家加大了环境治理力度，强化了环保部门统一监督管理职能，环境保护的领域与职能不断扩展。

与此同时，环境保护投入也迅速增加。“九五”期间的环保投资是“八五”期间的2.7倍，达到3 516.4亿元。1999年环保投入占GDP比例首次突破1.0%。“十五”期间环境保护投资为8 399.1亿元，占同期GDP比例的1.31%，按照经济普查调整后的全国GDP数据，“十五”期间环保投资占同期GDP比例1.19%。环保投资的增长，加快了城市环境基础设施的建设，提高了城市污水和垃圾处理率。但由于环保投资历史欠账多，资金需求大，我国近30年来环保领域的投资无论从数量上还是从现实效果看，仍然处于比较低的水平。

3．强化环境执法与监督

（1）加大对乡镇企业的环境管理力度

1996年国务院发布的《国务院关于环境保护若干问题的决定》加大了环境管理力度，尤其是加强对乡镇企业的环境管理，规定在1996年9月30日以前，对年产5 000 t以下的造纸厂、年产折牛皮3万张以下的制革厂、年产500 t以下的染料厂，以及采用“坑式”和“萍乡式”、“天地罐”和“敞开式”等落后方式炼焦、炼硫的企业，责令取缔；对土法炼砷、炼汞、炼铅锌、炼油、选金和农药、漂染、电镀以及生产石棉制品、放射性制品等企业，责令关闭或停产。根据《国务院关于环境保护若干问题的决定》的要求和部署，“九五”期间，国家关闭了8万多家严重浪费资源、污染环境的小企业，对防止不符合产业政策的小企业对环境的污染和破坏，对保护资源起到了重大的作用。同时，还把20世纪70年代末以来逐步推行的污染限期治理制度化，排污单位超标排放污染物的，责令限期治理。限期治理的期限可视不同情况定为1～3年，对逾期未完成治理任务的，由县级以上人民政府依法责令其关闭、停业或转产。2003年11月，国家环境保护总局颁布《〈环境保护行政处罚办法〉修正案》，用以规范环境保护行政处罚行为，保障和监督环境保护行政主管部门有效实施环境管理，保护公民、法人和其他组织的合法权益。

（2）严肃查处环境违法行为

1997年《刑法》修订中，增设了“破坏环境资源保护罪”规定，对一些污染环境、破坏资源的行为规定了刑事处罚。2001年5月经国务院批准，国家环保总局、国家经贸委、监察部、国家林业局联合召开电视电话会，部署全国严肃查处环境违法行为专项行动。2003年7月，国家环境保护总局又印发了《关于加强环境保护重点案件的督办和移送工作的通知》。

（3）加快淘汰落后产能

2001—2004年，国家连续三次发布淘汰落后生产能力、工艺和产品目录，淘汰3万多家浪费资源、污染严重的企业，并对资源消耗大、环境污染重的钢铁、水泥、电解铝、铁合金、电石、炼焦、皂素、铬盐8个重污染行业进行集中整顿，停建、缓建项目1 900多个。2005年，关停污染严重、不符合产业政策的钢铁、水泥、铁合金、炼焦、造纸、纺织印染等企业2 600多家，并对水泥、电力、钢铁、造纸、化工等重污染行业积极开展综合治理和技术改造，使这些行业在产量逐年增加的情况下，主要污染物排放强度呈持续下降趋势。

总之，这一时期随着污染由点到面，向流域和区域蔓延，各级政府越来越重视污染防治工作，环保投入不断增大，污染防治工作开始由工业领域逐渐转向城市，城市环境综合整治工作取得积极进展。但是由于对环境问题的长期性、艰巨性、复杂性认识不够，思想和行动上准备不足，出现了环境目标制定脱离现实等问题，治理方式主要依赖行政手段，最终导致环境治理总体效果很不理想。

（三）第三阶段：全防全控、优化增长阶段（2005年至今）

2005年以来我国开始进入环境污染事故高发期。环境事件呈现频度高、地域广、影响大、涉及面宽、水污染突出的态势，污染事故和环境公害污染引发的群体性事件呈上升趋势。2005年11月发生松花江重大水污染事件以后，相继又发生2005年12月广东北江流域镉污染、2006年8月吉林省牤牛河水污染、2006年9月甘肃徽县铅中毒、湖南岳阳水源砷污染、2007年5月底江苏无锡太湖蓝藻、2008年6月云南阳宗海砷污染、2009年2月盐城饮用水污染等水污染事件，严重影响了广大人民群众正常的生产、生活秩序和我国的国际形象。由环境问题引发的群体性事件，也呈加速上升趋势。2005 年 4 月浙江东阳市画水镇、7 月新昌县、8 月长兴县等五起群体性事件，以及 2007 年 6 月厦门 PX 事件，北京六里屯事件、2008 年北京高安屯事件等群体性事件，表明环境问题越来越影响社会稳定。2009 年陕西凤翔铅污染事件、湖南浏阳镉污染事件等，环境污染引发的健康问题也日益突出。

“十五”期间，我国社会、经济发展各项指标大都取得预期结果，而环境保护指标未能完成，环境质量恶化趋势没有得到有效遏制，环境与发展之间的矛盾日益尖锐。为了解决环境保护长期滞后于经济、社会发展的问题，在科学发展观的指导下，2006 年党中央、国务院提出了环保“历史性转变”的要求，从国家战略层面提出调整经济发展与环境保护的关系。环保领域逐渐形成了广泛共识，即把环境保护理念和要求全面渗透到经济社会发展中，把环境保护放到生产、流通、分配、消费的再生产的全过程中，全面防控环境污染和资源环境损耗。环境容量成为区域布局的重要依据，环境管理成为结构调整的重要手段，环境标准成为市场准入的重要条件，环境成本成为价格形成机制的重要因素。

该阶段环境治理思路显示了五个方面的特点：一是建设生态文明，加快“历史性转变”，积极探索中国环境保护新路成为环境保护工作的主线；二是立足从国家宏观战略层面解决环境问题，把环境保护理念和要求全面渗透到经济社会发展中；三是调整环境保护与经济发展之间的关系，着手改变环境保护落后于经济发展的局面，用环境保护优化经济增长，加快转变经济发展方式，调整经济结构；四是环境管理和科技支撑得到强化，污染防治由被动应对转向主动防控，污染减排成为国家“十一五”规划必须完成的约束性指标；五是形成了环境保护全面推进、重点突破的总体工作思路。

在上述理念和新举措的推动下，这一阶段我国环境治理工作出现了新进展，2007 年、2008 年化学需氧量（COD）和二氧化硫（SO_2）出现连续两年双下降。

1. 形成加快历史性转变、建设生态文明的环保理念

十六届三中全会提出科学发展观重要理念以后，环保领域形成了把科学发展观作为政治信仰来追求，作为科学真理来坚持，作为行动指南来践行的大局认识。以人为本、历史性转变、建设生态文明成为指导环境保护工作的重要理念。

(1) 环境保护在国家发展大局中的地位显著提高

胡锦涛总书记主持中央政治局常委会专门听取环境保护工作的汇报，温家宝

总理先后三次专门主持召开常务会议，听取环境保护工作思路和松花江治理的汇报。在此基础上，2005 年 12 月国务院发布了《关于落实科学发展观 加强环境保护的决定》（以下简称《决定》），描绘了我国 5～15 年环保发展的宏伟蓝图，确立了以人为本的环保宗旨，成为指导我国经济社会与环境协调发展的纲领性文件。国务院《决定》不仅空前地提高了环保地位，而且显示出国家环保理念的发展，即必须从国家发展的大局解决环境问题，必须把环境问题与经济、社会发展结合起来解决，重视综合机制建设。

围绕国务院《决定》确定的七项重点任务，环保部门提出了全面推进、重点突破的总体工作思路，下决心切实解决突出的环境问题。主要内容是：第一，突出一个重点。就是国务院《决定》提出的七项重点任务：水污染防治、大气污染防治、城市环境保护、农村环境保护、生态保护、核与辐射环境安全、国家环保工程。这七项重点任务的重中之重是污染防治，首要任务是保障群众饮水安全。第二，办好两件大事，即建设先进的环境监测预警体系和完备的环境执法监督体系。第三，严格执行环境影响评价制度、污染物排放总量控制制度、环境目标责任制三项制度。第四，强化环境政策法制、宣传教育、科技、国际合作四项工作。第五，全面开展思想、组织、作风、业务、制度五大建设。第六，处理好六个关系。就是正确处理经济与环境、当前与长远、政府与市场、中央与地方，以及城市与农村环保工作、区域之间环境保护的关系。

（2）做出建设资源节约型、环境友好型社会的重要部署

2006 年 3 月，十届全国人大四次会议通过了《关于国民经济和社会发展第十一个五年规划纲要》的决议。国家“十一五”规划纲要在人与自然的关系上，针对我国资源环境压力不断增大的突出问题，提出了建设资源节约型社会和环境友好型社会的战略任务和具体措施。“十一五”规划纲要第六篇专门提出落实节约资源和保护环境基本国策，建设低投入、高产出，低消耗、少排放，能循环、可持续的国民经济体系和资源节约型、环境友好型社会（简称“两型社会”）的战略任务，从发展循环经济、保护修复自然生态、加大环境保护力度、强化资源管理、合理利用海洋和气候资源等方面进行了重点部署。

（3）提出加快实现环境保护历史性转变的战略要求

2005 年 11 月发生了松花江重大水污染事件，党中央、国务院领导对此予以高度关注，多次做出重要指示，要求有关地方和部门采取有效措施，积极应对，减少污染造成的损失。松花江水污染事件提醒人们，在经济蓬勃发展之际，我国

正面临严峻的环境挑战，引发了对我国经济社会发展更深层问题的忧思。从潜在的各种危机以及发展方式看，必须正视经济高速增长带来的环境危机并没有缓解，必须正视环境潜在风险还很多，必须正视我国的环境保护基础还相对薄弱，环境保护滞后于经济发展的事实。基于对环境与经济关系的深刻认识，在落实科学发展观的背景下，2006 年 4 月国务院召开第六次全国环保大会提出了“三个转变”的战略思想，标志着我国环境保护进入了以保护环境优化经济增长的全新阶段。温家宝总理在大会上强调，做好新形势下的环保工作，关键是加快实现三个转变：一是从重经济增长轻环境保护转变为保护环境与经济增长并重，在保护环境中求发展；二是从环境保护滞后于经济发展转变为环境保护和经济发展同步，做到不欠新账，多还旧账，改变先污染后治理、边治理边破坏的状况；三是从主要用行政办法保护环境转变为综合运用法律、经济、技术和必要的行政办法解决环境问题，自觉遵循经济规律和自然规律，提高环境保护工作水平。这次会议的最大贡献在于，提出了“三个转变”的重大战略思想。

(4) 党的十七大首次提出建设生态文明的奋斗目标

2007 年 10 月，党的十七大首次把生态文明建设作为全面建设小康社会的新要求之一，为新时期的环保工作指明了方向，明确提出“到 2020 年基本形成节约能源资源和保护生态环境的产业结构、增长方式、消费模式。循环经济形成较大规模，可再生能源比重显著上升。主要污染物排放得到控制，生态环境质量明显改善。生态文明观念在全社会牢固树立的战略目标”。党和国家把建设生态文明作为一项战略任务和全面建设小康社会目标首次明确下来，标志着环境保护作为基本国策和全党意志，进入了国家政治经济社会生活的主干线、主战场、大舞台。党的十七大提出的奋斗目标，从更广泛的经济和社会角度提出了环境保护要求，体现了国家加强环境保护的坚强意志。

(5) 环保领域积极探索中国环境保护新路

2005 年以来，为了适应新的环境形势和环保事业发展的新要求，环保领域提出了探索中国环保新路的重大理论和实践命题。从根本上讲，探索中国环保新路，就是用生态文明建设的思维和手段，来审视、谋划、解决我国突出的环境问题，探索如何处理环境保护与经济社会协调发展的关系，逐步提升并发挥环境保护政策、法律、制度、措施作用，不断完善环境保护监督管理手段，在保证国民经济快速发展的同时，有效遏制环境污染和生态破坏，改善环境质量，探索一条代价小、可持续的环境优化经济发展的路子。中国环保新路体现了中国环境保护的基本实践以及在这一实践中所形成的基本认识和基本模式，是实践和理论具体的历史的有机统一。

探索中国环保新路一个突出特点是尊重自然规律，发挥自然净化功能、修复功能、调节能力，实施最严格的环境保护措施，既要着眼眼前行动，又要考虑到长远举措，既要把眼前的一些矛盾问题解决好，又要着眼长远从根本上改善环境质量，标本兼治，让不堪重负的江河湖泊“休养生息”。2008 年胡锦涛总书记在安徽视察淮河时，明确提出要让江河湖泊得以休养生息、恢复生机。

2. 立足国家战略层面解决环境问题，全面加强环境保护工作

（1）国家规划中首次提出约束性环境保护指标，进一步落实环保责任

国家“十一五”规划首次提出了两个约束性环境保护指标。2006 年 3 月，十届全国人大四次会议批准了《关于国民经济和社会发展第十一个五年规划纲要》，规划首次提出了单位国内生产总值能源消耗降低 20%左右、主要污染物排放总量减少 10%两项约束性环境保护指标，而约束性指标具有法律效力，是作为考核政府责任的硬杠杠。“十一五”规划充分显示出环境保护的地位和重要性得到空前提升，环境保护正在成为优化经济发展、调整经济结构、转变经济增长方式的重要手段。

为落实好“十一五”规划提出的节能减排目标以及应对全球气候变化，2007 年国务院成立了应对气候变化及节能减排领导小组，由温家宝总理担任组长，国务院副总理担任副组长。国务院发布了《节能减排综合性工作方案》，整个方案包括 40 多条重大政策措施和多项具体目标，进一步落实节能减排各项任务。

制定国家层面的流域规划，进一步增强国家环保责任。2006 年 3 月国务院常务会议通过了《松花江流域水污染防治规划（2006—2010 年）》。2006 年 10 月国家环保总局、发展改革委和建设部联合印发通知，发布《松花江流域水污染防治规划（2006—2010 年）》。2007 年 10 月 10 日，国家环保总局、国家发展改革委、财政部等 5 部委印发了《关于加强松花江流域水污染防治工作的通知》。截至 2008 年 5 月，淮河、海河、辽河、松花江、三峡库区及上游、丹江口库区及上游、滇池、巢湖流域水污染防治“十一五”规划和太湖流域水环境综合治理总体方案陆续经国务院批复实施。

国家环境保护“十一五”规划首次明确国家在环保投入方面的责任和目标。2007 年 11 月国务院印发了国家环境保护总局、国家发展和改革委员会制定的《国

家环境保护"十一五"规划》。首次以规划形式明确在"十一五"期间环保投资约占同期GDP的1.35%。在投资来源方面，环境基础设施建设、重点流域综合治理等主要以地方各级政府投入为主，中央政府区别不同情况给予支持。

党的十七大报告提出全面建设小康社会奋斗目标的新要求，指出要"在优化结构、提高效益、降低消耗、保护环境的基础上，实现人均国内生产总值到2020年比2000年翻两番。"从党的纲领性文件中进一步确立了环境保护作为实现国家发展目标的前提条件。

（2）加强各级环保机构建设力度，提高环境保护的执政能力

2008年3月，为加大环境政策、规划和重大问题的统筹协调力度，第十一届全国人民代表大会第一次会议决定组建环境保护部。环境保护部的主要职责是，拟定并组织实施环境保护规划、政策和标准，组织编制环境功能区划，监督管理环境污染防治，协调解决重大环境问题等。环保总局升格为环境保护部，增加了编制，强化了统筹协调、宏观调控、监督执法和公共服务职能的环保责任，显示环保工作在国家社会和经济发展中的重要性进一步提升。成立环境保护部是我国环保事业发展的标志性事件，进一步强化了环保行政机构的权威性，使环保部门能够更多地参与国家有关重大决策，有利于更好地执法和对外交流与合作。同时，全国各省、市、县三级政府也成立了职能健全的环境保护机构，并成为各级政府的组成部门。与此同时，从中央到地方形成了完整的环境行政执法监督体系，加强了环境保护监察督察工作。根据中编办批复，国家环保部门相继组建了华东、华南、西北、西南、东北、华北六大区域环境保护督察中心，完善了环境监察体系，环保执法体制得到加强。

（3）国家注重把环境保护作为宏观调控的重要手段，推进产业结构调整

2005年以来，国家注重将环境保护作为宏观调控的重要手段，采取"区域限批"和"流域限批"等措施，推进地区产业结构调整。2005年底出台的《国务院关于落实科学发展观　加强环境保护的决定》，明确赋予环保部门"区域限批"的权力，这是国务院赋予环保部门的行政惩罚手段，也是对环境影响评价制度的深化。它把环保监管对象从企业和单个项目转向了地方政府。2007年国家环保总局通过"区域限批"、"流域限批"措施，暂停了10个市、2个县、5个开发区和4个电力集团的环评审批在全国引起很大反响，加快了地方产业结构的调整步伐。2008年在修改《中华人民共和国水污染防治法》时，将限批要求入法，用法律形式固定下来。2008年7月国务院印发的《2008年节能减排工作安排》中，再次提出继续实施环评“区域限批”，对环境违法严重、超过总量控制指标、重点治污项目建设滞后等问题突出，以及没有完成淘汰落后产能任务的地区或企业，暂停该地区或企业新增排污总量的建设项目环评审批。2009 年 6 月，针对个别地区和企业严重违反国家产业政策、发展规划和环境保护准入条件进行项目建设的行为，环境保护部暂停审批金沙江中游水电开发项目、华能集团和华电集团（除新能源及污染防治项目外）、山东省钢铁行业建设项目环境影响评价，遏制违法建设及“两高一资”重复建设项目。“区域限批”和“流域限批”措施有效促进了淘汰落后产能工作，对推动国家和地区的经济结构调整发挥了重要作用。

3．落实综合措施，加快结构调整，促进环境保护优化经济增长

（1）加强环境监测网络建设，提高环境监管能力

国家逐步增加环境投入。2006 年财政预算首次设立“211 环境保护”科目，特别是从 2007 年开始，环保投入有相对大幅度的增加。2008 年中央投资达到 340 亿元，比上年增长 100 亿元，并且增加 21 亿元支持污染减排三大体系建设。2007 年以来，在中央投资的带动下，环保能力建设资金超过 150 亿元。项目实施后，建成污染源监控中心 363 个，新增 36 个水质自动监测站，配备执法车 3 900 辆，形成国家、省、市、县四级信息传输系统和 3 个数据分析平台，基本改变了过去“废气靠闻、废水靠看、噪声靠听”的被动局面。环境监测水平偏低、仪器装备落后、基础能力薄弱的状况有所改观。

依靠科技，环境监测预警能力不断提升。2008 年 9 月，环境一号卫星 A 星、B 星发射成功。环境与灾害监测小卫星成功发射，国家卫星环境应用中心建设开始启动，标志着环境监测预警体系进入了从“平面”向“立体”发展的新阶段。

（2）加强环境执法，强化环保法制建设

党中央、国务院对环境执法工作高度重视。2007 年胡锦涛总书记专门对加强环境执法工作作出批示，强调要强化执法监管，严肃处理环境违法行为。温家宝总理亲赴太湖考察，主持召开太湖、巢湖、滇池水污染防治工作座谈会，对湖泊环境整治做出具体部署。2005 年以来，各级政府挂牌督办的 2.8 万件典型环境违法案件，97%的环境违法问题得到全面整改。在 2008 年环保专项行动工作中，全国共出动执法人员 160 余万人次，检查企业 70 多万家次，立案查处 1.5 万家环境违法企业，挂牌督办 3 500 余件，追究地方政府及相关部门行政责任人 100 余名。

为推动循环经济的发展，2008 年 8 月国家颁布了《中华人民共和国循环经济促进法》。该法确立了循环经济发展的基本制度和政策框架，确定了循环经济的规划、抑制资源浪费和污染物排放总量控制、循环经济评价和考核，以及对高耗能、高耗水企业设立重点监管等制度，并强化经济措施促进循环经济发展。该法将有力地促进我国循环经济的发展，提高资源利用效率。

明确环境违法犯罪，完善环保相关法规。2007 年 5 月国家环境保护总局与公安部、最高人民检察院联合制定《关于环境保护行政主管部门移送涉嫌环境犯罪案件的若干规定》，对环境违法情况移送公安机关、人民检察院做出了明确规定。2008 年 6 月正式施行新修订的《中华人民共和国水污染防治法》，把严格环境准入、淘汰落后产能、全面防治污染、强化综合手段、鼓励公众参与，都上升为法律意志。针对“违法成本高、守法成本低”问题，修订后的《中华人民共和国水污染防治法》从提高罚款额度、创设处罚方式、扩大处罚对象、增加应受处罚的行为种类、调整处罚权限、增加强制执行权等 10 个方面，加大了对水污染违法行为的处罚力度，增强了对违法行为的震慑力。针对私设暗管行为的处罚、针对违法企业直接责任者个人收入的经济处罚、限期治理、强制拆除等法律责任的规定，成为《中华人民共和国水污染防治法》修订后的突出亮点。

2008 年 12 月环境保护部发布《环境行政复议办法》，进一步完善了相关环保法律法规。

（3）启动三大基础性战略性工程，指导当前谋划长远

一是污染源普查工程。2006 年 10 月，国务院印发了《关于开展第一次全国污染源普查的通知》（国发[2006]36 号），决定于 2008 年初开展第一次全国污染源普查，目的是通过污染源普查，全面、科学、客观地掌握污染源基本状况和信息，为正确判断环境形势、制定环境政策、提高环境监管和执法水平提供重要支撑，为改善宏观调控、促进经济结构调整提供重要依据。2008 年各级政府和环保部门着力抓好人员培训、入户调查、督促检查、技术核查、审核把关 5 个环节，完成了普查表填报、数据录入、普查表填报质量核查以及省级普查数据汇总工作等关键任务。

二是中国环境宏观战略研究。2007 年 5 月，经国务院批准，由中国工程院和环保部牵头，启动了中国环境宏观战略研究。按照“总结过去、指导现在、谋划未来”的总体要求，参与研究工作的数十位院士，数百位专家全身心投入，经过两年多努力，对中国环保宏观战略思想、战略方针、战略目标、战略任务和战略重点进行了深入探讨、研究，在充分听取各有关部门、单位意见、建议的基础上，几上几下，反复论证，凝练出“以人为本、优化发展、环境安全、生态文明”的战略思想，提出了“预防为主，防治结合；系统管理，综合整治；民生为先，分级负责；政府主导，公众参与”的战略方针，并提出了一系列政策建议，为完善环境管理机制，理清“十二五”环保工作思路，积极建设生态文明提供了有力支撑。

三是水专项全面启动。“水体污染控制与治理”国家科技重大专项，是国务院颁布的《国家中长期科学和技术发展规划纲要（2006—2020年）》中确定的16个重大专项之一，目的是为我国水体污染控制与治理提供科技支撑，促进水污染防治工作，将为全面解决我国水污染防治技术难题、带动环保产业的加速发展铺平道路。2009年1月环境保护部在无锡组织召开了国家水专项启动实施座谈会，2月正式实施启动。国家水专项是我国重大科技专项中第一个通过综合论证、首批通过国务院常务会议审议的科技专项。根据实施方案，这个专项将重点围绕“三河、三湖、一江、一库”，集中攻克一批节能减排迫切需要解决的水污染防治关键技术。

（4）逐步完善环境经济政策，促进污染减排

为完成污染减排约束性指标，国家在推进结构减排、工程减排、管理减排和加大重点行业、重点领域污染减排力度的同时，通过逐步完善环境经济政策，推动政策减排。

在加强环境执法和法制的同时，环保部门更加注重运用经济手段加强环境保护，从生产、流通、分配、消费再生产全过程制定环境经济政策，出台了一系列有利于环境保护的价格、贸易、税收、信贷、保险等政策。环境经济政策以内化环境行为的外部性为原则，对各类市场主体进行基于环境资源利益的调整，建立起环境保护的激励和约束机制。近几年来，环境保护部（总局）联合有关部门出台的脱硫电价、绿色贸易、绿色信贷、绿色保险、绿色证券等环境经济政策，在推进污染减排方面发挥了重要作用。2007年7月，国家环保总局、中国人民银行、中国银监会联合发布《关于落实环境保护政策法规防范信贷风险的意见》，对不符合产业政策和环境违法的企业和项目进行信贷控制，将1.8万家企业环境违法信息纳入银行征信系统，既提高了环境准入门槛，又防范了金融风险。2007年12月，国家环保总局和中国保监会联合印发《关于环境污染责任保险工作的指导意见》。选择高危行业开发环境污染责任保险产品，提高企业防范环境风险能力。2008年，通过对上市公司的环保核查，督促27家公司投入3.5亿元治理污染。

2007年以来，环境保护部先后制定了三批“高污染、高环境风险”产品名录，共含288种产品，并提供发改委、财政、税务、商务、海关、银监、安监等有关部门。财政、税务、商务、海关等部门在调整出口退税、加工贸易政策时，以该名录作为重要的环保依据。银监会、安监总局要求各银行机构、各安监局和相关单位将该名录作为信贷授信、安全生产行政许可等工作的重要参考。

(5) 完善信息公开，推动公众参与环保

公开环境信息是公众有效参与环保的前提和基础。公众参与是法律赋予的权利，环境信息公开是公众能有效参与环境保护事务的一个前提性条件。为了促进我国公众参与环保工作，国家环保总局分别于2006年10月、2007年4月发布了《环境保护政务信息工作办法》和《环境信息公开办法（试行）》，规范环保部门和企业环境信息公开工作。《环境信息公开办法（试行）》要求各级环保部门公开环保法律法规、政策、标准、行政许可与行政审批等17类政府环境信息；强制超标、超总量排污的企业公开4大类环境信息。

推动环保信息公开制度化、经常化。2008年4月，环境保护部发布《环境保护部信息公开目录》（第一批）和《环境保护部信息公开指南》。这些文件对于强化环境信息公开的责任，具体明确环境信息公开的范围，畅通环境信息公开的渠道，完善环境信息公开工作的监督和保障机制都发挥了建设性作用。

(6) 积极务实开展全球环境交流与合作

党的十七大提出“相互帮助、协力推进、共同呵护”十二字方针，首次将环保合作作为我国和平发展外交政策的重要组成部分，标志着中国环境保护国际合作进入了一个新的历史起点。围绕“大国是关键、周边是首要、发展中国家是基础”的要求，以“维护权益，争取利益，树立形象”为原则，环境部门转变合作观念，创新合作模式，加强双边、多边环境合作交流。2007年10月在印尼巴厘岛召开的联合国全球气候变化大会，对我国在应对全球气候变化和控制温室气体方面作出的努力给予了高度评价。

近年来，通过强化中美、中俄、中日双边环保合作，环保工作为构筑稳固和谐的大国关系格局作出了积极努力。2008年6月《中美能源与环境合作十年框架》正式签署，为两国环保合作搭建了长期稳固的平台。同时，着力拓展与发展中国家和周边国家的双边环境合作交流，大力推进中非、中阿环境合作伙伴关系，加强与东盟的区域环境实质性合作。积极参加多边环境谈判，维护国家利益和发展权益，以更加开放的姿态和务实合作的精神参与全球环境保护事务。我国提前两年半完成了《蒙特利尔议定书》第一阶段目标，联合国环境规划署授予国家环保总局“特别贡献奖”。

总之，这一阶段总体上呈现全面防控环境污染以环境保护优化经济增长的特征。但由于我国环境治理历史欠账较多，国家正处于工业化中期阶段，生态文明观念尚未在全社会普遍树立，发展经济的压力较大，环境与发展相协调的改革和机制尚不完善，我国环境形势依然十分严峻。我国的环境保护依然任重道远，仍需在实践中不断探索，在探索中不断创新。

二、环境保护取得积极进展

党中央、国务院高度重视环境保护，20 世纪 80 年代将环境保护列为基本国策，90 年代提出实施可持续发展战略。进入 21 世纪，提出了科学发展观，建设社会主义和谐社会，建设生态文明，将环境保护摆上了更加重要的位置。第六次全国环境保护大会以来，积极推动“三个转变”，以保护环境优化经济增长，环境保护取得积极进展。

（一）污染防治取得积极进展

1. 二氧化硫和化学需氧量排放量实现双下降

积极推进工程减排和结构减排，认真落实管理减排措施，全国装备脱硫设施的燃煤机组占全部火电机组的比例由 2005 年的 12%提高到 2007 年的 48%，城市污水处理率由 52%提高到 62.9%，全国化学需氧量排放量 1 382 万 t，比 2006 年下降 3.14%；二氧化硫排放量 2 468.1 万 t，比 2006 年下降 4.66%，主要污染物排放量实现双下降。2008 年，全国化学需氧量排放量 1 320.7 万 t，比 2007 年下降 4.44%；二氧化硫排放量 2 321.2 万 t，比 2007 年下降 5.95%。与 2005 年相比，化学需氧量和二氧化硫排放量分别下降 6.61%和 8.95%，不仅保持了双下降的良好态势，而且首次实现了任务完成进度赶上时间进度。

2. 对江河湖泊实行休养生息

制定并组织实施淮河、海河、辽河、松花江、三峡库区及上游、丹江口库区及上游、黄河中上游、滇池、巢湖流域水污染防治规划和太湖流域水环境综合治理总体方案，提出了让不堪重负的江河湖泊休养生息的政策措施，给予水环境人文关怀。在富营养化调查、面源污染控制、湖滨带生态修复、水华控制等方面取得了一定的研究成果，在水生植被修复和湖滨带构建等方面也取得了不少经验。

3．饮用水水源整治初显成效

对城市饮用水水源保护区进行了全面调查，发布了饮用水水源保护区划分技术规范，取缔关闭了饮用水水源一级保护区内的排污口，依法严厉打击了二级保护区内的违法排污行为。以淮河为例，1994 年以来先后关停了约 5 000 家小造纸、小化工、小制革、小化肥等污染严重的企业和生产线，严密防控和妥善处理水污染事件，保证了群众饮水安全。制定了饮用水水源地保护和饮用水水质标准，在饮用水水源地保护区划技术指标体系、水源地特征污染物监测方法和评价指标体系、饮用水水源地水质评价等方面开展了大量的研究工作。

4．工业污染排放强度明显下降

“九五”以来，国家淘汰和关闭了一批技术落后、污染严重、浪费资源的企业，并对水泥、电力、钢铁、造纸、化工等重污染行业积极开展综合治理和技术改造，使这些行业在产量逐年增加的情况下，主要污染物排放强度呈持续下降趋势。每万元工业增加值的工业粉尘、烟尘、二氧化硫的排放量分别从 1981 年的 694.2 kg、709.9 kg 和 669.3 kg 下降到 2006 年的 8.95 kg、9.57 kg 和 24.77 kg，15 年间排放强度分别下降了 98.7%、98.7%和 96.3%。

5．火电厂脱硫能力得到很大加强

电厂脱硫设施建设起步较晚，1991 年我国第一个火电厂洛璜电厂脱硫机组建成，到 2000 年仅有 2%的火电机组安装了脱硫设施，至 2005 年总计投运脱硫机组 3 968 万 kW，约占火电机组总容量的 12%。从 2006 年开始，火电厂脱硫能力大幅度提高，截至 2007 年底，全国投运的燃煤脱硫机组装机容量为 26 557 万 kW，火电脱硫机组比例达到 48%。2007 年全国电力二氧化硫排放量也出现历史性转折，比 2006 年降低 9.1%，二氧化硫排放绩效由 2006 年的 5.7 g/（kW·h）下降到 2007 年的 4.4 g/（kW·h），降低了 1.3 g/（kW·h），低于美国 2005 年燃煤电厂二氧化硫 5.14 g/（kW·h）的排放绩效值。

6．城市污水处理率不断提高

1997 年，城市污水处理厂数量仅为 307 座，日处理能力 1 292 万 t，污水处理率 25.6%；从 1998 年开始，城市污水处理厂建设速度加快，仅 2007 年全国新建成城市污水处理厂 482 座，新增处理能力 1 300 万 t，为 1949—1997 年处理能力的总和。截至 2007 年底，全国投运的城镇污水处理设施共 1 178 座，设计日处理能力 7 206 万 t，实际日处理水量 5 190 万 t。

7．固体废物处理率逐年上升

城市生活垃圾无害处理率从 1991 年的 16.2%提高到 2007 年的 62%，提高约 46 个百分点。2002 年全国仅深圳、上海、天津、沈阳、杭州、大连等城市建有危险废物和医疗废物集中处置设施，危险废物集中处置规模为 18 万 t/a，2007 年已经基本建成的危险废物和医疗废物处置设施 136 个，处理能力 570 万 t/a。

（二）生态保护和建设成效显著

经过长期不懈努力，我国一些地区生态环境开始得到改善。

1．造林绿化工作稳步推进

2000 年开始在北京、天津、河北、山西、内蒙古 5 省（区、市）75 个县全面铺开京津风沙源治理工程，2002 年启动重点地区速生丰产用材林基地建设工程，主要解决木材和林产品供应问题，也有利于减轻木材需求对森林资源保护造成的压力，为其他生态工程建设提供重要保证。截至 2007 年，全国造林面积 1 366.20 万 hm^2，封山育林面积 1 308.41 万 hm^2，退耕还林面积 2 147.09 万 hm^2，速生丰产用材林 15.2 万 hm^2。根据全国六次森林资源清查结果，我国森林面积和覆盖率呈现不断增加趋势，森林覆盖率从 1998 年的 13.92%上升到 2007 年的 18.21%。

2．草原保护力度加大

2007 年，全国人工种草累计保留面积达到 2 820 万 hm^2，新增草原围栏面积 5 334 万 hm^2，禁牧休牧轮牧草原面积累计达到 8 987 万 hm^2，同时通过加强人工草地和棚圈建设等措施，初步实现禁牧不禁养、减畜不减收的目标，草原植被得到较好恢复。草地保护工程成效明显。从 2003 年开始实施的退牧还草工程，到 2007 年累计安排中央资金 85.69 亿元，围栏建设 3 460 万 hm^2。2000 年至 2007 年间，京津风沙源治理工程累计安排中央投资 27.5 亿元，完成草原治理任务 247.66 万 hm^2。

3．土地保护和整治力度不断增强

开展全国土壤污染调查和污染防治示范，建立农产品安全检测和监管体系，农药和化肥环境安全管理得到加强。在 1 200 个县、6.4 亿亩耕地上开展测土配方施肥工作，全面禁止甲胺磷等 5 种高毒农药的销售和使用，撤销 873 个高毒农药产品登记证。2007 年开展矿山生态环境监察工作，印发《矿山生态环境监察工作规范》强化矿山环境执法，开展尾矿库专项整治行动，取缔关闭禁建区及整改无望尾矿库约 1 000 个，整治 1 500 个。

4．水土流失治理取得新进展

1993 年以来，国家相继出台了一系列政策，加大了对水土流失的治理力度，初步建立了水土保持监测网络及信息系统，全面开展了水土流失治理工程，截至 2007 年共治理水土流失面积 126.46 万 km^2。根据全国第二次（2002 年）水土流失遥感调查，从 20 世纪 80 年代末到 20 世纪 90 年代末全国水土流失面积 10 年间减少 11 万 km^2。

5．荒漠化和沙化扩展趋势得到初步遏制

截至 2004 年，全国荒漠化土地面积 264 万 km^2，沙化土地面积 174 万 km^2，分别比 1999 年减少 37 924 km^2 和 6 416 km^2。

6．生态功能保护区面积逐年增加

近年来，环保部会同有关部门和地方政府积极推进生态功能保护区建设。重要生态功能区建设进入试点示范阶段。2002 年，甘肃黑河流域（源头和中游部分）、若尔盖—玛区（玛区部分），内蒙古黑河流域（下游部分）、阴山北麓科尔沁沙地，黑龙江三江平原，陕西秦岭山地，青海的黄河源等 17 个国家级生态功能保护区列入首批试点。在江河源头区、重要水源涵养区、水土保持区、江河洪水调蓄区、防风固沙区和重要渔业水域等重要生态功能区，开展了东江源、洞庭湖、秦岭山

地等 18 个国家级生态功能保护区建设试点工作。同时，河北、山西、山东、江苏等省还开展了地方级生态功能保护区建设工作。

7. 生物多样性保护力度不断加强

2001 年野生动植物保护及自然保护区建设工程启动实施以来，基本形成了具有物种保护功能和生态、社会效益兼有的自然保护区体系，有效地保护了全国 40%天然湿地、20%天然林、85%野生动物种类和 65%高等植物群落。截至 2007 年，全国共建立各类自然保护区 2 531 处，比 2000 年增加了 1 304 个；自然保护区面积 15 188 万 hm^2，占陆地国土面积的 15.2%，比 2000 年增长了 35.34%。初步形成了类型比较齐全、布局比较合理、功能比较健全的全国自然保护区网络。目前，全国共建立野生动物拯救繁殖基地 250 处，野生植物种质资源保育或基因保存中心 400 多处，使 200 多种珍稀濒危野生动物、上千种野生植物建立了稳定的人工种群。同时，开展了国家重点保护野生植物资源的调查和抢救性收集，建立了 67 个农业野生植物原生境保护区。大熊猫、朱鹮、藏羚羊等濒危物种的拯救和保护工作取得新的进展，共有 34 种国家重点保护的野生动物的数量保持稳定或有所增加，特别是野生大熊猫种群数量从 1988 年的 1 100 多只增加到 2003 年的 1 590 多只，朱鹮种群数量从 1981 年发现时的 7 只增加到目前的 740 只左右，雪豹种群数量从 2 000 多只增加到 4 100 多只，丹顶鹤种群数量从 870 多只增加到 1 400 多只。

8. 湿地保护

1992 年，我国加入了《世界湿地公约》；2000 年，国务院林业、农业、水利、国土、环保等 17 个部委联合制定了《中国湿地保护行动计划》；2003 年，国务院批准了《全国湿地保护工程规划》；2004 年，国务院发布了《关于加强湿地保护管理的通知》。2007 年新增国际湿地 6 处、国家湿地公园 9 处，湿地保护面积不断扩大。目前，我国已列入国际重要湿地目录的湿地有 36 处，建立湿地自然保护区 473 个，全国 47%的自然湿地得到了保护，湿地保护工作从无到有逐步加强。

9. 农村环境整治取得积极进展

农村环境和饮水安全状况得到逐步改善。“十五”期间，中央安排国债资金及地方政府投入和群众自筹共投入 222 亿元用于农村饮水状况改善，农村饮水解困工程使6 700多万农民告别了缺水困扰。根据《2006年中国水利发展统计公报》，至2006年，农村饮水安全人口累计达5.59亿人，约占全国农村人口的60%。

生态农业与生态示范区建设成效明显。全国生态农业建设县达到400多个，开展示范区建设县市达500多个，其中国家级生态农业县102个，国家级生态示范区233个。

沼气推广及秸秆禁烧和综合利用工作得到加强。“十五”期间，国家先后投入35亿元人民币，重点推广沼气建设，到2006年年底，全国沼气用户已达2 200多万户。各地加大了秸秆禁烧执法力度，大部分地区秸秆露天焚烧现象得到了一定程度的有效控制，推广省柴灶1.89亿户，太阳能热水器2 850万 m^2，农村新能源建设促进了农村生态环境的改善。

（三）核与辐射环境安全处于受控状态

1. 全国辐射环境质量状况总体保持在良好的状态

各种环境介质中的放射性水平与1983—1990年开展的全国天然放射性水平调查的结果相比无明显变化；核电厂、核燃料循环设施及研究堆等核设施周边的辐射环境质量保持在良好的水平；铀矿山周围环境介质中存在一定的污染，特别是对于水体的污染必须引起重视；大规模的伴生放射性矿产资源利用中的环境污染问题日益严重，特别是大量产生的废渣的出路问题必须给予充分的重视。

2. 所有核设施处于受控状态，运行核电厂未发生2级以上的事件

核电厂的安全屏障保持完整，反应堆冷却剂系统和安全壳的泄漏率远低于技术规范的限值。运行中的核电厂的职业照射剂量水平均远低于国家限值；对放射性流出物的排放，进行了有效控制和监测，核电厂的年排放量远低于国家限值；无超标排放事件发生，周围环境的辐射水平保持在天然本底的涨落范围内。其他各类核燃料循环以及研究堆等核设施基本处于受控状态。

3. 放射源实施统一监管，安全状态有所改善

环保部门依据《放射性同位素与射线装置安全和防护条例》（国务院令第449号）对放射源实施统一监管，组织开展了“清查放射源，让百姓放心”专项行动。2008年年底基本完成了辐射工作许可证的换发工作，结束无证使用放射性同位素

的历史；各级环保部门将全部辐射工作单位纳入管辖范围，定期进行监督检查；国家和省级环保部门都编制了辐射事故应急预案，应急响应和事故处理能力逐步提高。

（四）环境保护国际合作取得积极进展

1．认真履行国际环境公约，树立负责任大国形象

我国参加了《联合国气候变化框架公约》及其《京都议定书》、《关于消耗臭氧层物质的蒙特利尔议定书》、《关于在国际贸易中对某些危险化学品和农药采用事先知情同意程序的鹿特丹公约》、《关于持久性有机污染物的斯德哥尔摩公约》、《生物多样性公约》和《联合国防治荒漠化公约》等 50 多项涉及环境保护的国际条约，积极履行这些条约规定的义务，受到了国际社会的广泛赞誉，我国在气候变化、生物多样性保护等方面的履约行动得到了国际社会的肯定。

2．积极参与国家环境事务，维护我国合法权益

始终坚持保护全球环境，发展中国家和发达国家具有共同但有区别的责任的原则，反对环境领域中的霸权主义。针对一些发达国家利用国际环境会议和环境公约向发展中国家施加压力，提出不合理环境义务要求的情况，我国坚持“共同但有区别的责任”的原则，提出从历史和现实的角度看，发达国家都是当代环境问题的主要责任者，发展中国家却是受害者，发达国家有义务首先采取行动，并帮助发展中国家参加保护全球环境的努力。

在联合国环境规划署列出的 14 个最具普遍性的国际环境条约中，我国签署了 13 个。2007 年，我国停止除必要用途之外的全氯氟烃（CFCs）和哈龙的生产和进口，提前两年半完成了《蒙特利尔议定书》规定的义务。2007 年，成立以温家宝总理为组长的国家应对气候变化领导小组，在外交部成立了应对气候变化对外工作领导小组，发布了《中国应对气候变化国家方案》，显示我国政府积极应对气候变化的立场和决心。

3．引入先进理念、技术与资金，为我所用

加强环境保护的对外经济技术合作，利用外资加快环境保护事业的发展。通过与全球环境基金、世界银行、亚洲开发银行等国际金融组织的密切而卓有成效

的合作，以及与欧美发达国家开展双边项目合作，我国环境外交在积极引进国外资金、技术和管理经验，加速我国环境保护整体能力和水平提高方面做出了应有贡献。“十五”期间，我国引进外资赠款超过 5 亿美元，有力促进了环境保护事业的发展。

4．实现以外促内，加快环保事业发展

在经济全球化加快发展的背景下，加快转变经济增长方式问题，借助环境技术和管理经验广泛传播，合理利用全球资源。我国履行《关于消耗臭氧层物质的蒙特利尔议定书》，共引进了 7 亿多美元履约赠款，用于生产企业和消费企业的技术改造，对相关领域的发展起到了极大的促进作用。

通过国际合作引进先进理念、管理思想、先进技术，开展的科学研究、人员培训，借鉴发达国家的环境标准和法律法规。特别是国家层面的国际高级咨询机构——中国环境与发展国际合作委员会起到了有力的推动作用。国合会成立 15 年来，先后设置了环境与经济、污染控制、生物多样性、循环经济等 20 多个研究工作组或课题组，200 多名中外专家以及 2 000 多名研究人员参与研究工作，取得丰硕成果。

总体上，经过多年的不懈努力，我国污染治理的能力不断提高，生态保护和建设取得明显成效，核与辐射环境安全基本处于受控状态，环境保护的基础能力得到加强，环境国际合作取得积极进展，为保障经济的持续快速增长、遏制环境质量的急剧恶化发挥了重要作用。

第三章　发达国家环保发展历程及经验教训

纵观人类文明与发展史，大规模环境破坏问题是近几个世纪才出现的“新问题”。发达国家已经走过的发展与环境的道路，无论经验与教训，都是人类文明共同的财富，我们都应当学习经验、汲取教训。

历史的经验告诉我们，环境变化来自于三个方面：社会发展对环境质量的需求、人类经济活动产生的污染物、环境执政能力对环境质量的控制程度。污染物主要是人类经济活动的产物，经济增长的方式决定了污染物的产生结构与产生量。环境污染物主要来自经济增长的三个驱动力：生产、消费与贸易。环境状况变化的另一个主要影响因素是环境执政体系。一个好的环境执政体制可以反映公众对环境的需求、正确地认识环境问题，有很好的科学决策机制保障环境法律法规政策的正确制定，有很好的监督管理机制确保环境法律法规不打折扣地实施，有很好的反馈机制不断纠正系统自我的错误。

一、发达国家环保与发展历程回顾

（一）工业化带来了沉重的环境代价

工业化在给人类带来巨大物质财富的同时，也给人类带来了沉重的环境代价。在人类早期的发展史上及各国的发展历程中，除了战争与自然灾害外，很少有大规模破坏环境的人类活动。

人类对生态环境的破坏主要始于工业革命以来的人类经济活动。工业革命启动了人类经济发展的飞跃历程，但也同时引爆了生态环境炸弹。英国工业革命爆发是以蒸汽机的广泛应用为标志的，而蒸汽机的广泛应用却需要大量的煤炭能源，煤炭能源的开采又不断地推动了钢铁等工业部门的革命式的发展。随着工业经济的发展和科学技术的进步，石油、天然气等化石燃料大量地使用，以满足日益扩张的经济活动。这些化石能源的使用造成了空气污染、水体污染、固体废弃物污染、温室气体排放引起了气候变化等。工业革命带来的人类飞速发展对自身的生存环境带来了灾难性的影响。在这期间出现了许多典型的生态环境灾难性事件：

——1948 年 10 月 26—31 日，在美国宾夕法尼亚州多诺拉镇发生因二氧化硫烟污染而导致 43%的人病倒，17 人死亡事件。

——1952 年 12 月 5—8 日，伦敦烟雾事件，造成 4 000 人死亡，8 000 多人得病。

——1946 年、1948 年在美国洛杉矶两次发生光化学烟雾事件，1955 年 8—9 月，又在洛杉矶发生光化学烟雾事件，造成 400 个老人死亡。该地的 250 万辆汽车，日排 1 000 多吨碳氢化合物石油烃废气、一氧化碳和氧化氮，铅烟进入大气与空气中其他化学成分反应，产生浅蓝色烟雾，由于地势低洼使之长期滞留造成污染。

——始于 1955 年的日本富山县神通川流域骨痛病事件，因铅、锌冶炼厂排放含镉废水污染，公众食用含镉稻米和含镉水而中毒。

——始于 1956 年的日本熊本县水俣市的“水俣病事件”，因汞污染使鱼类中毒引起。先后有 2 265 人被确诊（其中有 1 573 人已病故），另外有 11 540 人虽然未能获得医学认定，但水俣病给日本民众生命和身心健康造成的损失至今难以弥合，而排污企业以及政府背上了沉重的经济和道义负担，难以自拔。

——1964 年日本四日市发生哮喘病流行事件，因炼油厂排出的废水中毒引起。

——1968 年日本九州四国等地发生米糠油事件，引起几十万只鸡突然死亡，多人得病，原因是工业有毒气体或过量废气、废水污染致病致害。

——1970 年 7 月 8 日，日本东京发生光化学烟雾和二氧化硫废气使万人受害。

从 20 世纪五六十年代开始，人类开始彻底反思工业化带来的环境污染问题。例如，卡逊的《寂静的春天》，罗马俱乐部的《增长的极限》，特别是 1972 年联合国首次召开了全球范围内的“人类环境大会”。从此，发达国家的环境与发展才开始真正转型，并逐步向好的方向转变。

1987 年，联合国秘书长委托挪威前首相布伦特兰夫人为联合国环境与发展大会准备的报告《我们共同的未来》，首次提出了“可持续发展”的环境与发展新理念。至此，人类环境与发展才开始重新走向协调的方向。

回顾发达国家环保与发展历程，发达国家实际上走过了一条“先污染后治理”的道路。发达国家在工业化发展初期污染比较严重，出现了严重的污染事件，之后通过严格的环保措施与产业转型，基本完成了常规污染物的治理。

人类文明经历了三次浪潮：第一次浪潮，农业经济社会；第二次浪潮，工业经济社会；第三次浪潮，信息经济社会。而环境问题对应于经济也是从弱到强，经历了环境问题产生期、多发期、严峻期、协调期，归根到底是工业化的副产品。形象地说，经济发展就像一个燃烧机，烧掉的是原料，剩下的是污染，产出的是国内生产总值。

世界主流经济的发展与环境的关系以及不同时期的特征，如表 3-1 所示。

表 3-1 世界主流经济的发展与环境关系表

发展时期	经济特征	环境问题及与经济的关系	典型生态环境事件	重要的环境保护思想论著文献
第一次浪潮（大约 10 万年前至 1750 年工业革命前）	农耕畜牧	环境问题轻微，基本与经济不冲突，对生态系统略有影响	伊拉克两河流域文明的衰落； 黄土高原植被减少	圣经； 老子《道德经》
第二次浪潮前期（工业革命至第一次世界大战前）	工业化初期，由农耕畜牧业向工业经济的转型	环境问题的产生期，开始出现与经济的冲突	英国蒸汽机使用煤炭造成英国空气污染； 英国曼彻斯特纺织业发展产生的废水	恩格斯《自然辩证法》； 卢梭《论科学与艺术的进步是否有助于敦风化俗》
第二次浪潮中期（“一战”至“二战”前）	工业化中期，由轻工业向重工业的转型	环境问题多发期，与经济严重冲突	美国黑风暴； 德国鲁尔工业区的污染	斯宾格勒《西方的没落》
第二次浪潮后期（“二战”后至 20 世纪 70 年代）	工业化中后期，以重工业为主的经济	环境问题严峻期，与经济极其冲突	1948 年美国宾夕法尼亚州多诺拉镇二氧化硫污染致死案； 1952 年英国的伦敦烟雾； 20 世纪 50 年代美国洛杉矶的光化学烟雾； 1956 年日本的水俣病； 1964 年日本的四日市哮喘病； 日本的琵琶湖污染	卡逊《寂静的春天》； 罗马俱乐部《增长的极限》； 沃德《只有一个地球》； 埃尔里奇《人口爆炸》

发展时期	经济特征	环境问题及与经济的关系	典型生态环境事件	重要的环境保护思想论著文献
第三次浪潮（20世纪70年代至今）	后工业化时期，由工业向以服务业为主的后工业的转型期	环境问题协调期，开始与经济相互协调	美国在印度博帕尔的化工厂爆炸事件；泰晤士河开始变清；伦敦雾逐渐淡去；莱茵河开始变清；鲁尔工业区空气污染不再	1972年斯德哥尔摩联合国人类环境大会；1982年托夫勒《第三次浪潮》；1987年《我们共同的未来》；1992年里约《联合国环境与发展大会》；2002年《约翰内斯堡峰会》；众多多边环境协议的产生

（二）经济活动强度特别是经济结构决定污染程度

回顾发达国家环境与经济的发展历程，国际经验表明：环境问题与经济发展有密切的关联度，主要的环境破坏都是源于人类工业化后的经济活动。经济活动强度决定对环境的影响与压力程度。

经济活动强度的大小取决于经济总量、产业结构与资源环境效率。经济总量越大，对环境的压力也越大，即所谓的总量效应。当产业结构中的污染行业多，当产业的万元产值能耗物耗高，对环境的压力就大；反之则小，即所谓的结构效应。资源利用效率越高，则环境压力越低；反之，资源利用效率越低，则环境压力越高，即所谓的技术效应。

其中，在总量效应、结构效应与技术效应中，在总量持续增长的情况下，结构效应对环境的贡献远大于技术效应。世界银行的总结大概是结构效应贡献占70%，而技术效应贡献占30%。世界银行的研究表明：在过去的几十年内，全球的环境污染产业结构并没有发生很大变化，主要都是7个污染行业组成。而发生变化的不过是空间的变化，污染行业从地球的一个地方转移到另外一个地方。一个以重化工为主的经济体，其污染必然严重。当重化工产业从英国转移到欧洲大陆的德国，再到北美大陆，然后到日韩，污染也是随着这个同样的轨迹在迁移。污染之都，也逐步从西欧到北美再到东亚。

（三）发达国家常规污染已过拐点，环境质量明显改善

关于经济发展与污染排放的关系，发达国家环境与发展的实践表明：大致存在人均 GDP 与污染物排放的倒 U 型曲线，但并不存在一个统一的转向协调时期的拐点。污染物排放不仅与人均 GDP 相关，而且与产业结构与资源环境效率也有很强的关联性；一个国家中第二产业所占的比例及资源环境效率与 SO_2、颗粒物、CO_2 等污染物排放量最相关；第二产业比例越高、资源环境效率越低，污染物排放越多；反之亦然。表 3-2 给出了具体第二产业中的行业对污染的贡献数据。

表 3-2　全球 7 个主要污染行业的贡献　　单位：%

污染物	年代	行业							总计
		钢铁	炼油	食品	工业化学品	纸及纸制品	有色金属	水泥	
大气污染 PM_{10}	1960	29.0	1.4	8.5	1.6	2.2	0.7	52.5	96.0
	1970	27.6	1.4	8.5	1.8	2.0	0.7	53.9	96.0
	1980	25.5	1.5	8.6	2.0	1.9	0.7	55.8	96.0
	1990	21.8	1.0	7.9	1.8	2.0	0.7	60.3	95.4
SO_2	1960	18.4	25.2	3.2	10.2	6.9	13.0	11.4	88.4
	1970	17.6	25.2	3.2	11.2	6.4	12.9	11.8	88.3
	1980	15.8	25.3	3.1	12.7	5.8	13.3	11.9	88.0
	1990	15.3	19.5	3.2	12.3	6.8	15.0	14.5	86.6
大气污染有毒化学物质	1960	5.8	6.8	0.7	36.6	7.3	5.7	1.5	64.4
	1970	5.3	6.6	0.7	38.9	6.5	5.4	1.5	65.0
	1980	4.6	6.4	0.7	42.7	5.7	5.4	1.5	67.0
	1990	4.3	4.8	0.7	40.1	6.5	5.9	1.7	64.1
水污染 BOD	1960	0.1	2.4	32.7	21.7	28.2	7.5	0.1	92.7
	1970	0.1	2.4	32.9	23.8	25.8	7.4	0.1	92.5
	1980	0.1	2.4	32.1	26.9	23.2	7.6	0.1	92.4
	1990	0.1	1.7	31.2	24.5	25.9	8.1	0.1	91.6
水污染有毒化学物质	1960	10.8	2.7	1.1	67.5	9.7	1.2	0.1	93.1
	1970	9.8	2.6	1.0	70.5	8.5	1.1	0.1	93.6
	1980	8.2	2.4	0.9	74.5	7.1	1.1	0.1	94.4
	1990	8.0	1.9	1.0	73.0	8.6	1.2	0.1	93.8

资料来源：世界银行，*Policy Research Working paper* 3383，2004。

对不同的污染物可能有不同的拐点，对不同的国家也有不同的拐点。在欧美国家，SO_2 主要是以煤炭为主的能源工业、重化工行业排放造成的，因此当发达国家的经济转型后，其排放量出现拐点并逐步减少，欧美酸雨污染的转折点大致出现于 20 世纪 70 年代末期。CO_2 排放是由于能源工业、交通运输业以及生活用能排放造成的，所以即使在经济转型后，其排放量的拐点在有些欧洲国家刚刚出现，而美国到现在还没有出现拐点。而 COD 主要与生活污水与农业面源污染有关。随着人口稳定、生活质量的提高以及稳定的农业生产，COD 排放基本稳定，曲线平滑没有明显的拐点。

（四）发达国家走过了一条先污染后治理的弯路，通过政策调整，逐步实现环境与经济协调发展

“二战”之后，发达国家经济得到迅速发展，工业化过程迅猛推进，但也付出了沉重的环境代价，走了一条“先污染后治理”的道路。自 20 世纪 70 年代以来，发达国家逐步开始采用强有力的环境法律和政策，尤其以市场为主导的环境经济手段控制环境污染，同时把传统产业向其他国家转移，使环境质量得到很大改善，并逐步实现了经济与环境协调发展。发达国家经济与环境关系发展过程的教训与经验表明：依据经济发展与环境污染的演替规律，适时制定和调整完善相应的环境经济政策，加强经济与环境决策一体化，是实现经济与环境协调发展的关键及重要保证；增加环保投入、发展环保产业、大幅度提高环境意识才能最终实现经济与环境的协调发展。

实践与理论都证明，经济与环境协调发展并不会自动地发生，它依赖于全社会环保意识的提高、环境政策的严格实施，以及经济转型与技术进步的支持。因此，中国只要积极借鉴发达国家的经验与教训，加强技术创新，健全经济与环境协调发展制度，就能产生“后发优势”，并在加快经济发展的同时，使环境污染程度减轻，最终实现国民经济又好又快地发展。

下面以美国、日本为例，介绍两国通过环境政策调整推动环境与经济协调发展的情况。

1．美国

“二战”之后，美国经济得到迅速发展，尤其是工业与交通的迅猛发展，不可避免地走过了一条“先污染后治理”的道路。震惊世界的八大污染公害事件就有两件发生在美国。自1970年美国环保局成立并开始采用强有力的国家法律，尤其以市场为主导的有效环境经济手段控制环境污染，加上传统产业的国际转移，使环境得到很大改善。

美国环境问题的解决，除了归功于健全的环保法律体系外，很重要的因素是建立了完善的环境经济政策体系。美国把经济手段引入环境保护工作，应用环境经济政策成效显著。

(1) 美国环境政策的演变过程——以美国大气污染控制为例

1955年美国国会制定了第一部联邦大气污染控制法规——《1955年空气污染控制法》，该法主要规定开展对空气污染现象的研究和对各州的空气污染控制予以援助。此后又先后出台了《空气污染控制法》《清洁空气法》《机动车空气污染控制法》《空气质量法》。然而上述各项立法都未能有效地控制和消除美国的空气污染。

为了有效地控制空气污染，美国国会于1970年通过了具有划时代意义的《清洁空气法》，此后，该法又经过多次修订和完善，其中重要的两次修订是在1977年和1990年。1977年修正案加强了对清洁区和未达标地区空气污染控制。1990年修正案则是针对1977年修订的《清洁空气法》在实施中的问题，再次强调了对未达标区的管理，加强了对汽车污染及危险空气污染物的控制，新增了酸雨条款，强化了空气污染控制的许可证制度。

由以上可见，20世纪70年代前美国主要的控制大气污染的方式是行政命令方式，即“命令加直接管制”的管理方式。到70年代中期这种直接的污染控制措施，运行成本高，而且对工业企业的经济压力越来越大。在这种情况下，美国逐步采用了一些以市场为基础的环境政策，即在环境管理中引入经济手段，如“抵消政策”和“泡泡政策”。尤其1990年将可交易排放系统正式写入《清洁空气法》。美国的实践证明，以市场为基础的环境政策，不仅降低了污染控制的费用，而且提高污染控制的有效性。如今，排污交易等环境经济手段已成为美国环境管理领域的新潮流。

(2) 美国环境经济政策的特点

第一，环境经济政策在环境保护中起到了较强的调节作用。首先，环境保护资金相当程度上依靠环境经济政策筹集。美国环保局1996年65亿美元支出中有23亿美元是通过环境税收取得的。美国加州1996年环保支出10亿美元中9亿美元是通过收费取得的。其次，制定环境经济政策的目的明确。环境税收专项政策一般以限制污染为首要目的，筹集资金是第二位；而环境收费政策则以筹集资金为首要目的。环境经济政策能有效地引导社会资金投向环保。如美国融资过程中的税收优惠政策、差别税率政策都非常有效地引导社会资金投向环保。

第二，管理严格，政策执行效果好。主要体现在三个方面：首先，无论环境税还是环境收费，收取的资金高度集中，全部纳入财政，通过预算安排支出。其次，征收管理部门集中，基本上都由税务部门征收。最后，征收管理手段现代化水平高，拖欠、逃交、漏交现象很少，能保证每项政策不折不扣地执行。

第三，法制基础好，公众环保意识强。良好的公共环境则与严格执法和公众有较强的环保意识密切相关。

2. 日本

"二战"之后，在20世纪五六十年代，日本实现了大约年均10%的高速经济增长，日本经济的迅速发展在很大程度上依赖于矿业、冶金、造船、无机化学工业等基础性工业的快速发展，这一阶段为日本后期经济腾飞奠定了坚实的经济、物质和技术基础，但同时也产生了严重的环境污染和公害事件。

面对严重的环境污染和频频发生的公害事件，日本政府从20世纪60年代末开始陆续颁布了一系列环保法规，并于1970年设立了在总理府领导下的日本环境厅，各地方政府都相应设立了环境保护部，建立了一套完善的环保管理、执法、研究和监测机构，加大了环保投入，环保产业也应运而生。

更重要的是由于战后几十年中，日本产业重点经历了由矿业、冶金、造船等基础性工业—无机化学工业—有机化学工业—高分子化学工业—汽车、电器生产等综合性工业的演变过程，其产业布局也相应由大城市向城市远郊区扩展，最后形成了现在以新干线和濑户内海沿岸为主的产业带和城市带，形成典型的临海型布局。产业重点的变化和布局的空间演变，以及加强污染防治，尤其通过以法律为主的强硬手段，使污染得到了很大程度的控制，消除二氧化硫、粉尘、重金属等污染物质对大气和水的污染，环境质量有了根本改善。

(1) 日本环境政策的演变过程——以日本循环型社会发展演化为例

从20世纪60年代后期开始，日本经过20多年的努力，成功地解决了非常严重的工业污染和部分城市生活型污染问题。从20世纪80年代后期，日本开始进入后工业化社会和消费型社会，急剧增加的工业与生活废弃物成为日本环境保护与可持续发展面临的重要问题之一。为此，日本从经济发展优先战略提出了建设循环型社会的理念。总体而言，日本从简单化地关注废物处理到全面构建经济与环境和谐发展的循环型社会主要分为四个阶段。

第一阶段：20 世纪 60 年代初期至 80 年代初期，日本废弃物对策重点在末端废弃物问题上，如日本厚生省在 1971 年制定的《废弃物处理清扫法》，主要重点是公害防治处理。

第二阶段：20 世纪 80 年代中期至 90 年代中期，日本废弃物对策重点已部分转移到前端废弃物减量措施上，如日本通产省于 1991 年制定的《资源回收法》，积极推动玻璃瓶、铝铁罐、废纸等的回收；而且在 1995 年厚生省又大幅度修订《废弃物处理清扫法》，将立法重点从公害防治处理转移到废弃物减量措施上。

第三阶段：进入 20 世纪 90 年代日本废弃物对策重点进一步转移到潜在废弃物和前端废弃物减量的全过程控制对策上。资源利用模式由原料—产品—废弃物单向运行转变为原料—产品—原料循环运行。如日本于 1998 年由主管废弃物的厚生省和通产省联合拟订《产品包装分类回收法》，强制企业回收金属、纸类、塑胶等包装，达到废弃物减量的目的。

第四阶段：20 世纪 90 年代末至今，在基本废弃物环境法律与管理政策及相关产业架构完成后，全日本形成了循环经济的社会氛围，无论是城市生活、工业园区和农业生产均实行循环经济方式，可以说，日本已全面进入了循环社会时代。而日本积极倡导的废弃物回收再利用产业（Reduce，Recycle，Reuse，3R），也正在发展为有效解决城市生活废弃物问题的关键，成为破解资源与环境双重危机的杠杆，更成为日本绿色经济发展的基石与动力。

（2）日本环境管理执行体系的综合特点

第一，完善的环境保护法规体系。日本基本形成了比较完善的环境保护法律法规体系。在体系建设中十分重视框架的完善。仅促进循环经济的法律法规就包含三个层次，一部基本法，即《循环型社会形成推进基本法》；两部综合性法律，分别是《废弃物处理法》和《资源有效利用促进法》；六部专门法，分别是《容器包装再生利用法》《家电再生利用法》《建筑材料再生利用法》《食品再生利用法》《汽车再生利用法》及《绿色采购法》。

第二，善于运用市场机制。通过公布全社会污染控制总目标引导企业进行环保。无论是企业还是个人，都要为环境保护支付必要的成本。如通过建立市场价格机制，利用能源价格等调控企业环保行为，减少环境污染。

第三，政府、企业、市民结合模式，发挥各方力量。日本的环境保护充分体现政府、企业和市民友好的合作，发挥各个主体的积极作用。如政府履行环保职责，接受公共监督，为各主体的行动奠定基础。

（3）日本建立绿色国家的新理想

为应对全球金融危机，日本在2009年2月提出了实施适合日本国情的“绿色新政”。日本环境省也于2009年4月发表了《绿色经济与社会变革》方案。该方案可以认为是在循环型社会构建基础上又一次“质”的发展与变革。其实质是要以“环境”优化“经济”，建立绿色经济的政治及社会制度基础，使环境渗透进入经济发展的“骨髓”；其变革主要集中于4个方面：向绿色社会资本的转变、向绿色区域社会的转变、向绿色消费的转变、向绿色投资的转变，并辅以2个重要手段：推动绿色技术创新、向亚洲求发展。

其中，4个变革具体如下：“向绿色社会资本的转变”：出台了以国家为中心，与地方公共团体联合，通过绿色公共事业，建设面向未来的人与自然友好型基础设施的政策；“向绿色区域社会的转变”：出台了发挥人才、自然、传统等区域资源优势，通过开展环境保护工作为地区注入活力的政策。“向绿色消费的转变”：出台了将现有的家电、汽车置换为节能型低环境负荷的产品以及进行住宅的环保改造等旨在从家庭开始创造绿色需求的政策。“向绿色投资的转变”：出台了通过企业生产适应绿色消费的产品，利用金融市场的支持等促进企业积极开展环境投资的政策。

而2个重要手段则是：第一，“绿色技术创新”：出台了从面向2050年的长期技术创新到现有技术有效利用的、以推动日本引以为自豪的环境技术的进步和应用为目的的政策；第二，“对绿色亚洲的贡献”：出台了以支持作为亚洲发展关键因素的与环境资源相关的先行投资为目的的政策。

这份政策方案计划将使日本环境领域的市场规模从2006年的70万亿日元增加到2020年的120万亿日元，相关就业岗位也将从140万人增加到280万人。而其最终目标是要形成绿色社会、绿色社区、绿色消费、绿色投资、绿色科技全方位支撑的“绿色国家”。

二、发达国家环境与发展趋势

（一）发达国家传统的环境污染得到有效控制

对于今后发达国家的环境与发展趋势，经济合作与发展组织（OECD）在其

《展望 2030》报告中对环境指标的未来趋势进行了定量预测，结果表明：除了温室气体排放问题及与农业相关的生物多样性问题之外，OECD 国家主要环境污染指标都基本得到了控制。我国目前最关注的 SO_2、NO_x、颗粒物、COD 等污染物，OECD 国家都已基本改善，不再是其预测对象。其与能源有关的人均 CO_2 略有下降，其能源使用量、温室气体排放总量仍将上升，但上升趋势在减缓。由于农业生产，生物多样性在继续走低。具体数据如表 3-3 和表 3-4 所示。

表 3-3　北美国家的关键环境指标

年份	1980	2005	2030	1980—2005 变化率/%	2005—2030 变化率/%
人口/亿人	3.22	4.29	5.22	33	22
人均 GDP/美元	17 741	27 582	43 510	55	58
服务业人均 GDP/美元	11 116	20 479	33 393	84	63
初级能源消费					
占世界总量比例/%	27	25	21	38	24
其中石油占比/%	32	27	25	4	20
最终能源使用					
占世界总量比例/%	27	24	22	31	29
其中轻质石油占比/%	40	35	28	13	10
其中天然气占比/%	47	36	29	37	12
气候变化					
一揽子温室气体（占世界比重）/%	22	21	18	36	19
与能源相关的 CO_2 排放					
总量/Mt 碳	1.44	1.95	2.28	35	17
其中交通/Mt 碳	27	32	34	56	26
与能源相关的 CO_2 人均排放/t 碳	4.49	4.66	4.50	4	−3
土地利用					
粮食作物（占世界比重）/%	18	17	19	5	35
年份	1970	2000	2030	1970—2000 变化率/%	2000—2030 变化率/%
生物多样性					
现存物种丰度（占潜在的比例）/%	75	73	64	−2	−8
由于农业造成的物种丧失	16	15	21	−1	6

资料来源：OECD，《展望 2030》，2007。

表 3-4　OECD 欧洲国家的关键环境指标

年份	1980	2005	2030	1980—2005 变化率/%	2005—2030 变化率/%
人口/亿人	5.37	5.98	6.21	11	4
人均 GDP/美元	12 433	18 898	31 817	52	68
气候变化					
一揽子温室气体（占世界比重）/%	20	13	11	−6	15
与能源有关的 CO_2 排放/Mt 碳	1.30	1.33	1.48	2	11
与能源相关的 CO_2 人均排放/t 碳	2.42	2.24	2.43	−8	9
年份	1970	2000	2030	1970—2000 变化率/%	2000—2030 变化率/%
生物多样性					
现存物种丰度（占潜在的比例）/%	43	42	33	−1	−9
由于农业造成的物种丧失	35	33	38	−3	5

资料来源：OECD，《展望 2030》，2007。

发达国家之所以污染基本得到控制，主要原因是其经济结构以服务业为主，一些重化工业转移到了发展中国家。2005—2030 年，北美人均 GDP 将增长 58%，而服务业将增长 63%。一个以服务业为主的经济结构的污染产生量非常有限，所以历史上曾经出现的由于重化工产业带来的传统污染问题，在 OECD 国家基本得到解决。

（二）发达国家的环境管理更加开放、协调和务实

发达国家污染物排放持续稳定的同时，其环境管理也在逐步完善。其环境战略正逐步融入国家安全战略，渗透和体现到国家重大发展战略中，通过调整和规范经济发展模式和社会消费方式，实现环境保护的目标。主要有以下几个特征：

1. 系统制订环境战略与计划，包括目标、子目标和附属目标及相应的策略和行动

这些战略计划力求其目标、目的和诸多的指标、措施尽可能的具体、明确，有些战略计划的每个目标下面又有子目标和附属目标。这些目标还具有可度量性和可检验性，例如至某年某月某计划或规划项目要进展到何种程度，要达到什么目标，以便进行考核和测评，同时在项目进展中适时对目标和指标进行必要的修正和完善，为制订下一个战略计划奠定基础。如美国环保局 2003 年环境保护战略

草案不但确定了 5 个长期奋斗目标，还提出了子目标和附属目标及相应的策略和行动。欧盟的第 6 个环境行动计划在遏止气候变化时，确定了中期和长期目标。中期目标是：2008—2012 年，温室气体的释放与 1990 年的水平相比，减少 8%以上（《京都议定书》）；长期目标是：到 2020 年，全球温室气体与 1990 年的水平相比，减少 20%～40%。

2．更加注重市场经济手段

欧美国家的环境战略计划提倡利用市场机制手段解决环境投资、环境管理和保护的问题。发达国家在环保方面的投入大都占到其国民生产总值的 3%以上，而我国环保投入还远远不足。据测算，只有当我国的环保投入占 GDP 的比例超过 1.5%时，我国的环境质量才可能从整体上得到好转。要解决这样大规模的资金投入，除了政府直接投资外，必须充分利用市场机制。

3．明确环境科学方面的优先研究领域

美国环保局 2003—2008 年环境战略计划草案就将室内和室外的空气质量、饮用水的质量和安全、土地的保护与恢复列入优先领域。英国自然环境研究委员会“可持续未来的科学”计划也将水、生物地球化学循环和生物多样性、气候变化、能源、土地利用等列入重点。欧盟第 6 个环境行动计划的优先研究领域为：气候变化、自然资源与生物多样性的保护、环境和健康问题之间的关系、自然资源的可持续利用和废物管理。OECD 2001—2010 年环境战略计划关注气候、淡水资源、生物多样性等。他们共同关注的优先研究领域为：气候变化、水资源、土地资源、生物多样性、废弃物。

4．加强各级管理人员、研究人员与组织机构间的合作与交流

这些战略计划强调环境目标的实现不是某个部门的工作，而是强调各部门的协调与合作。如美国环保局 2003 年环境战略计划草案强调加强中央政府与各州的合作与交流；英国自然环境研究委员会“可持续未来的科学”计划将形成一种新的合作模式，使环境领域的科学家与其他领域的科学家联合开展研究；经济合作与发展组织 2001—2010 年环境战略计划强调通过改善管理、加强合作更好地管理全球化带来的环境影响。因为这些战略计划的制订者们都认识到环境问题多是跨越国界的，任何一个国家或国家集团依靠自己单独的力量都不能切实解决环

境问题，不足以保护地球生物多样性和全球生态系统的整体性。它的解决需要全球的通力合作，包括发达国家、发展中国家、国际组织之间的双边或多边协调行动。

5. 更加注重环境信息的监测与管理

这些战略计划的制订者意识到，可靠、及时、准确的环境信息对决策者和公众来说，有很重要的意义。一方面，决策者在制订战略计划时，尽可能多地获得准确和可靠的数据，就可以了解本国和本区域内及世界现有的实际环境状况，制定切实可行的有关指标和政策；另一方面，政府、媒体等通过各种渠道，发布环境信息，就能使公众了解自己生存的环境状况，提高环境意识，更多地参与环境保护、环境管理的活动。如果有更多的公众知道气候变化、土地退化、生物多样性减少、废弃物增多等对人类的影响，就会改变消费方式，选择绿色消费；监督和参与环境的管理，促使工厂和企业进行绿色生产；向政策部门和环保部门提供环境策略建议。

6. 更加注重人类与环境的全面协调发展

人类只有合理、高效、有限度地利用自然资源，自觉、有效地保护自然环境，才能保证人类社会持续、健康地发展。欧盟国家的环境机构和组织越来越关注环境与人类健康的关系，思考如何改善生活环境、提高生活质量，并采取实际行动保护人类赖以生存的地球。他们在环境战略计划中提倡清洁生产、资源高效利用、有节制消费、利用绿色能源、发展绿色科技。

三、发达国家环境与发展的经验与教训对中国的启示

（一）中国环境问题的根本解决取决于经济结构调整与效率提高

比照发达国家的发展轨迹，我国环境问题的解决程度取决于经济增长方式的转变速度，也就是经济结构调整的力度与效率提高的速度。我国淘汰落后产能技术并改造第二产业与绿化第一产业速度越快、发展第三产业速度越快，则进入后工业化时期的速度就越快，我国环境问题的解决也越快。

如上所述，环境污染是工业化的产物，而污染物主要来自经济结构中的污染

产业及其低下的资源环境效率。因此，在全球20世纪70年代以来的环境保护浪潮中，发达国家纷纷采取措施，试图尽快从工业化步入后工业化、信息化社会。具体来说，就是调整其经济结构中的污染产业、提高资源环境效率。

世界银行总结了经济合作与发展组织（OECD）国家改善环境的措施，其中最重要的就是提高资源环境效率、调整经济结构。提高资源环境效率就是降低万元产值的物耗、能耗。调整经济结构就是降低经济结构中的能源污染密集型产业的比例，大力发展服务业，优化产业结构。其中，结构调整对减少污染的贡献远远大于资源环境效率提高的贡献。

发达国家主要通过贸易方式（包括货物、服务、投资等贸易方式）直接或间接向他国转移其污染行业。一些发展中国家利用外国直接投资来改善就业、提高经济发展水平，而由于国内环境保护的要求不如发达国家严格，从而成为发达国家污染产业转移的接受国。发达国家在产业转移背后隐藏的就是污染转移。

世界正处于一个全球化的时代。欧美日等国20世纪70年代为保护环境开始产业结构调整，这恰好是我国改革开放时期，所以我国沿海地区成为欧美日甚至我国港台产业转移的接受方。

专栏1：德国鲁尔工业区向中国邯钢的产业转移

中国邯郸的孟杵村是中国北方的一个村庄，村民们在屋外晾衣服时，附近邯郸钢铁厂排放的黑色烟尘常使他们不得不回到屋里将衣服再洗一遍。与邯郸相距半个地球之遥的德国多特蒙德，那里的居民也曾有同样的烦恼，因为他们的邻居是德国工业巨头——蒂森克虏伯（ThyssenKrupp）集团旗下的钢厂。每逢星期天，男士们穿着白衬衫去教堂做礼拜，回家后却发现白衬衫都已变成了灰色。尽管这两个镇相距5 000英里，经济发展的起步时间也相差10年，但一条特殊的纽带却将它们连接起来——它们都先后使用了同一座排烟量巨大的炼铁高炉。20世纪90年代，这座高炉被一块块拆卸后，从德国用轮船运到河北省——中国的“鲁尔谷”。

从20世纪90年代后期起，大批二手炼铁炼钢设备从发达国家卖到中国。现在，中国的钢铁产量已经超过德国、日本和美国钢铁产量的总和，而同时中国的二氧化硫和二氧化碳排放量也在急剧上升。与此同时，德国人却换来了蓝天白云，并领导世界一起打响了应对全球变暖的战役。中国在复制着曾引领西方国家走向富强的工业革命的同时，她也向曾使西方饱受污染之苦的大部分工业敞开了大门。中国企业已成为世界钢铁、焦炭、铝、水泥、化学制品、皮革制品、纸制品和其他产品的主要制造商。而在其他国家，这些产品的生产成本往往是极其高昂的，其中包括更严格的环保规定带来的成本。中国在成为“世界工厂”的同时，也产生了严重的环境问题。这种污染型工业的大规模转移使中国的经济增长奇迹打了折扣。一些经济学家认为，如果算上经济发展对空气、土地、饮水以及人体健康带来的危害，两位数的经济增长率并未给中国人民的生活带来多少改善。若要减少污染，中国必须花费巨资替换或者更新已经过时的生产设备。

资料来源：《纽约时报》，2007-12-21。

专栏2：从中国焦炭贸易争端看西方焦炭产业转移

发达国家为保护自身环境而逐步关闭其焦炭生产企业，而中国却迅速成为世界焦炭的生产和出口大国。中国焦炭产量和出口量均占世界的50%以上。欧盟、美国等发达国家，迫切需要中国开放焦炭出口市场，并希望以稳定的价格和供给，满足其钢铁等行业需要。为此，中国承受了巨大的资源环境代价。

中国政府为确保国内稳定需求和保护资源与环境的要求，尤其自2006年以来，连续采用焦炭出口限制措施，为此引发与欧盟、美国等焦炭贸易摩擦。欧盟指责中国不适当地使用了出口配额，对欧盟企业有所歧视，违反了WTO非歧视原则。后经中欧多次紧急磋商达成了妥协协议。美国在《2007年度就中国履行WTO义务情况向国会提交的报告》(《USTR2007年报告》)中明确指出，对我国锑、焦炭、氟石、镅、碳酸镁、钼、稀土、硅、云母（滑石）、锡、钨和锌12种原材料出口限制措施表示强烈关注，而焦炭列在12种原材料中。美国关注我国对焦炭实施出口配额许可证管理措施，以及提高焦炭出口关税措施。因焦炭没有涵盖在我国“入世”承诺附件6中，即我国承诺取消除附件6之外的适用于出口产品的全部税费，因而美国认为我国对焦炭征收出口关税是违反我国“入世”承诺的义务。美国表示将在2008年继续采取措施确保中国遵守WTO承诺，包括诉诸WTO争端解决机制。

国内外钢铁产量和需求的迅速扩张，导致焦炭市场需求强劲。中国是世界焦炭的生产和出口大国，其生产量和出口量均占全球焦炭生产总量和贸易总量的50%以上。2007年中国焦炭产量32 894万t，比2006年增长16.3%；同时2007年焦炭出口量1 530万t，同期增长5.56%。

山西省是我国焦炭的主产区，其生产量和出口量占全国的60%～80%，其大气环境污染也在全国名列前茅。山西省社会科学院能源经济所以太原钢铁（集团）有限公司为例，估算了焦炭生产造成的大气污染和水污染环境损失（该估算只计算最基本的环境防护成本，不包括环境污染带来的健康损失、植被损失、建筑物损失、造成酸雨的损失等），估算结果表明：吨焦排污环境损失 76.32 元。如按吨焦排污环境损失 76 元推算，2003 年、2004 年和 2005 年全国焦炭生产环境损失竟分别高达 135.28 亿元、156.56 亿元和 184.68 亿元，均约占各年度工业增加值的 0.3%。其中，山西省焦炭生产环境损失占该省工业增加值的比例则高达 5%左右。

以上数据的环境与贸易含义是：我国每出口 1 t 焦炭，同时暗含着输出了 76.32 元的环境防护费用的损失。如计算健康损失、植被损失、建筑物损失、造成酸雨的损失等，我国出口焦炭的实际环境损失成本要高得多。中国 2007 年出口 1 530 万 t 焦炭，对中国的环境意味着 11.68 亿元的环境损失，也同时意味着中国用 11.68 亿元的环境损失来补贴欧盟、美国等西方国家的环境保护。

资料来源：胡涛．我国抑制焦炭出口的可行绿色贸易方案．环境经济，2008-11。

（二）能源资源价格是影响经济增长方式转变的重要手段

发达国家经验表明，能源资源价格是将资源环境成本内部化的市场经济手段，既是促进经济增长方式转变的有效方式，也是环保产业发展有效的催化剂。

发达国家从工业化步入后工业化和信息化是基本成功的，其转移经济结构中的污染产业、提高资源环境效率的政策也是很有成效的。在市场经济条件下，环保产业的发展没有市场机制很难推动，而价格是市场经济的灵魂。总结欧美日等发达国家的经验，我们发现：将资源环境成本内部化的各类法律法规，特别是高资源能源环境价格是发达国家环境经济战略转型的必要条件之一，也是启动环保产业市场的催化剂。凡实施低化石能源价格的国家，都存在比其他国家更严峻的大气环境问题。例如美国的低能源价格直接导致了美国的温室气体排放远高于欧洲、日本，伊朗的低油价也直接导致了德黑兰是世界上空气污染最严重的城市之一。

如果资源环境成本没有充分内部化，就无法形成污染治理的市场化机制，导致环保市场狭小。例如，美国的污水处理从 20 世纪 50 年代开始主要由联邦政府提供资助、州与地方政府配套，但地方政府缺乏积极性，仅艰难维系与运营。到目前为止，根据美国环境质量委员会的统计，美国的地面水仍有超过50%以上的水域没有达到美国《清洁水法》所设定的目标。

如果资源环境成本充分内部化，资源环境的机制就通过价格信号传导到市场中，就可以形成污染治理的市场化机制，环境产品与服务业可以迅速发展。日本、欧洲的高能价与排放高标准，使日本与欧洲生产的汽车比美国经济燃油性高许多，这直接导致了目前美国工业竞争力低下，使得美国三大汽车公司濒临破产。而与此同时，由于高能价，日本存在许多提供节能环保服务的环境服务公司，许多节能的电子产品就出自他们的设计。

我国十分重视转变经济增长方式，但还缺乏促进经济增长方式转变的长效机制和有效手段。日本与德国的经验表明：高资源能源价格作为市场经济手段，是促进经济增长方式转变的有效手段，值得我国学习和借鉴。

专栏3：日本经济转型的经验与教训

日本经济转型最成功的经验是采取积极措施应对20世纪70年代的能源危机与80年代开始的日元升值。1973年，第一次石油危机爆发。石油从1972年的每桶2.6美元一直飙升至1974年的11.5美元。1973年11月16日，日本内阁作出《石油紧急对策纲要》决议，要求全国降低石油电力消费的10%。当时日本政府测算，只要贯彻这些规定，日本可以节约25%的石油消费。为了应付石油危机带来的原材料、人工成本上升，当时日本社会推行“减量经营”法，企业大量裁员、员工无薪加班。石油危机促使日本向能源节约型社会转变。此后，日本钢铁业普及了连续铸钢法，大量节省了能源。1973年第一次石油危机时，川崎制铁一家工厂能源的20%来自重油，而1978年降至13%，1983年更降至2%。能源危机之后，日本采取了一系列的防范措施。其中，最主要的手段就是对能源征收高税，以达到节能与提高能效的目的。目前，日本的能源价格几乎是世界最高的，但能效也是世界最高的。

此外，20世纪80年代美国迫使日元升值的《广场协议》也对日本经济的转型起到了非常积极的作用。由于日元兑换美元从400∶1上升为88∶1，日元升值几乎4倍多。同时，日本的出口急剧下降，特别是那些高能耗、高污染、低效率的产品几乎一夜之间就不生产、不出口了。随之而来的是环境污染的大幅度改善。重化工产业要么大幅度提高经济效率，要么将制造业转移出日本本土而留下研发与市场销售部门。中国、东南亚成为日本污染产业转移的主要对象国。根据日本通产省的统计，目前中日之间的贸易额大幅度上升，而其中很大一部分是日本大公司内部之间的跨国贸易，即从同一家公司的位于中国的制造业部出口到日本的销售部。

日本的循环经济促进了本国生产部门环境经济效率的提高，日本经济的大规模海外扩张促进了其重化工污染产业向他国的转移。这两项措施带来了日本环境质量的极大改善。

日本在成功实现经济转型、改善环境质量的同时，也有一定的教训。日本在经济转型过程中经济总量的持续低迷，常年 GDP 维持在低增长状态。虽然其海外投资很多，GNP 每年增长也很快，但毕竟不利于拉动本国国内的就业。此外，由于日元升值后外汇储备大幅度增多，导致货币的流动性提高，最终形成了日本的泡沫经济。这也是深刻的教训。

专栏 4：德国经济转型的经验与教训

德国曾经历快速的经济增长和庞大的贸易顺差。在高额顺差的刺激和推动下，德国马克均出现资产的重估和升值。

1981—1989 年，在美元走强的背景下，德国的贸易顺差一直稳定在较高的位置，顺差额占 GDP 的比重在不断上升，最高达到 6%。在巨额贸易顺差的压力下，德国没有对马克进行持续时间比较长的大规模的连续干预，德国马克总体上自由浮动，因此德国没有积累起巨额的外汇储备。同时德国央行对货币信贷进行比较严格的控制，基础货币的投放量并没有大幅提高。随着经济增长和贸易顺差的增长，德国资产价格伴随着马克汇率的上涨而上涨，资产重估和升值的幅度较小，对实体经济没有造成大的损害。

德国马克逐步升值的过程也是污染产业不断转移出境、重化工产品出口不断减少的过程，以至于现在作为传统的重化工产品基地的德国已开始大量进口重化工产品。例如，从中国进口焦炭、生铁和化工原材料。其直接的环境效果是德国的生态环境大幅度改善，原来被污染几百年的莱茵河、易北河现在重新恢复了生机。德国是《京都议定书》附件一中已经接近议定书规定的温室气体减排目标的少数几个国家之一。

（三）要正视高消费观念与模式对我国资源环境的挑战

发达国家的高消费模式，包括对资源、环境、能源与土地的高消费，是最值得我国借鉴的教训。

专栏 5：美国经济转型的经验与教训

美国经济转型的重要手段，主要是通过市场手段鼓励发展新经济，提升服务业在经济中的比例。近年来，美国信息产业、生物技术取得了长足进展。与此同时，逐步缩小乃至淘汰传统的重工业等经济部门。例如，在美国西部硅谷申办一家公司只需要一美元的注册费及若干小时就可注册成立新公司。同时，其周边的斯坦福大学、加州大学伯克利分校等也都形成了产学研一体化的机制，大大方便了将科研转化为生产力，迅速激励了信息产业的大发展。

但美国也有严重的教训。政府在民众不愿提高能源价格的政治压力下，以及考虑到石油公司能源寡头的经济利益，美国多年来基本维持能源低价政策。美国在采取能源低价政策的同时，采取了 SO_2 的排污权交易制度，技术上是通过末端治理，例如上脱硫设施。因此，无论是居民还是企业都不太在乎能源价格。但脱硫必须耗能，没有达到综合节能减排的目的。美国的低能价不仅没有获得可以获取的相应的协同效益，还承担着协同成本。所以，美国成功地控制住了 SO_2，但 CO_2 还在继续增加，远没有实现同步减少的协同控制。

美国的宏观经济政策导致了贸易赤字与财政赤字，鼓励进口大量廉价产品、鼓励超前消费。进口制造业产品减少了本国生产产生的污染，减轻了美国本土环境压力。如果这些进口产品在美国本土生产，则美国至少要增加 1/3 以上的碳排放。如果说进口产品是成功的经验的话，则超前高消费则是深刻的教训。超前消费则导致了美国不是在生产而是在消费环节产生了很多的环境问题。这种高消费经济模式，使得美国背上了沉重的资源依赖包袱。

西方欧美发达国家，特别是美国的高消费经济模式，包括对资源、环境、能源与土地的高消费，是导致全球环境退化的重要原因。例如，美国的高消费模式使美国背上了沉重的资源依赖包袱，成为全球无论总量还是人均都是最高的碳排放大国。我国有限的自然资源、脆弱的生态环境承载力、以煤为主的能源结构，决定了我国在经济起飞后必须避免美国式的高消费。如果我国的消费达到美国的水平，大约需要 4 个地球的资源与能源支撑。因此，可持续消费是我国别无选择的选择。

四、发达国家环境执政体系的经验与教训及对我国的启示

发达国家有很多环境执政体系方面的经验，但是由于政治体制的根本不同，我国不能完全借鉴照搬。环境行政管理体制是在一定政治体制内的行政执法，无论任何政体都有类似问题。因此，我们应着重总结发达国家对我国环境行政管理体制改革、加强环境执政能力有所启示的部分。

（一）改革环境行政横向管理体制，解决部际协调机制问题

可借鉴美国高级环境顾问与环境质量委员会经验，重新设计我国的环境行政管理体制，使环境政策制定者、环境政策咨询者与环境政策执行者各司其职、分工合作、协调一致。

在美国成立环保局的同时，设立了高级环境顾问的职位，成立了以该顾问为首的环境质量委员会，并建立相应的工作机制。其目的就是把环境决策咨询者（高级环境顾问与环境质量委员会）、最终决策者（总统本人）与决策执行者（美国环保局）区分开来，使他们各司其职、分工合作、协调一致。高级环境顾问不是一个虚职，其行政级别与部长相同，但作为总统的智囊，与总统关系更紧密。其办公室掌握一定的工作预算，拥有几十名工作人员，几乎每周与总统见一次面，汇报工作进展。

通过这种机构设置，美国很好地解决了环境政策的横向协调机制问题。虽然美国环保局仅仅是局级，而不是部级，但并不存在协调难的问题。如果美国环保局与能源部发生摩擦乃至冲突，高级环境顾问就会代表总统出面协调，化解矛盾。

（二）改革中央、地方纵向管理模式，加强地区协调

可借鉴美国联邦与州的环境联邦主义经验，清晰界定中央与地方的环境管理的各自事权财权，做到责权利统一，使中央、地方各司其职、分工合作、协调一致，解决环境政策执行的纵向协调问题，克服地方保护主义，加强环境监督与执法能力。

美国的纵向环境管理体制，根据自身特点构建了环境联邦主义：联邦政府负责主要跨界污染物的环境法律法规与政策的制订（例如跨界的酸雨问题），州及以下政府负责具体实施，而美国环保局的区域办公室负责监督各州的具体实施。不跨界的污染物，主要由各个州自己负责立法与实施（比如市政垃圾处理等），联邦政府不予干预。

我国虽然学习了美国环保局大区办的经验，但中央与地方环境管理的各自事权财权依然模糊不清，没有做到责权利的统一，地方保护主义依然存在。

（三）改革环保部门内部机构设置，按环境要素管理环境事务

有效的环境管理体制应针对存在的环境问题而展开。世界上大多数国家的环境部是按照环境要素设置内部管理机构，不仅发达国家如此，很多发展中国家也是如此。美国、欧盟国家的环境部按要素下设水司、大气（化学品）司、自然生态司、固体废物管理司等。德国还设有核安全局。这样设置最大的好处是，从机构上保证了环境部内部的协调顺利。例如，所有与水相关的法律法规、政策、标准、规划、许可证、排污总量等，都在水司；而所有与大气相关的法律法规、政策、标准、规划、许可证、排污总量等，都在大气司。生态、固体废物、核安全等也类似。

借鉴有关国家经验，为加强内部管理，提高工作效率，环保部内部机构设置可按照环境要素进行管理，重新调整设置。

（四）改善环境行政行为，加强国家环境法制建设

美国《国家环境政策法》以改善环境行政行为作为国家环境法制建设的战略突破口，运用国家环境政策更新和统一政府和企业、公众的发展观念和思想，以国家环境政策完善政府公共职能，以环境影响评价程序改善行政决策方法和程序的经验值得借鉴。

美国国会面对日益严重的环境问题，1969 年制定了《国家环境政策法》，并及时填补了国家政策在环境保护问题上的缺陷，确立了环境价值在国民经济发展中的地位，通过国家环境政策和环境影响评价制度，对行政部门的决策进行制约和监督，确保环境利益与经济利益在政府的决策过程中得到应有的衡量。

虽然我国环境保护早就被认为是一项“基本国策”，但其内涵从未得到明确界定，也从未在法律上作出明确规定。从功能上看，《中华人民共和国环境保护法》

是环境资源类法律中唯一的一部应当并可以界定为国家环境政策的法律。但《中华人民共和国环境保护法》缺乏对政府环境行为的规范和约束，重点放在约束企业环境行为上。法律没有为预防政府在环境问题上的决策失误做出严谨的制度设计。我国的环境资源法律，重视对市场主体的控制，轻视对市场主体的管制者——政府的制约和监督，致使一些地方政府“重经济发展、轻环境保护”的观念和行为得不到及时有力的遏制，责任得不到及时追究。

第四章　中国环境形势及面临的挑战

一、中国环境形势评价

环境是国民经济可持续发展的基础条件，环境保护是可持续发展的三大支柱之一，环境安全是社会公平与稳定的重要保障，环境改善是实现全面小康目标的重要任务。

30多年来，在经济社会快速发展的形势下，我国环境保护工作取得积极进展，特别是2006年第六次全国环境保护大会以来，各地积极推动环境保护历史性转变，污染防治由被动应对转向主动防控，环境保护从认识到实践都发生了重大转变。2007年全国化学需氧量与二氧化硫排放量首次出现“双下降”。同时，生态保护和建设成效显著，核与辐射环境安全基本处于受控状态，体制、机制不断完善，环境国际合作取得进展。

但是，由于自然环境脆弱、人口众多、经济增长方式粗放、环境监管滞后，当前环境面临的压力比世界上任何国家都大，环境资源问题比任何国家都要突出，解决起来也比任何国家都要困难。当前环境形势可概括为：局部有所改善、总体尚未遏制、形势依然严峻、压力继续加大。

（一）局部地区和重点行业的部分环境指标有所改善

1. 主要污染物排放强度持续下降

国家重点控制的污染物排放强度逐年下降。1997—2007年，我国GDP保持年均9.5%的增速，而同期二氧化硫排放量年均增速仅为0.5%，化学需氧量、烟尘和工业粉尘排放量则分别以年均2.4%、4.6%和7.4%的速度在下降。因此，在经济高速增长的情况下，主要污染物排放呈现缓慢增长甚至下降的趋势必然导致排放强度明显下降，见图 4-1。

与 1997 年相比，2007 年化学需氧量排放强度［每万元 GDP（2005 年价格）排放量，下同］下降了 68%，年均下降 11%；二氧化硫排放强度下降了 58%，年均下降 8%；烟尘排放强度下降了 69%，年均下降 11%；粉尘排放强度下降 81%，年均下降 15%，见图 4-2。

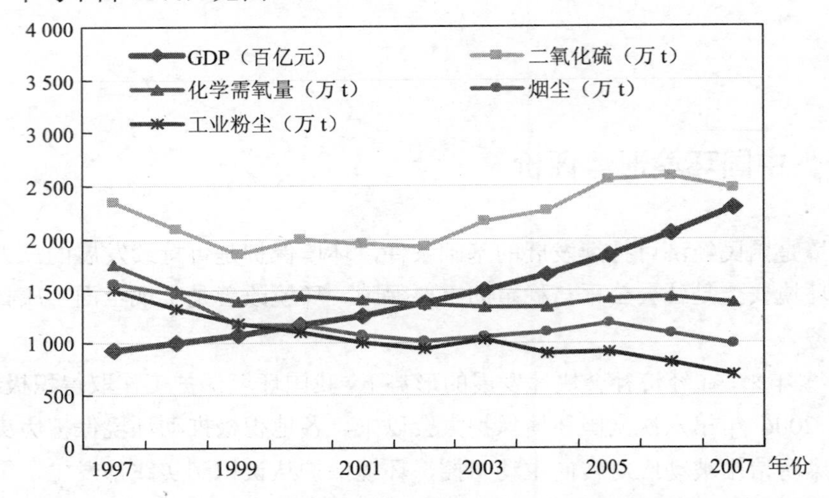

图 4-1　我国 GDP 和主要污染物排放量的变化（GDP 按 2005 年价格计算）

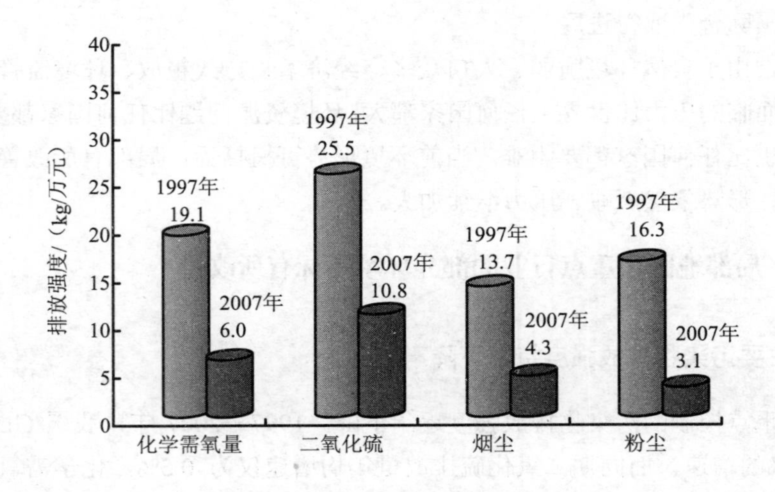

图 4-2　我国主要污染物排放强度变化

重点行业排放强度下降幅度明显。与 1997 年相比，2007 年造纸及纸制品业的化学需氧量排放强度［每万元工业总产值（2005 年价格）排放量，下同］下降了 89%，年均下降 20%；纺织业的化学需氧量排放强度下降了 34%，年均下降 4%；非金属矿物制品业的粉尘排放强度下降了 70%，年均下降 11%；黑色金属冶炼及压延加工业的二氧化硫排放强度下降了 70%，年均下降 11%；电力、热力生产和供应业的二氧化硫排放强度下降了 67%，年均下降 10%，见图 4-3。

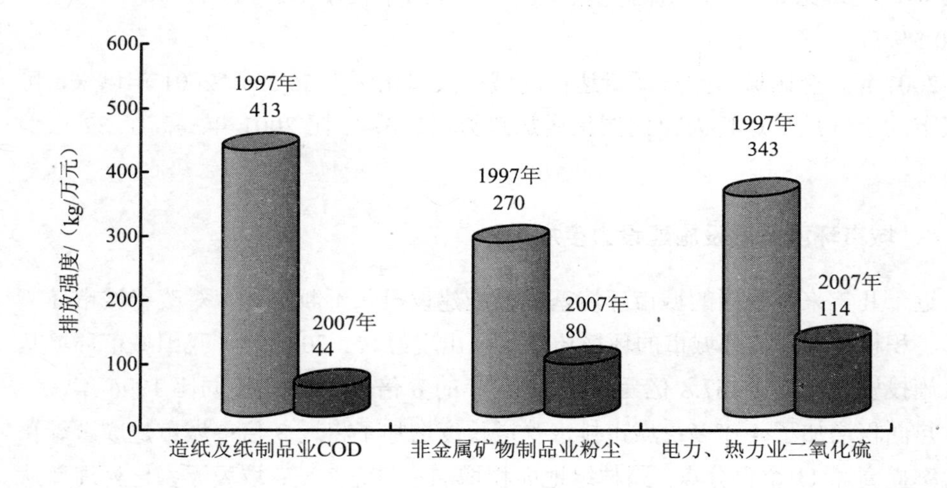

图 4-3　我国重点行业排放强度变化

2．重点流域主要污染物污染程度有所减轻

地表水国控断面Ⅰ～Ⅲ类水质类别比例由 1996 年的 27%上升至 2007 年的 43%，上升了 16 个百分点；劣Ⅴ类比例则由 36%下降至 26%，下降了 10 个百分点。

从 1996 年到 2007 年，松花江的Ⅰ～Ⅲ类水质类别比例从 5.0%上升至 23.8%，劣Ⅴ类比例则由 25.0%下降至 19.0%；淮河的Ⅰ～Ⅲ类水质类别比例从 7.5%上升至 25.6%，劣Ⅴ类比例则由 73.1%下降至 25.6%；辽河的Ⅰ～Ⅲ类水质类别比例从 18.2%上升至 43.2%，劣Ⅴ类比例则由 51.5%下降至 40.5%。

3．城市空气常规监测污染指标有所下降

10 年来，我国城市空气中常规监测的污染物浓度和达标城市比例有一定程度

的改善。

2007年，SO_2年均浓度达到国家二级标准的城市比例比1996年提高了23%。340多个可比城市空气中SO_2年均浓度2006年比1996年降低了44.9%。

2007年，可吸入颗粒物（PM_{10}）年均浓度达到二级标准的城市比例为78%，比1996年增加49%。从1990年到2000年，在全国可比53个环境保护重点城市中，总悬浮颗粒物（TSP）年均浓度下降的有41个城市，占77%；从2001年到2006年，在可比61个环境保护重点城市中，PM_{10}年均浓度下降的有43个城市，占70.5%。

2007年，全国城市空气质量达标的城市人口比例为55.3%。2001年以来，可比城市的空气质量达标人口比例呈增加趋势，2007年比2001年提高了22个百分点。

4．城市环境基础设施建设力度加大

近十几年来，我国的城市环境基础设施建设投入不断加大，对改善城市环境发挥了积极作用，部分城市的环境质量状况出现好转。2007年，我国城市环境基础设施投资总额为1 467.8亿元，是1996年的8倍多。2007年同比1996年，集中供热面积增加了4倍多；城市排水管道长度增加了将近3倍；城市建成区绿化覆盖率提高了11个百分点，园林绿地面积增加了将近3倍；垃圾无害化处理率从49%提高到62%，提高了13个百分点；城市污水处理能力不断提高，城市污水处理率从24%提高到63%，提高了39个百分点。城市燃气普及率从1995年的34%提高到2007年的87%，提高了53个百分点。

5．局部的生态环境得到改善

从1998年开始，我国相继实施了天然林保护工程和重点地区防护林体系建设工程（1998年），退耕还林工程（1999年），京津风沙源治理工程（2000年），重点地区速生丰产用材林基地建设工程（2002年）等一系列森林资源保护工程，生态建设取得积极进展，对改善我国局部的生态环境发挥了积极作用。

自然保护区建设为我国生物多样性保护发挥了积极作用。我国自然保护区的建立有效地保护了我国 70%以上的自然生态系统，80%的野生动物种类和 60%的高等植物种类以及绝大多数自然遗迹，特别是 85%以上的国家重点保护野生动植物及其栖息地得到了保护，一些珍稀濒危物种的种群呈现出明显的恢复和

发展趋势。

（二）环境恶化状况尚未得到根本遏制

我国的环境状况尽管局部呈现好转，但是随着经济、社会的快速发展，环境污染呈现出压缩型、叠加型、复合型、耦合型的特点，环境恶化状况尚未得到根本遏制。

1．大气环境质量退化

以煤为主的能源结构造成我国城市大气污染物长期以来一直以高浓度的 SO_2 和 TSP 为主。近 20 年来，随着城市交通和汽车产业快速发展，产生了严重的机动车尾气污染。目前，我国城市群已经出现了煤烟型与机动车尾气污染共存的复合型污染，具有明显的局地污染和区域污染相融合、污染物之间相互耦合的特征。尽管单个城市为控制环境污染做了大量工作，使得主要的一次污染物得到一定控制，但就目前区域整体环境质量而言，呈现出恶化趋势，光化学烟雾、大气灰霾和酸沉降污染频繁发生。总之，我国大气环境总体上进入大范围生态退化和复合型环境污染阶段，存在环境灾变的隐忧。

传统的煤烟型大气污染依然存在。从全国来看，自 20 世纪 90 年代开始，城市大气 TSP 和 SO_2 浓度有所下降，但仍处于较高的浓度水平，传统煤烟型污染依然存在。2006 年和 1995 年相比，340 个可比城市中仍有 97 个城市的 SO_2 浓度有不同程度的增加。63 个可比环境保护重点城市中，有 29%的城市 SO_2 浓度仍在上升。从 1990 年到 2000 年，全国 53 个可比城市中，有 12 个城市 TSP 的浓度上升。2006 年，在 61 个可比环境保护重点城市中，PM_{10} 浓度相对 2001 年增加的城市有 18 个，占 29.6%。

城市和区域大气复合污染日益严重。2006 年与 2001 年相比，我国地级以上可比城市空气质量达到二级标准的比例下降 11.9%，80 个可比城市的背景点可吸入颗粒物、二氧化硫、二氧化氮三项主要指标的监测浓度已接近城市一般测点的浓度均值。我国东部地区城市细颗粒物污染严重，平均浓度超过发达国家 4～5 倍；东部地区年平均能见度下降 10 km，西部地区下降 5 km；部分地区出现臭氧、挥发性有机化合物、汞等新型大气污染问题，区域复合型污染逐步呈现；全国特别是珠三角、长三角和京津冀地区的灰霾天气有所增加，特别是珠三角地区城市，灰霾天气有的已经占到了全年天数的一半，或者是一半以上。同时还面临光化学污染的威胁。

酸沉降污染远未解决。尽管我国在酸雨控制方面已做了大量工作，但酸雨污染仍有加重及蔓延趋势。2007 年，全国酸雨发生频率及酸雨分布区域保持稳定，出现酸雨城市的比率下降，但是比率仍然超过 50%，而且酸雨强度有所增加。降水年均 pH＜5.0 的城市所占比率有所上升，已达 25%。

有毒有害废气污染不断加重。近年来，工业生产排放的有毒有害物质废气种类和数量不断增加，而治理却相对滞后，严重污染了部分地区的大气环境。这些有毒有害物质如苯系物等多具有致癌、致畸、致突变的作用，其危害不容忽视。目前，因事故排放导致的危害更加严重。

2. 水环境呈现复杂的流域性污染态势

我国的水环境污染已从陆地蔓延到近海水域，从地表水延伸到地下水，从单一污染发展到多元化污染，形成点源与面源污染共存、生活污染和工业排放叠加、各种新旧污染与二次污染相互复合，以及常规污染物、有毒有机物、重金属、藻毒素等水污染衍生物相互作用的、复杂的流域性污染态势。

河流水污染未能得到有效控制。由于主要河流污染负荷不断增加，致使地表水污染日益严重。2007 年，全国地表水国控断面劣Ⅴ类水质所占比例为 26%，其中七大水系的 408 个地表水监测断面中 24%为劣Ⅴ类水质，基本丧失使用功能。辽河、淮河、黄河、松花江水质较差，劣Ⅴ类水质比例分别占 41%、26%、23%、19%。海河污染严重，劣Ⅴ类水质比例占 53%，比 1996 年上升 4 个百分点。

湖泊富营养化日趋严重。近 30 年来，湖泊富营养化呈加重趋势。20 世纪 70 年代调查的 34 个湖泊中，富营养化的湖泊仅占 5%；1986—1989 年调查结果显示，富营养化湖泊比例增加至 35.76%；至 20 世纪 90 年代，我国东部的湖泊几乎全部处于富营养化状态；2002 年调查的 200 多个湖泊中，75%的湖泊呈现富营养化。2007 年，太湖、滇池、巢湖等湖泊出现了大面积蓝藻，影响了当地的饮用水安全。

饮用水安全问题突出。饮用水安全受到威胁，全国近一半的城镇饮用水水源地水质不符合饮用水水源标准。2005 年对全国 56 个城市的 206 个集中式饮用水水源地的有机污染物监测表明：水源地受到 132 种有机污染物污染，其中 103 种属于国内或国外优先控制的污染物。

2007 年，在 113 个环境保护重点城市中监测的 405 个集中式饮用水水源地中，

23.5%的取水量监测不达标。在 243 个地表水水源地中有 44%超标，在 162 个地下水水源地中有 13%超标。在 113 个环境保护重点城市中，仅有 50%的城市饮用水水源水质 100%达标，还有一半的城市饮用水水源水质有不同程度的超标现象。

我国农村饮用水水质状况令人担忧，有 3.2 亿人饮用水不安全，其中有 1.9 亿人饮用水有害物质含量超标。

地下水过度超采、污染严重。目前，我国已有 16 个省市，70 多个城市发生了不同程度的地面沉降，沉降面积约 9.3 万 km^2。从地域上看，我国地面沉降主要分布在长江下游三角洲平原区、河北平原、环渤海地区、东南沿海平原。从规模（面积）和程度（沉降中心的最大累积降深）来看，以天津、上海、沧州、西安、太原等市最为严重（最大沉降均在 1 m 以上）。其中天津在地面沉降面积、最大累积降深和年沉降速率几个方面都最为严重，已有六成的地面发生沉降，在塘沽由于地面沉降，还加重了咸潮的危害。目前全国 25%的地下水水体遭到污染，平原区约有 54%的地下水不符合生活饮用水水质标准。地下水水质变差的比例比变好的比例高出 10 个百分点。

海洋环境污染凸显。我国海洋总体环境状况表现为：远海海域水质良好，近岸海域总体轻度污染，局部近岸海域污染严重。2007 年，全国近岸海域水质总体为轻度污染，按测点统计，四类、劣四类海水比例为 25.4%，杭州湾、长江口、辽东湾、珠江口和渤海湾水质均为重度污染。近岸海域沉积物中多氯联苯的污染程度加重、范围扩大。部分近岸海域贝类受到铅等污染。20 世纪 50—70 年代，赤潮频次在个位数，八九十年代，频次在两位数，2000 年以来，频次平均近百次。有毒有机物污染问题显现。外来物种入侵现象较严重，危害我国海洋生物的生存。

3．土壤环境质量退化

近 20 年来，由于社会经济的高速发展和高强度的人类活动，我国因污染退化的土壤数量日益增加、范围不断扩大，土壤质量恶化加剧，危害更加严重。农业活动、废水排放、大气沉降和垃圾堆放都对土壤环境质量产生了广泛而深远的影响，土壤污染表现出源多、量大、面广、持久、毒害性大等特征，并从局部蔓延到区域。据估计，截至 20 世纪末，我国受污染的耕地面积达 2 000 万 hm^2，其中工业“三废”污染面积达 1 000 万 hm^2，污水灌溉面积为 130 多万 hm^2。每年因土壤污染而减产粮食 1 000 万 t，1 200 万 t 粮食因受污染而超标。燃煤、公路交通尾气排放的重金属，垃圾堆存释放的重金属等都会造成土壤污染。目前，土壤重金属污染对粮食和蔬菜种植影响最为突出。珠江三角洲地区有 40%的农田菜地重金属污染超出安全标准。

4. 生态系统更加脆弱

区域生态系统结构破坏严重，生物多样性不断减少，生态服务功能持续下降，生态灾害不断加重。生态系统呈现出由结构性破坏向功能性退化演变的态势，生态“赤字”不断增加。据有关部门研究分析，当前我国的生物承载能力约为人均 0.79 全球公顷（gha），而生态足迹已经达到 1.65 gha，人均超出可承载能力 1 倍以上，生态安全受到威胁。

生态退化没有得到有效遏制。森林总体质量呈下降趋势；作为保护生态最为重要的天然林及生态效益较为明显的成熟林在不断地减少；草地退化依然严重，天然草地的面积逐年减少，草地退化面积比例从 20 世纪 70 年代的 10%扩大到 80 年代的 30%再到 90 年代中期的 50%，其中重度和中度退化占退化草地面积的一半，并仍以每年 2 万 km^2 的速度发展；土地退化问题日益突出，自 20 世纪 90 年代以来，每年新增水土流失面积 1.5 万多 km^2，新增水土流失量超过 3 亿 t，每年因水土流失新增荒漠化面积 2 100 km^2，损失的耕地面积达 7 万多 hm^2；湿地面积严重萎缩，近 40 年来，全国仅围垦一项就使天然湖泊湿地消失近 1 000 个，面积达 1.3 万 hm^2 以上。

生物资源濒危问题日益突出。栖息地生境改变和过度的人类活动，导致我国生物资源濒危问题日益突出。各类生物物种受威胁的比例普遍在 20%～40%。我国有 400 多个物种面临灭绝的威胁，包括 81 种哺乳动物、75 种鸟类、46 种鱼类、31 种爬行动物和 184 种植物。越来越多的鸟类和哺乳类动物被列入严重濒危和濒危的目录中，哺乳动物增加为 83 种，鸟类增加为 86 种。国家一级保护动物华南虎估计野外仅存数十只，分布于湖北枝城以下长江中、下游地区的白鱀豚，目前仅剩 100 多头。普氏野马、高鼻羚羊等物种在 20 世纪已经灭绝。

城市生态系统呈过度人工化趋势。城市人居环境虽有所改善，但城市环境污染仍处在较高水平，城市生态系统人工化趋势更加明显，热岛面积不断增加，生态功能不断降低。过分注重地面硬化、以外来植物绿化为主、城市河流渠道化、湖岸固化等人工化环境，忽视其自身生态系统的维护，越来越背离“生态城市”、“绿色城市”发展的要求。

5．环境噪声扰民问题突出

2007 年，全国 350 个市（县）中，区域声环境质量好的城市仅占 5.7%。有 93 个城市，即 26.6%的城市为轻度污染，还有 5 个城市属中度污染。城市声环境质量总体恶化，受噪声影响的暴露人口增加，影响范围不断扩大，环境噪声投诉长期居高不下。2007 年，全国环保部门收到关于环境污染的群众来信中 1/3 是关于噪声污染，群众来访中 28%是反映噪声污染。

6．固体废物污染程度加重

固体废物污染程度不断加剧、影响范围不断扩大。城市与农村生活垃圾、工业固体废物、危险废物都在不断增加。2007 年，工业固体废物的产生量达到 17.6 亿 t，是 2000 年的 2 倍多。全国城市生活垃圾累积堆存 60 亿 t，占地 2 万多 hm^2（30 多万亩），近年来平均以每年 4.8%的速度在增长。同时，不符合环保要求的垃圾填埋场还占了相当比例。历年堆存的工业固体废物及生活垃圾产生的废气、渗滤液、淋溶水已成为重要污染源。受工业污染危害的耕地面积达到 600 万 hm^2（9 000 万亩）。持久性有机物污染危害逐渐显露。

7．核与辐射安全隐患不容忽视

大规模快速建设核电站超过我国当前核电建设、管理能力，核电人力资源短缺，适合我国国情的核安全法律、法规和相关的技术标准不健全，监管机构设置和人力薄弱日益突出，核安全研究投入不足，机制不全，核能发展未能同步解决其废物处置问题，短期内给核电厂运行安全留下隐患。

总之，我国目前的环境污染范围在扩大，污染程度在加重，污染风险在加剧，污染危害在加大，治理难度在增加。长期积累的环境矛盾尚未解决，新的环境问题又不断出现，全面改善我国环境状况面临巨大挑战。

（三）环境形势依然严峻

1．水和大气环境形势危急

2007 年，我国废水排放总量 557 亿 t，废水中 COD（化学需氧量）排放总量为 1 382 万 t，居世界第一位，超过环境容量 73%左右。10 年来，尽管我国地表水国控断面劣Ⅴ类水质比例有所下降，但到 2007 年，仍占 26%。另外，根据水利部的数据，2007 年我国劣Ⅴ类水质的河长占评价河长的比例为 21.7%，远远高于英国等发达国家的水平。2005 年英国水质差和严重污染的河长比例仅为 3%。

与世界其他国家和地区湖泊相比，我国的太湖、巢湖、滇池的富营养化程度高，处于富营养化和重富营养化状态。2007 年，在监测的 5 个城市内湖中，有 4 个为劣Ⅴ类水质。

2007 年，我国二氧化硫排放量为 2 468 万 t，居世界第一位。早在 1995 年，我国就超过美国成为世界上排放二氧化硫最多的国家。2002 年，我国二氧化硫排放量是英国的 19 倍、日本的 22 倍、比利时的 127 倍。大量的二氧化硫排放直接导致我国降水酸度虽与日本、韩国、印度等亚洲国家相当，但硫酸根等主要离子的沉降量则远高于其他国家，是日本的 4.2 倍、美国的 9.4 倍。

我国城市细颗粒物（$PM_{2.5}$）污染严重，北方城市和区域 $PM_{2.5}$ 浓度超过美国标准年均限值（0.015 mg/m^3）5～6 倍，南方城市和区域超过美国标准 2～4 倍。2007 年，我国在以远低于欧盟等发达地区空气质量评价标准的情况下，仍有 30.2%的城市空气质量不达标。如果按照欧盟的空气质量评价标准，我国城市空气质量超标率将高达 95%。

2007 年，我国民用汽车拥有量达到 4 358 万辆，主要集中在北京、上海、江苏、浙江、山东、广东等发达省份的城市区域，对我国城市空气质量影响显著。2006 年，广州 NO_2 日均浓度超标天数达到 1/3，北京超标天数达到 24%。从 2001 年到 2006 年，全国 113 个环境保护重点城市中，NO_2 年均浓度增加的城市有 51 个，占 45%。我国的机动车数量和尾气污染如不及时加以控制，城市空气中 NO_2 浓度极有可能超过世界发达国家。

2. 环境基础设施建设严重滞后，工业超标排放问题突出

我国城市生活垃圾产生量大，一些城市形成了垃圾环带。城市污水处理设施相对滞后，尤其是在县城和乡镇地区。根据建设部数据，2007 年，城市生活垃圾无害化处理率为 62%，城市污水处理率为 63%。而我国县城所在镇污水处理率仅为 23.4%，生活垃圾无害化处理率仅为 7%；乡镇绝大部分为空白。目前，我国城市生活垃圾无害化处理率远低于美国、日本等发达国家，城市生活污水处理率与德国、荷兰等发达国家 90%以上的处理率差距也很大。城市污水管网建设配套不足，城市污水处理设施平均运行负荷低于 70%。城市污水处理产生的污泥处置问

题突出。城市燃气普及率还有待进一步提高，集中供热面积需要不断加大。

2007 年，我国工业污染治理投资为 552.4 亿元，仅占当年 GDP 的 0.2%和全社会固定资产投资总额的 0.4%，工业污染治理投入严重不足。这种局面在一定程度上导致我国工业污染源超标排放问题突出。2007 年，根据环境保护总局全国重点监控工业企业监督性监测评价结果，废水平均排放达标率仅为 59%，废气平均排放达标率为 62%。如果对技术落后、污染严重的小企业同样进行监督性监测，平均排放达标率将更低。

据有关行业专家测算：我国染料行业废水达标率约 67%，废气达标率约 56%，废渣平均治理率约 55%；焦化企业中，COD、SO_2 污染物排放总体达标率在 31%左右，其中国控大型企业的污染物排放达标率也只有 50%左右，颗粒物、苯并[a]芘、苯可溶物等行业特征污染物总体排放达标率在 25%左右，其中国控大型企业的污染物排放达标率在 40%以上；平板玻璃企业中，SO_2 排放达标率约 45%，COD 排放达标率约 85%，粉尘和烟尘排放达标率约 75%；纸浆造纸企业中，COD 排放总体达标率在 50%以下，漂白草浆的可吸附有机卤素（AOX）排放很难达标，达标率不到 10%；制革企业中，COD 排放总体达标率很低，不到 40%，其中规模以上企业的 COD 排放达标率在 70%左右，氨氮基本上不能达标；铁合金企业中，污染物排放总体达标率在 70%左右；铜、铅锌冶炼企业中，有数量众多的小型企业，由于规模小，技术落后，SO_2 利用率很低，达标率更低，污染相当严重。

3．环境问题制约经济和社会发展

环境成为实现全面小康目标的瓶颈约束。目前，我国一些主要污染物排放量，如二氧化硫、COD、氨氮等已经超过环境容量，甚至达到 1 倍以上。如果不减少污染排放水平、加强治污能力，提高环境容量，我国不但无法实现全面建设小康社会的环境目标，而且环境也难以支持经济社会发展需要。

生态破坏和环境污染造成了巨大的经济损失。从 20 世纪 80 年代以来，先后有多家国内外研究机构或学者对我国部分环境污染和生态破坏造成的损失进行了估算，其占同期 GDP 的比例在 2.1%～7.7%。原国家环保总局环境规划院的研究表明，2006 年我国环境污染损失 6 507.7 亿元，占当年 GDP 的 2.82%。

环境问题导致资源供给雪上加霜。环境退化导致地区土地资源、生物资源和水资源供给量的减少。土壤侵蚀导致土壤肥力下降，土壤污染导致其使用功能的丧失，加剧了我国耕地资源的紧缺程度。据近期遥感调查，目前我国水土流失面积占国土面积的37.42%，每年流失表层土在50亿t以上，丧失的肥力高于全国化肥的总产量。从20世纪50年代以来，由于水土流失而失去的耕地为267万hm^2以上，平均每年6.7万hm^2以上。据初步测算，50年来新增土地沙漠化面积已经有10万km^2以上，相当于3个海南省的面积。

4．环境问题危害群众健康

严重的环境污染影响人民的生活质量，影响人体健康，有的地方已出现“公害病”征兆。

水污染的健康损害问题已经相当严重。水污染成为广大农村居民最重要的健康危险因素之一。目前我国农村地区，以人群消化系统肿瘤，如肝癌、胃癌等为代表的恶性肿瘤发病率、死亡率连年呈上升趋势等健康问题都与环境污染有着密切关系。近年来，河北涉县、河南沈丘县、天津北辰区、陕西华县、江苏阜宁县、广东翁源县等地区频频出现的某些癌症高发村可能与饮用水污染存在一定关系，我国淮河流域也曾发生多处癌症高发村。

大气污染造成的健康损害十分显著。城市大气污染已成为推高城市居民各种心血管系统、呼吸系统疾病和以肺癌为代表的恶性肿瘤等慢性病患病率与死亡率的最主要因素之一。我国城市人口癌症高发并呈上升态势，肺癌死亡率由20世纪70年代居癌症死因第4位，跃升至2000年的第1位，肺癌死亡率明显高于农村。据流行病学调查，我国空气污染导致呼吸系统疾病发病率的归因百分比为30%以上。据20个统计资料较全的大中城市分析，每年因大气污染所致慢性支气管炎患者为150万人，呼吸系统疾病死亡人数为2.3万人，肺心病患者17.7万人，肺心病死亡人数1.3万人。沈阳、上海等主要城市接受调查的儿童血液中的平均铅含量超过临界水平的80%。

土壤污染危及食品安全。我国大多数城郊土壤都受到不同程度的污染。粮食、蔬菜重金属污染超标情况较严重。沈阳郊区10种主要蔬菜中镉平均含量为0.313 mg/kg，超过国家食品卫生标准的6.26倍。据2006年调查，珠三角地区有40%的农田菜地重金属污染超出安全标准，其中10%属于严重超标。不少地区土壤重金属污染的人群暴露水平已经达到日本发生公害病的剂量范围，并已出现公害病的症状。如近年资料表明，南方一些汞矿区的粮食、蔬菜、水中的汞严重超标，50%以上居民出现感觉障碍、运动失调、视野狭窄等慢性汞中毒体征。在贵州赫章、江西赣州、广西桂林、湖南衡东、广东马坝和辽宁沈阳的张士地区，农作物镉含量已严重超标，10%以上居民已出现不同程度的腰背、四肢、骨关节疼痛等症状和生化指标异常。

持久性有机物潜在健康风险大。以二噁英类、多氯联苯类、五氯酚钠等化合物为代表的持久性有机物的污染遍布全国，通过土壤—农作物—畜牧产品为主线的食物链富集、浓缩，向人体迁移，其环境健康危害效应已经开始显现。研究表明，受持久性有机污染物等因素的影响，1996 年我国男性精子计数比 1983 年减少了 18.8%，并且精子活动率、正常精子形态、精液量和排精总数也呈下降趋势。

5. 环境问题危及公共安全和社会和谐

污染事故频发威胁环境安全。近年来，我国重大环境突发事件呈现上升趋势。松花江、广东北江、四川沱江、太湖蓝藻水华暴发等重大环境污染事故，不仅大大影响了广大人民群众正常的生产、生活，而且这些高浓度有毒有害物质的贻害难以短时间内消除，对环境污染事故发生区及毗邻区的环境安全造成长期威胁，甚至造成了不良的国际影响。

污染纠纷危及社会稳定。近年来，我国环境污染纠纷呈上升势头，并引发群体性事件，成为影响社会不稳定因素之一。环境投诉也成为社会八大投诉热点之一。2007 年来信投诉达到 12.3 万件，群众上访投诉达 4.4 万批次。这些事件给当地经济发展、社会稳定带来了不良影响。其中，以浙江东阳环境污染冲突事件、厦门 PX 项目、北京高安屯垃圾焚烧厂等引发的环境污染纠纷事件最为典型。

生态退化影响社会公平。长期以来我国城市环境的改善是以牺牲农村环境为代价，城区通过污水截流改善了水质，忽略了农村水质；通过污染企业外迁改善了城区空气质量，但加重了迁入地的空气污染；通过生活垃圾简单填埋，改善了城区面貌，但加重了城乡结合部的垃圾二次污染。为了保证城市饮用水安全，将上游地区设为禁止开发或限制开发区，又缺乏配套的补偿政策，使这些地区的人口长期处于贫困状态。

6. 环境问题影响和平发展

跨界环境问题引发国际纠纷。我国的环境污染已经引起了复杂的跨界环境问题，具体包括：以水资源开发和水污染为主要内容的跨界水环境问题，以二氧化硫、汞、沙尘暴为主要内容的长距离空气污染物传输问题，以生活垃圾、医疗废物以及陆源性污染为主要内容的海洋环境问题，以走私进口木材、野生动植物为主要内容的贸易问题，以二氧化碳、消耗臭氧层物质、持久性有机污染物以及生物多样性锐减为主要内容的全球环境问题等，都引起了国际社会的高度关注，有些已经成为“中国环境威胁论”的借口。

环境问题影响对外贸易。投资、消费、出口已成为我国经济发展的三大驱动力。近 20 年来，对外贸易为我国经济的高速发展做出了重要贡献。今后很长一段时间，我国的经济发展仍需依靠一定规模的贸易输出。然而，近年来与环境问题相关的国外技术性贸易措施对我国产品出口产生不利影响的事件时有发生。据国家质检总局 2006 年和 2007 年发布的《中国技术性贸易措施年度报告》，2005 年，我国大约有 25.1%的出口企业遭受国外技术性贸易措施的影响，直接损失总额达 288.1 亿美元，其中出口到欧盟的产品遭受的直接损失最大，占直接损失总额的 35.2%。在总额超过 81.5 亿美元的受影响合同金额中，受包括节能及产品回收在内的环保要求影响的出口合同金额在 22.2 亿美元以上，占 27%。到了 2006 年，我国有 31.4%的出口企业受到国外技术性贸易措施不同程度的影响，直接损失达到 359.2 亿美元，占我国同期出口总额的 3.71%。国外技术性贸易措施对我国产品出口的影响逐年增大，使我国贸易利益蒙受很大损失。

资源环境逆差加剧环境压力。我国处于新一轮全球产业结构调整的下游，承接着产业转移和积聚的污染风险，加剧了我国局部地区的环境问题。对外贸易快速增长的资源环境代价过大，在赢得贸易顺差的同时，也承担着“生态逆差”。研究表明，“十五”期间，中国每年通过对外贸易造成的二氧化硫逆差平均为 150 万 t，占排放量 6%左右，而 2010 年二氧化硫的目标控制量比 2005 年仅减少 255 万 t。

（四）未来的环境压力仍将继续加大

未来一段时期，我国将基本完成工业化、城市化和农村现代化。工业化和城市化仍将加快发展，经济结构调整的效应和粗放型经济增长方式的根本转变还需要较长时间，环境容量相对不足，环境风险不断加大，环境问题日趋复杂，在此情况下，我国将面临更大的环境压力。

1. 人口规模和消费转型对环境带来的压力将进一步加大

预计 2020 年我国人口将达到 14 亿左右，比合理人口承载能力多了 1 倍。预计到 2020 年前后，我国城乡居民家庭恩格尔系数平均为 35%，根据联合国粮农组织提出的标准，以吃饱为标志的温饱型生活将逐步向以享受和发展为标志的全面小康型生活转变，城乡居民消费类型将发生巨大变化。未来10年乃至更长一段时间，随着恩格尔系数的逐渐降低，高档耐用工业产品、肉蛋奶等畜禽产品的消费总量不断增加，电器、房屋以及汽车等家用消费品的增长速度还要加快。废旧家用电器、建筑废弃材料、报废汽车和轮胎等的回收和安全处置将成为未来10年乃至更长一段时间内一个重要的环境问题。

2．发展的资源环境代价还将在一定时期内居高难下

未来20年是我国基本实现工业化的关键阶段。此阶段内，第二产业增长仍是经济增长的主要动力，传统意义上的污染型行业依然存在增长的空间。尽管工业各行业随着科技进步、技术改造、加强管理，单位产值（或产品产量）污染排放强度将降低，但由于经济总规模增长，污染物排放总量还有进一步增加的可能。工业发展规模的扩大，还将导致对矿藏、耕地、能源和原材料等自然资源的需求增加，进而使自然资源开发强度随之加大。

3．结构性污染和粗放型增长方式使环境资源压力持续增加

由于结构调整需要一定的时间和过程，因此传统污染型工业快速发展的势头短期内还不可能得到根本性转变。预计未来20年，一些传统污染较重的行业，如钢铁、水泥、有色金属、煤炭、石油工业、化学工业、电力、交通运输等原材料工业和基础工业将保持相对平稳的增长态势，其中电力工业增长速度与经济增长速度保持0.7～0.8的比例关系，实现适度快速增长。食品、服装、医药、家用电器等行业仍将稳步增长。在传统污染密集型行业继续保持增长态势以及这些行业技术进步渐进发展的情况下，进一步削减化学需氧量和二氧化硫等污染物总量困难很大。对某些城市和环境敏感的地区，通过调整结构，减少污染密集型产业的生产，是减少污染物排放总量可行的办法。但对全国总体而言，未来20年这些行业依然是国民经济发展的重要支柱产业，还会有较大发展空间，污染物排放量依然很大，简单的结构调整不能解决问题。

4．城市化进程加速对环境形成的负荷不断加重

目前，大城市的环境基础设施建设依然处于历史“欠账”时期，绝大部分中小城市和城镇的基础设施建设严重滞后，若不能加快建设步伐，环境质量有可能进

一步恶化。到 2020 年，城市化率将达到 50%，城市生活污水和垃圾产生量将比 2000 年分别增长约 1.3 倍和 2 倍。在绝大部分中小城市和城镇的基础设施建设严重滞后的情况下，届时未经处理直接排放的城市污水总量仍将略高于目前水平。在一般性有机污染物污染和尘污染问题得到解决后，氮、磷、持久性有机污染物（POPs）造成的水污染问题将日益突出，细颗粒物（$PM_{2.5}$）危害将凸显出来。同时，大城市汽车尾气污染趋势加重，加上其他能源消耗过程，氮氧化物将成为一些城市的主要污染物之一，而且也会加重一些地区的酸雨危害。大件的电子用品垃圾、废弃的汽车和轮胎，以及其他有害废物也将加大城市垃圾处理难度。

5．农业发展方式和农村生活方式可能进一步加大环境压力

保障我国的粮食安全，必然要求加快推进农业现代化进程。但是，随着农业现代化加速推进，农业物质投入还将继续加大，农业面源污染将更加严重。在农村居民生活水平提高的同时，生活污水和垃圾产生量还将不断增加，而农村环境基础设施薄弱状况短期内难以得到明显改善，因此农村生活污染还将进一步加重；土壤污染程度加剧，严重影响食品安全，威胁人体健康；大量掠夺式的采石开矿、挖河取沙、毁田取土、陡坡垦殖、围湖围垦、湿地造田、毁林开荒等行为很难杜绝，很多生态系统功能的保护将面临挑战；粗放型的放牧方式和牛羊放养数量的增加将进一步加大草原生态环境的压力；规模化畜禽养殖业的大幅度增长，也将使畜禽养殖污染物排放强度加大，加剧水环境污染，对局部地区带来非常大的压力。

6．环境污染带来的健康风险逐步增加

当前，我国环境污染对健康的影响确实存在，正处于“局部性”和“区域性”阶段，如果现阶段不采取积极应对措施，随着环境污染的持续存在和发展，局部问题有不断扩大或局部之间融合的趋势，环境污染对健康的影响可能扩大为地区性问题。环境与健康问题应对不当也可能成为引发社会问题和政治问题的导火索。首先，粗放式经济增长模式短时期内得不到根本性扭转，决定了我国环境高污染局面短期内将难以得到根本性改变，无论城市还是农村，环境污染对人群健康的威胁在相当长时间内持续存在；其次，由于环境污染具有长时间、低剂量暴露、慢性发病的特点，人群健康损害症状出现多有滞后性（可多达数十年）。此外，近年来因环境问题引发的群体性事件正以年均 29%的速度递增，我国已经进入了环

境群体性事件的多发期。据不完全统计，由环境污染导致的纠纷中有一半涉及健康损害。

7. 经济全球化和技术发展给环境保护将带来新的挑战

在目前经济全球化格局下，我国处于国际产业链的低端，因国际贸易产生环境风险的可能性较高。一方面，“两高一资”产品的大量出口对国内资源环境的压力加大，一些工业产品在生产、包装等环节环境标准偏低，甚至没有环境标准，出口易受到发达国家环境标准的限制；另一方面，我国大量进口石油、天然气及部分大宗矿产品，也将增大国内能源安全、资源安全的风险，对全球资源供需产生深远影响。

新技术发展在为解决环境问题提供有力支撑的同时，可能会产生许多新的环境问题，带来新的环境挑战：一是生物技术对生态环境的影响具有很大的不确定性，一些新的生物物种和转基因农作物对生物安全、食品安全和生态环境安全存在风险；二是科学技术的快速发展导致和促进了大量的新化学物质的合成，而有些化学物质可能成为自然系统中新的持久性有机污染物，反过来对人类健康和自然生态平衡构成威胁；三是随着现代信息技术的发展，产生大量的“现代垃圾”和电磁污染，如处置不当，会对水环境和土壤环境造成新的危害。

总之，这些压力的共同作用，使我国环境问题呈现以下特征：环境治理的重点从大气和水为主向大气、水和土壤污染转变；污染物来源从工业和城市为主向工业、城市和农村三种来源并重转变；污染区域从以城市和局部地区为主向涵盖区域、流域和全球尺度转变；污染类型从常规污染向复合型污染转变。

严重的环境污染问题将制约经济和社会发展，危害群众健康，危及公共安全和社会和谐，影响我国的和平发展，处理不当，将从根本上危害中华民族的长远利益。

二、环境问题成因分析

我国环境问题的成因是综合性的，既涉及先天脆弱的自然因素，也涉及社会、经济、技术、制度等多种后天因素。从理论上讲，社会经济活动的外部不经济性和环境公共物品供给不足，是造成环境问题的主要原因。从实践上看，我国正处于重化工业快速发展这一资源消耗和污染物密集化的历史阶段。同时，由于一些地方片面追求经济增长，忽视环境保护，也导致环境问题不断加剧。

当前，我国环境问题的主要成因是：

（一）人口总量大且环境意识不强是造成环境问题的重要因素

1. 人口总量增长对环境产生持久压力

人口因素是造成我国环境问题的长期性、基本性因素。新中国成立以来，我国的人口规模迅速扩大。新中国成立初期我国人口为 4.5 亿，到 1980 年达到 9.9 亿，2000 年则上升到 12.9 亿，2008 年为 13.3 亿，是解放初期的近 3 倍。我国是世界第一大人口国，约占世界总人口的 1/5。尽管目前已经实现人口的低速增长，但是由于人口基数庞大，每年仍有 1 000 万左右的新增人口产生。预计这种人口总量增长的势头还将持续到 2030—2040 年，达到高峰 15 亿～16 亿后，才能缓慢下降。

庞大人口规模和持续增长的势头将对资源和环境产生巨大的、持久性的压力。总体上看，我国人均资源占有量只有世界平均水平的一半左右。我国以占世界 7%的耕地、6%的水资源、4%的森林、1.8%的石油、0.7%的天然气、不足 9%的铁矿石、不足 5%的铜矿和不足 2%的铝土矿养活着占世界 20%左右的人口。我国人均土地面积不到世界平均数的 1/2；人均耕地资源面积不到世界平均水平的 40%；全国有 20%以上的县区人均耕地低于世界粮农组织（FAO）确定的耕地安全警戒线；人均森林资源占有量仅为世界平均水平的 1/6；人均草地面积为世界平均水平的一半；主要矿产资源人均水平还不足世界平均水平的一半；我国煤、石油、天然气等资源的人均占有量只及世界人均水平的 55%、11%和 4%；人均水资源占有量仅为世界人均水平的 1/4。

今后相当长的时期内，我国都将处于人口负荷过重的临界状态，很可能超过资源环境的承载极限。据一些学者研究，中国 21 世纪初土地资源生产力的合理承载量为 11.5 亿人，现超载约 1.5 亿人。若按温饱标准计算，我国土地资源的最大承载能力为 15 亿～16 亿人口。在我国许多地区，人口增长已经超过生态环境和经济发展所能承载的限度。例如甘肃中部 18 个干旱半干旱县，人口密度达每平方千米 82 人，其中泰安县高达 281.9 人。按国际上通行的人口密度标准，干旱地区合理密度为每平方千米 7 人，半干旱地区 25 人。而该地区的人口密度已大大超过这一标准值。东南沿海虽自然条件较好，资源比较丰富，但人口剧增导致村舍相连，农田骤减，一些地区的人地矛盾已相当突出。

2. 人口素质和环境意识不高制约环境保护能力

虽然我国人口增速不断降低，人口增长对资源环境压力增加的势头逐渐减弱。但是人口素质对环境改善的瓶颈制约作用逐渐显现。人口的素质和教育水平在很大程度上影响环境的演化方向和后果。受教育程度高的居民环保意识要高于受教育程度低的公民。在人口素质比较高的情况下，人们将会采用更有利于环境保护和资源有效利用的方式，从而减缓环境的压力。相反，在人口素质较低的情况下，人们更容易在不了解后果的情况下，采用不利于环境的生存和发展方式，引起环境退化。

人口素质对环境的另一个较大影响是人口素质与生育率负向相关，即人口素质较低的人口生育率较高，从而通过人口数量增加而增大生态环境负荷。这在我国农村地区和不少贫困地区较为普遍。此外，人口素质还通过文化价值观念的改变，对环境的演变产生直接或间接的影响。

改革开放以来，随着我国教育事业的不断发展和环保宣传力度的不断加大，人们的环境保护意识逐渐增强，公众关注的环境问题越来越多，领域越来越广，包括从宏观的环境问题到微观的环境事件。但是，我国目前人口的文化素质和环境保护意识，与资源的可持续利用和环境保护的要求还有很大差距。据最新公布的资料，目前我们人均受教育年限为 8.5 年，发达国家基本达到 15 年以上。人均受教育程度较低，必然会影响和制约公众的环境意识和参与环保行为。根据 1998 年 7 月原国家环保总局和教育部的联合项目“全国公众环境意识调查”结果显示，公众对于 13 个题目的回答中，总体平均分、农村平均分、城市居民平均分分别为 21.6 分、18.5 分和 34.6 分。这说明我国公众总体上缺乏环境知识。同一调查结果也表明：在我国，65.9%的人低度参与环保活动；25.9%的人中度参与环保行动；只有 8.2%的人高度参与环保活动。2006 年度“中国环保公众民生指数”显示，在百分制的基础上，我国公众环保意识得分 57.05 分，环保行为 55.17 分，得分均较低。总之，公众的环境意识普遍不高，还难以做到自觉自愿地参与环境保护。

在政府决策部门中，各级管理者的管理水平和环保意识对当地环境将产生很大的影响。当前一些地方政府把发展经济作为首要任务，对生态环境问题则采取忽视或拖延态度，在很大程度上导致了环境问题的发生。

（二）粗放型的经济发展方式是加速环境恶化的动力性因素

新中国成立以来，尤其是改革开放以来，我国社会经济发展取得了举世瞩目的成就。1978—2007 年，我国 GDP 年均增长 9.8%，经济总量由世界第 10 位上升为世界第 4 位，综合国力显著增强。与此同时，我国经济增长方式转变也取得了成效，产业结构逐步升级，技术进步对经济增长的贡献率不断提高，不少行业、企业和产品的能耗和物耗水平不断下降。但是，我国在经济增长方式方面，还存在着“高投入、高消耗、高排放、不协调、难循环、低效率”的问题。这些问题在有些地区、有些行业、有些企业还相当突出。

当前我国正处于工业化、城市化和农业现代化的加速推进阶段，经济持续高速增长，粗放型的经济发展方式还没有发生根本的转变，实现经济增长付出的资源环境代价过大，经济发展与资源环境的矛盾日趋尖锐，成为可持续发展面临的突出问题。有关资料显示，2006 年我国 GDP 总量达到 27 000 亿美元，占世界 GDP 总量的 5.5%左右。但是我们的能源消耗却达到了 24.6 亿 t 标准煤，约占世界能源消耗的 15%。钢材消耗量达到了 3.88 亿 t，约占世界钢材消耗的 30%。水泥消耗了 12.4 亿 t，大约占世界水泥消耗量的 54%。

1. 粗放型工业发展方式造成巨大的环境压力

我国的工业增长方式比较粗放，在很大程度上主要依靠投资规模的不断扩张和资源能源消耗的不断增加来拉动，导致资源浪费和环境污染。进入 20 世纪 90 年代以来，我国重工业快速扩张，工业结构出现了明显的“重型化”倾向，重工业产值占工业产值的比重由 1990 年的 50.6%快速上升到 2007 年的 70.5%，说明我国的工业化进程正处于资源环境密集的重化工业发展阶段。这种阶段性特征不仅导致我国经济发展与资源环境之间的矛盾更加尖锐，而且也使我国环境问题的结构性特征更为明显。根据环境统计数据可以发现，我国工业废水排放总量大的行业主要集中在造纸、化工、火力发电、黑色金属加工、纺织、农副食品加工、石油加工、煤炭采选等行业；废气排放总量大的行业则主要集中在电力（包括火力发电）、非金属矿物制品、黑色金属冶炼与加工、水泥、化工、有色金属冶炼、石油加工等行业；用水量大的行业则主要集中在电力（包括火力发电）、化工、黑色金属冶炼与加工、石油加工、造纸、化纤等行业等。

工业增长方式粗放还表现在企业规模较小、行业集中度低、部分行业产能过剩、落后产能的比例较高等方面，不仅影响到企业和行业的市场竞争力，而且浪费大量的资源，造成严重的环境污染。从企业规模和行业集中度来看，与国际水平相比，我国独立核算企业、国有企业、规模以上的非国有企业的平均生产规模都相对比较小，行业集中度偏低。我国虽然连续多年成为世界第一的钢铁产量大国。但是，2005 年我国粗钢产量 200 万 t 以上的企业有 47 家，没有一家进入世界前 5 名。而且我国钢铁工业集中度远低于世界主要产钢国家。在 2005 年的世界 9 大产钢国家中，我国的钢铁集中度最低，即使其他 8 个主要产钢国家中钢铁工业集中度最低的美国，也是我国的 3 倍多。我国水泥企业无论是企业规模、行业集中度、产品质量、能源消耗、环境保护，与国际先进水平相比都存在较大差距。目前我国水泥生产企业平均生产规模还不到 30 万 t。而全球其他国家的平均企业规模 100 万 t。2002 年我国的水泥行业前 4 家企业的集中度只有 11.78%，比世界通行的低集中度标准还低 15.62%，比美国 1982 年的水泥集中度低 19.22%。此外，我国水泥能耗指标比国际水平高 40%，粉尘排放率是国际先进水平的 83 倍。

从部分行业来看，产能过剩问题比较突出。近年来，随着消费结构不断升级和工业化、城镇化进程加快，带动了钢铁、水泥、电解铝、汽车等行业的快速增长。但由于经济增长方式粗放，体制机制不完善，这些行业在快速发展中出现了盲目过度投资、低水平扩张、行业产能过剩等问题。从 1997 年到 2006 年的 10 年间，我国的水泥、发电和彩电的产能都翻了一番还多，煤炭产能增加了两倍多，粗钢和汽车产能增加了 3 倍多，炼铁产能增加了近 6 倍，而手机的产能则增加了 168 倍。从总体上看，钢铁、电解铝、电石、铁合金、焦炭、汽车等行业产能已经出现明显过剩；水泥、煤炭、电力、纺织等行业目前虽然产需基本平衡，但在建规模很大，也潜在着产能过剩问题。如果任其发展下去，资源环境约束的矛盾就会更加突出。

从产能结构来看，落后产能的比例较高。在目前的工业部门中，落后的工艺、装备和技术等仍占有较大比例。2006 年钢铁落后的生铁产能约 7 000 万 t，占当年生铁产量的 20%左右；2002 年我国 84%的水泥为落后的立窑、湿法窑和小型中空窑生产，2005 年落后的立窑水泥仍占水泥产能的 51%；平板玻璃的落后生产能力占平板玻璃产能的 18%；小火电装机容量占全国火电装机总容量的 25%左右；2005 年水泥企业的 90.8%为中小企业。此外化工行业存在大量的小合成氨、小型敞开式电石炉等；石化行业存在众多的小炼油厂等；造纸行业有不少的小型化学碱厂等。

2. 粗放型城市化发展方式对环境产生冲击

我国城市化进程已经步入快车道。城市化率由1978年的18%上升到2007年的45%。但是，我国城市化发展方式总体比较粗放，不仅占用了大量的耕地资源，而且对环境产生冲击。

（1）土地利用方式粗放，土地利用率较低

长期以来我国城市建设大多走外延式发展道路，片面追求城市发展规模和速度，城市经济增长依靠土地等资源的大量投入，城市发展呈现“摊大饼”的盲目无序扩张，土地利用效率低、忽视了城市土地的内部挖潜，造成了大量的土地资源浪费以及农业用地与城市化建设用地之间的尖锐冲突。城市规模盲目扩张，占用大量土地。从20世纪90年代开始，我国各级高新技术开发区、工业园区迅速发展，形成了“开发区热”，使得城市用地规模成倍扩大。从1990年到2004年，全国城镇建设用地面积由近1.3万km^2扩大到近3.4万km^2；同期41个特大城市主城区用地规模平均增长超过50%，城市用地规模增长弹性系数达2.28，大大高于1.12的合理水平。城市规划和建设土地闲置浪费现象严重。在城市建设中，再建或打造新城区，大搞“形象工程”建设如大马路、大广场、大高楼以及房地产开发中追求高档用房、酒店宾馆、大型商场和人造景点等设施建设，占用和浪费大量土地；公路、铁路、港口、机场等基础设施重复建设，也造成浪费土地资源的现象等。

（2）城市环境基础设施严重滞后于城市化的快速发展

城市环境基础设施建设速度严重滞后。我国城市建设固定资产投资占同期国内生产总值的比例，从“六五”期间的0.56%增加到“十五”期间的2.87%，占同期全社会固定资产投资的比例，从“六五”期间的2.26%增加到“十五”期间的6.87%。但是，城市环境保护基础设施建设投资占同期城市建设固定资产投资的比例不仅没有同步增长，反而还在下降，从“六五”期间的28.75%下降到“十五”期间的24.08%。这说明在我国城市化高速发展的阶段，城市环境保护投资旧账未清，又欠新账。城市生活污水和垃圾处理设施能力严重不足，难以满足快速城市化发展的需要。一些城市污水未经处理直接排入水体，并造成城市地表水体和地下水受到不同程度的污染，且有逐年加重的趋势，严重影响了城市水资源的可持续利用和城乡居民饮水安全。在全国661座设市城市中，还有339座城市没有生活垃圾处理场，约占城市总数的一半以上。大量未经处理的垃圾，不仅占用了大量土地，而且造成了严重的土壤、水体和大气污染以及疾病的传播。

（3）城市管理方式粗放，对环境产生不利影响

城市管理观念比较落后。重建设轻管理、重城市建设轻环境保护、重眼前利益轻长远利益、重利益主导轻生态主导、重新城开发轻旧城改造等思想观念还不同程度地存在，城市建设缺乏前瞻性，城市规划缺乏严肃性和权威性，城市管理容易受到利益的驱使。城市管理体制比较落后。市政公用设施管理分散在城管、建设、国土、交通、环保、水务、消防等部门，管理机构重叠，政出多门，多头管理，责权不明，职权交叉，关系不够理顺，造成重复管理，管理缺位和越位，交叉管理等问题，影响环境治理的效果。城市管理手段比较落后。城市管理主要依靠行政手段，忽视法律手段、经济手段和宣传教育手段的综合运用。管理方式停留在经验式管理、运动式管理、问题式管理、突击式管理和粗放式管理上，缺乏现代管理手段，从而影响到环境管理的质量和水平。

（4）机动车发展速度过快，对城市造成严重污染

目前，我国机动车保有量达到 1.68 亿辆，汽车保有量达到了 6 289.3 万辆，相当于改革开放前的 35 倍多，年均增长 15%。道路建设速度赶不上机动车辆增长速度，导致城市交通拥堵，环境污染严重。随着全国城市机动车保有量的持续增长，机动车污染物排放总量持续攀升，目前已成为我国城市第一大空气污染源，北京、上海、广州等特大型城市的主要空气污染物中，机动车排放所占比例均已超过五成。城市空气污染正由煤烟型污染向煤烟与机动车混合型污染转变，一些大中城市频繁出现灰霾天气。

（5）粗放型城市化发展加剧水资源和生态环境系统压力

全国 640 个城市中有 300 个城市面临缺水问题，其中 100 个城市的缺水形势已经非常严峻，这在北方城市尤为普遍。为了解决缺水问题，许多城市超采地下水结果导致地下水位持续下降和地面下沉。粗放型城市化发展导致严重的环境污染，对生态系统造成巨大的冲击和破坏。城市化的快速推进使湿地面积减少，生境破碎化情况加剧，湿地水体和土壤污染加重，导致湿地生物的多样性降低，乃至于城市湿地生境的丧失或恶化，从而降低了湿地的生态及社会服务功能，给城市生态系统带来严重的负面影响，极大地制约了城市整体的可持续发展。如北京从 20 世纪 60 年代到 70 年代中期，有 8 个湖泊共 33.4 hm^2 湿地面积被填。天津地区湿地较 20 世纪 50 年代减少一半，市区湿地减少 80%以上。

3. 粗放型农业生产方式和农村生活污染严重

我国的农业现代化进程很大程度上是建立在高物质投入拉动基础上的。1990—2005 年，我国农林牧渔总产值增长了 148%，但是化肥施用量增长了 84%，农药使用量增长了 99.2%，农用塑料薄膜使用量增长了 265.6%。这种发展方式在保障我国粮食安全水平不断提高的同时，也付出了沉重的资源环境代价，造成了严重的农村环境污染。

（1）化肥污染

近 20 年来，我国化肥施用量以平均每年 157 万 t 的速度递增，化肥施用总量由 1984 年的 1 482 万 t，增加到 2007 年的 5 107.8 万 t，居世界第一位。单位耕地面积化肥平均施用量达到 419.6 kg/hm^2，是化肥施用安全上限（国际公认 225 kg/hm^2）的 1.9 倍，而化肥的利用率仅为 30%左右。通过农田排放的氮、磷和通过农田渗漏进入地下水的氮以及从农田排放到大气中的 N_2O、NO_x、NH_3 等，已成为水体和大气的重要污染源之一。据调查，太湖富营养化的 40%～60%的氮、磷来自化肥。同时，化肥施用量的增加也对土壤和人体健康产生不利影响，包括影响土壤自净能力并造成蔬菜中硝态氮含量超标，进而影响到人体健康。

（2）农药污染

农药的使用不仅对土壤、地下水及地表水造成污染，而且也对环境生物（包括水生生物、陆生生物和土壤生物等）产生危害影响，从而严重危害生物多样性。2007 年我国农药使用量 162 万 t，居世界第 1 位。单位耕地农药用量是美国的 5 倍以上。有关农药污染状况调查研究表明，农药的大量使用，已使部分地区地下水受到农药污染，虽然地下水总体农药浓度较低，但农药一旦对地下水造成污染，将产生持久性危害影响。农药的大量使用也对我国的环境生物造成严重危害。研究表明，我国农村地区鸟类的种类和数量均较以前明显减少甚至绝迹。这与大量使用农药有关。农村地区普遍反映广泛“使用农药，土壤中蚯蚓明显减少，一般农田里很少见到蚯蚓，而以前蚯蚓比较多，土壤也比现在疏松”。由于土壤农药污染，残留在土壤中的农药对下茬作物危害的事故经常发生。

（3）农膜污染

随着农村大棚农业的普及，农膜污染也在加剧，土壤结构遭到破坏，造成农作物减产。农膜属于高分子化合物，其降解周期一般为 200～300 年，并且易破碎，不易清除。近 20 年来，我国的地膜用量和覆盖面积已居世界首位。2003 年地膜用量超过 60 万 t，在发达地区尤甚。我国目前采用地膜覆盖栽培的农田中，普遍存在着地膜残留问题，每年地膜残留量高达 45 万 t。据浙江省环保局的调查，被调查区地膜平均残留量为 3.78 t/km^2，造成减产损失达到产值的 1/5 左右。

（4）农业固体废弃物污染

农业固体废弃物主要是植物秸秆和蔬菜废物。植物秸秆等废弃物每年的产生量十分巨大，其中大部分没有得到充分利用。传统基本用于肥料或燃料的蔬菜和植物秸秆，由于生产方式的变革和劳力、成本、体制等一系列原因，其利用率已大幅度降低，农民将其直接丢弃在田间地头，或放火焚烧或任其腐烂，不仅造成资源浪费，而且严重污染环境。根据清华大学的估算，2001 年我国农田废弃物 COD、TN 和 TP 的流失总量分别为 245 万 t、109 万 t 和 12 万 t。

（5）畜禽养殖污染

全国畜禽粪便年产生量已达到约 20 亿 t，是工业废物的 2.4 倍。畜禽粪便进入水体流失率高达 25%～30%，COD 排放总量中，粪便中的氮、磷流失量已经超过化肥。部分地区如北京、上海、山东、河南、湖南、广东、广西等地的畜禽粪便污染已经达到比较严重的程度。近 15 年来，我国畜禽养殖业污染物的流失量呈持续上升趋势。

（6）水产养殖污染

随着水产养殖业不断发展壮大，养殖密度及养殖产量不断提高，一些环境问题也随之出现。首先，在我国养殖业大多为静水塘养环境下，高密度养殖造成大量的水产动物排泄物、残余饵料、消毒药剂等有机物沉淀水底，有机物被分解释放大量有害物质，使养殖水质恶化；其次，养殖密度增加，水体环境恶化，养殖病害也日益加剧，许多病害已经严重威胁养殖效益；最后，面对加剧的养殖病害，消毒剂、杀菌剂及其他化学药物的大量使用又带来了病菌的抗药性及药物残留等问题，最终威胁到人类健康。

（7）农村居民聚居点生活污染

农村生活污水和固体废弃物成为我国农业非点源污染中另一个主要污染来源。随着农村经济的快速发展，农村生活产生的污水和垃圾日益增多。加上农村基础设施比较落后，普遍缺乏基本的排水和垃圾清运处理系统，导致生活污染日益严重。据测算，全国农村每年产生生活垃圾约 2.8 亿 t，生活污水 90 多亿 t，人粪尿年产生量为 2.6 亿 t，生活污水和垃圾随意倾倒、随地丢放、随意排放，造成严重的“脏、乱、差”现象。另外，随着生活水平的提高，大量带包装袋的消费品进入农村地区，如各类电器、食品的包装材料、难降解的塑料包装，以及随着住房条件的改善，新增的建筑垃圾也成为农村新的污染源。

4. 产业布局和结构不能适应环境承载力

产业布局与资源环境承载力不协调，也是发展方式粗放的一个重要体现。改革开放后我国迅速发展的农村工业化进程奠定了我国环境污染从城市向农村、从东部向西部扩展的基本格局。但产业的布局和结构与资源环境承载力不协调的现象比比皆是：我国早期一些城市的产业布局脱离水资源条件，在缺水地区布置了很多高耗水项目，人为加剧了水资源紧张状况。例如，在水资源紧缺的首都北京，布置高耗水的冶金和石化项目；在地处荒漠地带的新疆，搞大规模商品粮基地建设；在气候非常干旱的宁夏，大面积种植高耗水的水稻，并在沙漠上推广种水稻；在水资源严重短缺的北方地区，钢产量占全国总量的近50%。目前，全国75家重点钢铁企业有26家建在直辖市和省会城市；有34家建在百万人口以上的大城市。在国家规定的酸雨、二氧化硫“两控区”内，钢产量占全国的75%左右。这种产业布局与资源环境条件的不相适应为生态环境质量的改善埋下了隐患。

产业布局不适应环境承载力的现象目前在西部地区日益突出。西部地区处于我国大江大河的上游，拥有丰富的水资源、动植物资源、矿产资源以及自然人文旅游资源，是全国重要的生态屏障，但是自然生态环境十分脆弱，生态承载能力有限。长期以来，区域产业结构与生态承载能力不尽协调。由于经济落后和科技不发达，主要发展资源开发型产业，即通过对自然矿产资源和能源的大规模的初级开发来获取利益。掠夺式开发资源致使西部自然灾害、水土流失、土地沙化和地质灾害等生态环境问题突出。20世纪90年代中后期，在相对发达的东部或国外无法立项或发展已经饱和的一些项目，纷纷到西部地区寻求新的发展空间，这些引进的项目大都是产业链上的层次低、环境成本大、能耗高的项目，对西部生态环境构成了严重威胁。

东部地区的产业结构以加工主导型产业为主，工业经济以物质资源要素的持续投入为特征。随着国家发展战略重点的东倾，东西部产业布局呈典型的“资源—加工型”垂直分布，致使西部的能、矿、林、牧等资源规模东流，成为东部经济高速增长、经久不衰的强大支持。这些需求不仅加重了西部资源开发的力度，而且因东部产业结构与本地的生态承载不协调也对东部的生态环境造成了严重的破坏。

（三）不可持续的消费方式已成为目前影响环境问题的直接因素

不可持续的消费方式对环境问题的影响主要体现在消费快速增长、消费结构调整和消费方式转变三个方面。随着我国人均 GDP 超过 1 000 美元和中等收入阶层的快速崛起，我国的消费水平和消费结构正在发生巨大的变化，同时也对环境产生深刻的影响。

1．非环境友好的消费增长对环境负面效应不断强化

消费快速增长对环境问题的负面影响日益强化。改革开放以来，随着经济的快速发展，我国居民消费水平和生活质量不断提高。1978 年我国居民消费水平为 184 元（当年价），到 2007 年已经增加到 7 081 元（当年价），如果按可比价计算，则增长了 6 倍多。与此同时，城乡生活污染不断加重。伴随着城市居民生活方式不断转变、需求多样化和消费水平的迅速提高，生活性污染对环境问题的加剧起着越来越重要的作用。从“十五”期间废水排放总量中生活污水所占比例的变化情况可以看出，居民生活污水的排放量逐年增加并且超过工业废水排放量，生活垃圾问题也不断困扰着城市。同时，随着农民生活水平的不断提高，塑料、玻璃、废旧电池、快餐盒等不可降解物正大举“入侵”农村，污染农村环境。2002 年我国的消费率为 58%，预计 2010 年将上升到 65%，2020 年将达到 71%。居民消费不可抑制的增长驱动资源的快速消耗，对生态系统的压力也不断增加。

2．非环境友好的消费结构调整对环境压力持续攀升

不可持续的消费结构的调整和升级也给我国的环境带来巨大的压力。我国城乡居民消费水平快速提高的同时，消费结构出现了较快的调整和升级，成为拉动我国经济增长的重要力量之一。城镇居民的恩格尔系数从 1978 年的 57.5%下降到 2008 年的 37.9%；农村居民恩格尔系数从 1978 年的 67.7%下降到 2008 年的 43.7%。20 世纪 90 年代后期以来，消费结构升级势头日趋强劲，城乡居民用于购买住房、汽车、电子通信产品和提高生活质量包括教育文化娱乐和旅游支出迅速增加。消费结构快速升级使得产业结构发生新一轮剧烈变化，刺激了住房、汽车、电子通信等支柱行业和重化工业迅速增长，由此给我国的环境施加了巨大的压力。

3. 非环境友好的消费方式对环境冲击不断增大

随着我国消费能力的日渐提高，不可持续的消费方式正在成为我国环境问题不可忽视的影响因素。在我国的消费趋向中，大量存在着有悖于可持续发展的消费行为和现象。一些地方、一些人群受西方消费模式的影响，加上传统的“从众、攀比和虚荣”的消费心理，超前消费、过度消费、奢侈消费等不可持续的消费行为日益盛行。我国年轻人渐成超前消费和奢侈品消费的主体。据我国品牌战略协会估计，我国内地的奢侈品消费者目前已占总人口的13%，约1.6亿人，主要集中在40岁以下的年轻人中。在大众消费品领域，手机、电脑、电视机的更新换代过于频繁，豪华办公楼和楼堂馆所处处可见。我国每年因“过度装修”造成300亿元人民币的浪费，因“奢侈餐饮”浪费就达600多亿元。在政府部门，一些地方政府讲面子，热衷形象工程和标志性建筑；城市建设追求超规模、超标准；办公用房和公车消费追求高标准和豪华。不可持续消费超出经济发展水平和能力，导致了资源破坏和浪费，对环境产生了巨大的压力。

（四）对外贸易中的粗放型增长方式是加剧资源环境压力的外部诱导性因素

对外贸易快速发展已成为推动我国经济增长的重要驱动力之一，自1980年以来，我国进出口贸易以年均14%以上的速度递增。贸易增长速度不仅高于同期我国国民经济的增长速度，也远远高于同期世界经济和国际贸易的增长速度。2007年，我国进出口贸易总额占GDP达到66.8%，并且已经成为世界第三大贸易国。尽管我国积极促进对外贸易结构的升级，但过多依赖扩张型增长方式仍未发生根本性转变。由于我国处于国际产业分工价值链的低端，贸易结构中资源、能源、污染密集型产品比重较高，产品附加值较低，对我国的资源环境造成了巨大的压力。

1. 巨大的贸易顺差和不合理的贸易结构造成严重的“生态逆差”

随着贸易顺差的不断扩大，以及不合理的贸易结构，我国在为国际市场提供大量商品的同时，将能源、资源消耗及其环境影响留在了国内，造成严重的“生态逆差”。

据专家测算，近年来，我国用于加工生产出口产品消耗的能源占能源消费总量的1/4以上，且这一比例呈持续上升的趋势。扣除进口产品的影响，每年通过产品贸易的能源净出口量相当惊人，从 2002 年的 2.4 亿 t 标煤增长到 2006 年的 6.3 亿 t 标煤，占当年一次能源消费比例从 16%增长到 26%。我国实际上是一个隐含的能源出口大国。从中主要受益的是美国和日本等发达国家，二者相加占 50%以上。从行业分布看，出口总量庞大的支柱产业，如服装、机械、电子等所占比例较大。而化工产品、钢铁出口，尽管在贸易总额中所占比例不高，但产品能源密集度较高，对能源流出的贡献也较大。

我国能源消费结构以煤炭为主，大量能源的净流出，不仅增加国内能源需求，也造成二氧化硫和二氧化碳等相应污染物排放的增加。据我国专家测算，2002 年我国通过产品对外贸易相当于净增国内碳排放 1.68 亿 t 碳。英国 Tyndall 中心对 2004 年的测算结果大约为 3.02 亿 t 碳，占我国当年总排放量的 23%，相当于日本目前的二氧化碳排放总量。国际能源署（IEA）的最新研究对 2007 年的测算结果是，中国通过产品对外贸易的能源净出口占当年能源消费总量的 28%，相当于净增国内 CO_2 排放占当年总排放量的 34%。此外也有专家推算，“十五”期间，我国每年通过对外贸易相当于净增国内 SO_2 排放约 150 万 t，占当年 SO_2 排放总量的近 6%。如果考虑到生产结构与贸易结构的差异性，由于贸易增速远高于生产增速，由外贸拉动的 SO_2 逆差将会更高。

2. 外商投资结构不合理带来很大环境风险

信息技术革命浪潮推动着发达国家加快产业结构调整和传统制造业的海外转移。目前，国际产业转移呈现出产业转移规模扩大化、结构高度化、区域内部化、形式多样化、跨国公司成为国际产业转移主体等显著特征。而向发展中国家转移的重点是制造业，包括资本与技术密集程度较高的重化工业、新兴产业的部分制造环节。这些产业中很大程度上是高耗能、高耗材、高污染型产业。由于发展中国家与发达国家相比，其环境标准比较低、环境意识较差，因此同是高污染产业，在发展中国家的企业将环境污染的成本内部化的代价较小，因而产品的总成本低，在与国外同类产品的竞争中有优势，在国际市场上的竞争力逐步增强，所以它在该产业具有比较优势；对于发达国家来说，其环境标准越来越严，将企业环境成本内部化的代价也高，这就意味着企业的污染处理费用越来越大，产品成本也越来越高，这样产品的竞争力在不断下降。为了追逐利润，降低成本，发达国家的企业必将高污染产业转移出去，这样既能从发展中国家进口到低价的产品，从而增加公司的利润，又可以不对环境污染负责，减少环保方面的支出。

中国作为发展中国家也不例外，在产业结构的调整和升级过程中，存在着大量的引进外资结构不合理现象。我国正处于新一轮全球产业结构调整的下游，承接着产业转移和积聚的污染或环境风险。在引进外资和贸易过程中，由于配套制度不完善和监管不力，造成大量污染密集型产业和各类废旧物品从国外转移到国内。1995 年投资于污染密集产业的外商占外商投资企业数的 30%左右，到 2005 年，这一数字上升到 84.19%，其中化工、石化、皮革、印染、电镀、杀虫剂、造纸、采矿和冶金、橡胶、塑料、建筑材料和制药等高污染行业和高耗能行业都成为外商投资的重要方向。与此相比，外资对环保产业的投资额所占比例却不到 0.2%。

3．危险废物越境转移造成严重环境危害

伴随着国际产业结构的调整和转移以及我国对外开放的不断扩大，加之监督管理上的严重滞后，使得危险废物越境转移对我国的环境构成了严峻挑战。

2006 年年底，国家环保总局对外公布的《中国经济发展的外部环境影响——国际法分析》显示，我国从来没有把本国的危险废物转移至他国，相反，却一直是危险废物转移的受害者。有报道称，全世界电子废物的 80%被运到亚洲，其中 90%进入中国。近年来，我国每年要容纳全世界 70%以上的电子废物。这些电子废弃物主要来自美国、日本、英国和欧盟国家。据国外环保组织调查，美国国内收集的电子废物 50%～80%没有在本国回收处理，而是被迅速地装上货船运往亚洲，其中的 90%被运到了中国。面对这种状况，法新社报道称“中国正成为世界最主要的电子垃圾场”，绿色和平组织也发出警告，“中国正面临成为全球高科技垃圾站的风险”。中国不仅成为了“世界工厂”，更成为事实上的“全球电子垃圾场”。

由于缺乏必要的科技手段和投入，不少地方电子废物的加工利用方式极其粗放，对当地环境造成严重损害。通常大量的电子废物流入一些没有资质的作坊式拆解处理工厂，处理技术和手段极其落后和原始，包括通过焚烧、破碎、倾倒、浓酸提取贵重金属、废液直接排放等方法处理，造成了非同寻常的生态恶果。如被称为“世界电子垃圾终点站”的中国广东贵屿镇，因长期以来大量电子废弃物聚集，使得农业生产、居民的饮用水安全和身心健康受到严重威胁。在电子废弃物污染严重的台州水坦村，癌症发病率明显高于其他非污染地区。

（五）科技能力不足导致环境绩效差是环境退化的技术性因素

改革开放以来，我国经济增长方式已经由过去主要依靠资本大量投入逐步转变为依靠资本和技术的双重投入，技术进步作用愈加明显。但是，科技进步对经济增长的贡献率一般为 20%～40%，远低于世界发达国家 60%～90%的水平。科技整体水平低是导致我国资源利用效率低、环境绩效差、环境问题严重的一个根本的原因，也是我国发展方式粗放的一个重要根源。

1. 技术水平落后造成环境绩效差

近十多年来，随着科学技术的进步，我国单位产出资源消耗和污染排放强度呈现比较明显的下降趋势，资源环境生产力有了明显提高。但是，从总体上而言，资源利用效率提高所导致的资源节约速度，抵不上经济增长等因素所造成的资源需求增长速度，导致我国绝大部分资源消耗总量仍在不断增加。而且由于技术管理水平总体落后，我国目前的资源能源消耗以及废物排放强度相对于世界和发达国家来说仍明显偏高。据中科院可持续发展研究组统计表明，2003 年单位 GDP 初级能源消费强度为 0.850 kg 油当量/美元，是世界平均水平（0.272）的 3.12 倍；我国单位 GDP 耗水量是世界平均水平的 4.03 倍；单位 GDP 钢材消费强度是世界平均水平的 6.78 倍；单位 GDP 水泥消耗是世界平均水平的 11.6 倍；单位 GDP 有色金属消耗是世界平均水平的 4.88 倍；单位 GDP 纸和纸板消费量是世界平均水平的 3.35 倍；单位耕地化肥消费量是世界平均水平的 2.6 倍；单位耕地农药施用量是 OECD 国家平均水平的 4 倍多；单位 GDP 有机水污染排放量是美国的 26 倍；每美元产生的 CO_2 是世界平均水平的 3.8 倍；每万美元 GDP 二氧化硫排放量是美国的 10 倍；单位工业产值产生的固体废弃物比发达国家高十多倍。此外，单位产品资源消耗也与国际先进水平存在较大差距。2007 年，我国钢可比能耗（大中型企业）比国际先进水平高 9.5%，火电发电煤耗高 11%，平板玻璃综合能耗高 13%，铜冶炼综合能耗高 22%，水泥综合能耗高 24%，原油加工综合能耗高 51%，乙烯综合能耗高 56%，合成氨综合能耗高 55%。建筑面积采暖能耗相当于气候条件相近的发达国家的两倍到三倍。此外，工业用水重复利用率不足 60%，远低于发达国家 75%～85%的水平；农业灌溉水利用系数仅为 0.4～0.45，大大低于国外 0.7～0.8 先进水平等。

2. 环保科技支撑能力不能适应环保需求

环保科技自身支撑能力不足，远不能适应环保形势发展和环境物品供给的需要。突出表现在以下几个方面：① 环境科技需求发展的动力不足，对环保工作的引领和支撑作用发挥不够。包括：环境保护缺乏依靠科技的工作机制；企业对环境技术需求的驱动力较弱；环保科技对科学决策的引领不够。② 环境科技资源布局欠合理，环境科技投入效率有待进一步提高，公益性科研机构缺乏必要的扶持。包括科技条块分割、资源分散，并且科技基础设施重复建设严重，难以优化配置、合理共享；环境科研经费投入严重不足，没有形成稳定的环境科技投入机制，科研基础条件落后。③ 环境科研工作的系统性和长远性不够，难以形成长期的、整体的科技支撑能力。目前环境科技活动大多围绕现阶段环境污染问题展开，短期行为较为突出，还没有很好地将当前问题与长远问题结合起来，导致阶段性目标与长远目标脱节。④ 国家环境科技创新体系尚未形成，环境科研创新基础能力薄弱、人才匮乏。包括：环境科研单位普遍规模小、专业优势不明显，难以形成支撑能力；环境科技队伍缺乏具有专业优势研究队伍和人才，还没有形成结构优化、布局合理、高效精干的环境科技创新团队。⑤ 缺乏大跨度的学科交叉综合研究和环境科技成果共享平台。要解决目前我国复杂的环境问题，就必须进行大跨度的学科交叉综合研究，建立环境科技共享平台。⑥ 环境标准的法律属性与管理责权不对应，环境标准工作与强化环境监管要求不适应。环境标准的环保技术法规和国家标准两种截然不同的属性交织在一起，形成了“法”、“标”混合的局面，降低了环境标准固有的战略地位和法律规范作用；在环境影响评价、循环经济、清洁生产、环境监测等工作所需要的标准，进展还不够快，与工作的急需相比存在差距。⑦ 环境监测缺乏全国统一管理，低水平重复建设现象严重。缺乏统一监督管理，缺乏科学统一的环境监测技术体系和统一的环境监测网。⑧ 环境技术管理难以应对新形势的挑战。环境技术管理尚未列入我国的环境法和相关法律，未进入环境管理的科学决策程序，致使我国的环境技术管理长期处于缺失、管理分散、落后的状态；排放标准、“三同时”、总量控制和功能区达标等法规制度缺乏系统的、可行的技术支持，影响有效实施和落实；环保产业发展缺少技术支持，盲目发展，处于低水平无序竞争状态，劣质产品充斥市场，严重影响了环保设施的稳定达标。⑨ 环保产业总体供给能力不足，产业宏观调控不力严重制约环保产业发展等。环保产业总体供给能力整体不足；环保技术与产品还不能完全适应环保市场的需求；产业管理体制不顺，行业管理缺位突出，产业宏观调控不力。

三、对中国环境保护经验教训的若干认识

30多年来，中国的环境保护事业不断发展壮大，一代又一代人为推动环境保护工作不懈奋斗，环境保护工作在探索中前进，在改革中进取，在创新中发展。中国环境保护事业发展的过程充满了艰辛和挑战，同时也积累了丰富的经验，留下了发人深省的教训，从中可以得出以下若干认识。

（一）虽然认识到了人口众多、资源缺乏、环境脆弱、灾害多发的基本国情，在积极探索符合国情的经济发展道路方面取得了进展，将环境保护列为基本国策，但在人、财、物等资源配置和干部政绩考核等落实基本国策所必需的保障措施上缺乏硬性规定，国策地位无法落实，仍然没有摆脱资源高消耗、环境重污染、偏离国情的粗放型发展模式，资源环境对发展的支撑能力受到削弱

人口多、底子薄、自然灾害多发、生产力不发达是中国的基本国情，这样的国情决定了中国必须走集约型的发展道路。历届政府为探索符合国情的发展道路和环保道路做出了不懈努力。改革开放以来，中国坚持以经济建设为中心，在较短时间内摆脱了贫困落后的面貌，经济规模显著扩大，综合国力迅速增强，人民生活水平不断提高。同时，实施计划生育政策，减轻了人口对资源环境的压力；坚持厉行节约、反对浪费、勤俭建国的方针，加强了资源节约和综合利用，减少了污染物排放；将环境保护列为基本国策，加大环境保护力度。

但是，由于环境保护管理资金和人员严重不足，用于环境保护管理的资金份额、人员编制与环境保护管理体制所担负的重大责任很不对称，环境保护还没有成为干部政绩考核的重要内容，环境保护的国策地位并未真正确立，执行力度远远不及人口国策，导致环境监管不力，环境保护标准没有发挥优化经济发展的作用，以大量消耗资源和粗放经营为特征的传统发展模式仍然没有改变。一些地区的发展方式偏离国情，违背了经济规律和自然规律，造成了严重的环境污染和生态破坏，不仅环境质量难以满足人民健康需要，而且水、气等环境要素质量下降，减少了资源的有效供给数量，削弱了对经济发展的资源和环境支撑能力。例如，在我国严重缺水的西北部地区和华北地区，大量发展高耗水、高污染产业，不仅加剧了当地水资源枯竭，还导致湖泊萎缩或者绿洲退化，甚至是土地沙漠化等一系列

生态问题，高污染又导致水质性缺水，进一步加剧了当地水资源的供求矛盾；在北方农牧交错带、黄土高原、西南喀斯特地区以及江南红土丘陵区等生态脆弱带上，片面强调粮食自给率，过度开垦，引发严重的生态退化，如水土流失、石漠化、土地荒漠化等生态问题；还有一些地区主要污染物排放量远远超过环境容量，成为经济社会发展的主要瓶颈制约。此外，经济的高速发展、城市化进程加快与避灾型社会建设进展缓慢之间的矛盾突出，自然灾害的损失越来越严重，仅气象灾害平均每年造成的直接经济损失占国民生产总值的3%～6%。

总之，以往这种资源高消耗、环境重污染、偏离国情的粗放型发展模式，已经大大削弱了资源环境对发展的支撑能力，资源环境逐渐成为影响我国未来经济持久发展的稀缺因素和制约因素。面对“生态系统和经济利益相互依存的现实”，必须树立保护地球生命支持系统和生态系统完整性，也就是保持资源的可持续供应能力，“保护环境就是保护生产力”的观念，经济增长要由单纯关注人造资本的积累转向同时注意自然资本和人造资本的积累。它要求人类应在保持自然资源的质量和生态系统正常提供服务的前提下发展经济，应追求不降低环境质量和不破坏自然资源的基础上促进经济发展。要保证自然资本的存量不变或者增加，就必须要投入一定的人力、物力和财力来提高或维持自然的生产力（或者说生态服务功能），使社会经济系统的生产力和自然（生态）系统生产力形成有机的统一整体，推动经济的可持续发展。同时，还要依据我国人口众多、资源缺乏、环境脆弱、灾害多发的基本国情，因地制宜，走高效、节约、环境友好、可持续的发展道路。

（二）虽然认识到了先污染后治理是一条弯路，采取了将环境保护要求纳入国民经济和社会发展规划（计划）、加大落后产能淘汰、加强对环境污染的专项整治等一系列重大措施，取得了一定进展，但是，对环境保护和可持续发展的认识还比较肤浅，实际工作中不少地区仍是重经济发展轻环境保护，急功近利，竭泽而渔，走了一条牺牲环境换取经济增长的道路，付出了巨大的资源环境代价

早在20世纪80年代，我国就深刻认识到环境保护的重要性，提出“不再走发达国家走过的先污染后治理的弯路”，将环境保护作为基本国策；90年代又决定实施可持续发展战略，不断完善环境保护的法律法规，并将环境保护要求纳入国民经济和社会发展规划（计划），从“九五”正式开始编制国家环境保护规划，

确定了“33211 工程”，污染治理取得一定的进展。

但是，很多地区在经济发展过程中违背自然规律的问题突出，急功近利、竭泽而渔的现象仍然普遍存在，客观上还是走了“先污染后治理”的弯路。根据中国科学院国情分析小组研究结论，改革初期的经济发展是以自然资源和生态环境的“透支”为代价的，并且这一代价现在看来比当初估计的要高得多。20 世纪 90 年代开始自然资产下降，到 1995 年下降了约一半，为 7.8%；90 年代下半期明显下降，到 1998 年已降至 4.53%。我国的各类自然资产损失占 GDP 比重的变化趋势反映了过去 30 年我国确实经历了一个发展的大弯路，即“先破坏、后保护；先污染、后治理；先耗竭、后节约；先砍树、后种树”，为此，无论是国家还是公民都付出了沉重的代价，真实国民财富因各种自然资源的损失而大打折扣。

造成这种“以牺牲环境换取经济增长”，片面追求 GDP 的发展方式的主要原因，除了各级地方政府还没有很好地树立科学发展观以外，很重要的是与我国现行的财税制度和政府职能转变不彻底，以及现行环境政策与管理体制存在缺陷相关。

首先，地方政府主导地区发展经济的政府职能依然没有弱化。在目前以流转税为主体的财税制度下，地方政府税收主要靠产业流转税和企业所得税，而一些短期内利高税大的重工业项目恰恰对地区环境带来的压力最大。为了地方经济利益，地方政府必然要鼓励多投资，以增加地方财政收入，一些地方政府更是放松了对高消耗、高污染产业的监管，地方保护主义严重。

其次，现行的环境政策和管理体制还不足以改变单纯追求经济增长的发展模式。尽管近年来我国在环境经济政策体系构建上取得了一定的进展，但是从总体上看，目前我国的环境政策仍然处于“以行政命令、末端治理、浓度控制、点源控制为主”的阶段，还没有建立健全社会主义市场经济体制下的环境政策体系。一些源头控制，促进经济与环境保护同步发展的政策因“机制不健全、政策不配套”等原因而未能发挥预期作用。例如，由于缺乏具有法律意义的环境规划，环境规划的约束性不强，环境规划先行并作为其他国民经济发展规划、城市规划等基础性规划的局面没有形成，环境区划和规划用于协调环境与经济、社会的关系，预防环境问题发生的基础性作用尚未充分发挥。而这也是我国没有完全避免走“先污染、后治理”老路的一个重要原因。在环境管理手段上，强调政府行为、强调自上而下的决策和执行方式、忽视经济活动的基本规律、忽视自然规律，导致环境管理成效不显著，加深了保护环境与发展经济的对立。

最后，在环境政策体系上，资源、环境与经济一体化的环境政策体系尚未建立，环境和资源的保护与利用政策没有很好地同部门发展政策以及宏观经济政策相结合，未纳入综合决策体系和市场经济运作过程；国民经济核算体系以及区域、地方、企业的综合绩效评估体系中没有反映环境和自然资源的真正价值，环境损害成本、资源耗竭成本更没有体现在全部社会或生产者的成本中；环境政策没有及时随着国家政治、经济体制的改革，以及政府对经济的管理方式的变化作出相应调整，建立在计划经济体制下的环境政策手段不能适应新形势的需要，适合市场经济体制下的环境政策尚未成熟。因此，环境政策无法通过干预社会经济过程发挥效力，导致经济开发、发展与环境保护的脱节。

（三）虽然认识到了市场机制在环境保护中的重要作用，在从计划经济向市场经济平稳转型的过渡中，中国社会主义市场经济取得了积极进展，环境保护开始引入市场机制，但是市场机制发育还不完善，资源低价、环境廉价甚至无价的状况始终没有得到根本改变，环境经济政策长期未得到重视，导致污染治理、生态保护与市场机制背离，市场机制在污染防治、生态保护和资源配置中的作用没有得到充分发挥，大量使用传统的行政手段，环境管理效果并不理想

党的十四大明确提出了建立社会主义市场经济体制的改革目标，2002 年召开的中共十六大又把完善社会主义市场经济体制、推动经济结构战略性调整列为 21 世纪前 20 年我国经济建设和改革的主要任务之一。近年来，我国市场化改革进程越来越快，价格改革力度加大，“看不见的手”发挥着越来越大的作用。我国商品和服务价格绝大多数由市场决定的格局进一步巩固，2007 年，在社会商品零售总额、农副产品收购总额和生产资料销售总额中，市场调节价比重分别为 95.6%、97.7%和 91.9%。随着我国社会主义市场经济体制的初步建立，以及经营主体成分的变化，主要依赖行政手段开展环保工作已经无法适应社会发展的需要。行政手段虽然在短时间内立竿见影，但长期效果却十分有限。过多地运用行政手段治理污染，污染易反弹，行政成本高，容易激发社会矛盾，难以有效遏制污染转移，也加剧了市场的不公平竞争。

由于环境行为主体的有限理性以及环境的公共物品特征，在没有明晰产权时，容易产生经济外部性问题，具体表现为环境污染和生态破坏。为了有效地从经济角度解决环境问题，就必须将环境问题纳入经济系统中考虑，通过综合运用各种环境经济政策手段，通过利用经济杠杆调控经济主体的行为，影响环境行为者的成本和效益，引导他们主动作出有利于环境的行为和决策，使其环境行为的外部性合理内部化，使环境资源达到社会最佳配置。国内外的理论研究和实践经验均已表明，有效的环境经济政策能够校正经济机制“失灵”现象，弥补指令性管制手段的不足，以经济手段的低成本有效配置和使用环境资源，同时也是将环境问题外部性内部化最为有效的途径。

近年来，国家不断推动环境经济政策体系与相关制度建设，在绿色税收、信贷、贸易、保险、价格、收费等领域出台了一系列环境经济政策，取得了积极成效。尽管经济政策手段日益受到重视，但是长期以来，我国环保工作主要依赖行政手段，甚至是过度依赖和使用行政手段的局面并未真正改变。市场手段不健全，出台的一些环境经济政策仍处于探索和试点研究阶段。总体来看，我国尚未形成系统的环境经济政策体系，将环境成本内部化的工作进展缓慢，还没有建立起完善的环境保护激励和约束机制，环境经济政策建设现状与适应我国国情的、能有效支撑科学发展的环境经济政策体系尚有较大差距，特别是资源低价、环境廉价甚至无价的状况始终没有得到根本改变，我国的重要资源价格如煤炭、石油、天然气等基本上是以政府定价或政府指导价为主，只反映了资源开发成本，没有全面覆盖环境破坏成本和安全生产成本；排污收费标准偏低，无法涵盖污染物治理成本。这种扭曲的价格政策使得企业缺乏治理污染的内在动力，忽视环境保护、偷排漏排的现象普遍。现行环境税费对环境保护的激励作用和制约作用不足，环保调控作用弱，市场机制在污染防治、生态保护和资源配置中的作用没有得到充分发挥。

（四）虽然我国环保决策机制和考核机制不断完善，在科学决策、民主决策上有了很大加强，但决策失误仍在一些地方频繁发生、环境不作为和行政干预环境执法的现象仍然存在，环境与发展决策长期背离，引领科学发展的干部考核机制仍不完善，没能从根本上扭转一些地方政府单纯追求 GDP 政绩的倾向

从法律责任来看，《环境保护法》第十六条明确规定：“地方各级人民政府，应当对本辖区的环境质量负责，采取措施改善环境质量。”从决策机制来看，各级政府认识到了从个人决策转向集体决策、从经验决策转向科学决策的重要性，随着各级政府深入贯彻落实科学发展观，环境保护有更多的机会进入了综合决策范畴，环境保护工作也得到了不断加强。2006 年 2 月，监察部、国家环保总局正式颁布《环境保护违法违纪行为处分暂行规定》，建立起了环境保护行政执法责任制度。2006 年 7 月，中组部发布《体现科学发展观要求的地方党政领导班子和领导干部综合考核评价试行办法》，增加了“发展速度、发展质量、发展代价”评价要点，对干部在资源消耗与安全生产、耕地等资源、环境保护等方面的政绩进行统计分析。一些地区在流域治理中落实干部考核制，创造性地提出了“河长制”，根据流域自然特征，明确了地方党政领导对环境质量负总责的要求，整合了各级党委政府的执行力，在探索城乡一体化行政管理体制、科学划分事权等方面进行了有益尝试。

但是，由于决策的科学化、制度化、民主化的机制和体制还没有确立，环境保护参与综合决策缺乏保障机制，因决策错误、失误导致的环境问题没有得到有效遏制。例如，20 世纪 80 年代，乡镇企业遍地开花，使环境污染在农村蔓延。1986 年发布的《1986—2000 年全国包装工业发展纲要》中提出，“塑料等包装制品的产量有一个较大幅度的增长”和发展一次性发泡塑料制品、一次性塑料包装制品的要求，客观上加剧了全国性的“白色污染”。1989 年关于结构调整的“重点支持项目”决定把生产类纸浆、纸和纸板、电镀产品、皮革和皮革制品、电镀工艺等列入国家鼓励和重点支持名录中，使 90 年代初全国造纸、电镀、皮革、印染、焦化等无序发展，污染泛滥。

干部考核不落实是导致环境与经济综合决策失误、环境不作为和行政干预环境执法等现象存在的重要因素。目前的干部考核中环保考核明显不足，地方各级人民政府对本辖区环境质量负责只是一条原则性的规定，对造成环境质量恶化究竟应该追究谁的责任、如何追究责任都没有明确的规定。如“九五”、“十五”淮河水污染防治目标没有实现，并没有哪一个地方领导因此而受到处罚甚至影响升迁。特别是原来的干部考核机制，导致各级领导干部以 GDP 为指挥棒，以经济增长速度论英雄，重经济增长，轻环境保护。受制于现行的环境管理体制，地方环保部门在执法中“顶得住的站不住，站得住的顶不住”，环境执法不严的问题长期得不到解决。对地方政府考核力度不够，难以克服地方保护主义对环保的不当行政干预。

尽管我国已经通过推行创建环保模范城市、环保目标责任制等，推进相关各级政府以及企业领导人的环境责任制，但是，由于环境绩效还不能够以制度化和可靠的方式纳入一个综合绩效评估的指标体系中，因此，从国家层次上的国民经济核算体系，到省市和地方的政绩指标，再到企业的核算制度和会计制度，都没有把环境保护作为规范化的内容以规范化的方式纳入这些指标以及指标值的核算中，导致干部考核机制没能够很好地扭转一些地方政府单纯追求GDP政绩的倾向。

（五）虽然“依法治国，建设社会主义法治国家”的规定载入了宪法，环境法制建设取得较大进展，环境法制体系初步形成，环境执法发挥了积极作用，但环境法制仍然需要进一步完善，一些重要的环境保护领域立法薄弱，有法不依、执法不严、监管不力的问题仍十分突出，“违法成本低、守法成本高”的问题仍然存在

1997年，依法治国基本方略被写入党的十五大报告；1999年，“依法治国，建设社会主义法治国家”载入宪法；2003年，国家颁布《中华人民共和国行政许可法》；2007年，党的十七大指出要“全面落实依法治国基本方略，加快建设社会主义法治国家”。这些都是我国依法治国的里程碑，是我国政治文明建设的重要体现。为落实依法治国基本方略，国家加快了环境保护的立法进程，使环境保护走上了法制化轨道，初步建立了符合我国国情、覆盖面比较完整的国家环境保护法律体系，环境立法观念逐步更新。地方立法不断健全完善，发布了一批突出地方特色、更加具有针对性和可操作性的地方环境法。同时，我国加快与国际环境条约的接轨，积极推动国际环境条约立法转化，不断完善实现履约目标的法律法规，为我国承担相应的国际环境义务、维护国家利益提供法制保障。环境执法也得到强化，环境监管体制不断完善，处置重大突发环境事件和跨界污染纠纷的能力不断提高。

但是，对照科学发展观和建设社会主义生态文明的要求，我国的环境法制建设面临很多亟待解决的问题。一是环境法律体系尚不健全，在一些重要领域存在立法空白。二是一些环境立法长期受到粗放型经济增长思想的主导和影响，与国家提出的科学发展观的理念相背离，环境保护优化经济增长的思想还没有很好的落实。三是许多现行的环境立法大多基于过去计划经济管理的需要，随着市场经济改革进程加快，环保法律、法规规定的罚款以及一些管理制度等已不适应新形势发展的需要。环境法律法规中的处罚力度弱，缺乏强制手段，难以形成对环境违法行为的震慑作用。四是现行的环境法律是以调整企业法人行为为主要目的设立的，缺少一部专门约束政府行为的环境法律，相应的法律制度不健全，一些地方政府干预环境执法的问题比较突出，政府对环境质量负责缺乏相应的法律制度的约束。五是环境法规出台后，一定程度上存在着立法与执法脱节的现象。环境法律新建立的法律原则和法律制度的配套政策、措施、标准建设严重滞后，影响法规的贯彻执行；缺少对环境法规执行情况的跟踪调查和评估机制，影响法规的修订完善。

从执法方面看，环境保护执法不严，监管不力。环境保护中有法不依、执法不严、违法不究的现象还比较普遍，对环境违法处罚力度不够，违法成本低、守法成本高。一些地方存在地方保护主义，有的不执行环境标准，违法违规批准严重污染环境的建设项目；有的对应该关闭的污染企业下不了决心，动不了手，甚至视而不见，放任自流；还有的环境执法受到阻碍，使一些园区和企业环境监管处于失控状态。这种状况不改变，环境污染就不可能得到根本治理。

（六）虽然我国财政收入大幅度增长，环保投入也逐年增加，环境建设和能力建设得到一定加强，但仍然没有建立有利于科学发展和环境保护的财税机制，事权不明，环保投入资金不足、效率低下，环境基础设施建设长期滞后

从 1994 年财税体制改革以后，我国基本形成了财政收入的稳定增长机制，从 1994 年的 5 000 亿元增长到 2007 年的 5.13 万亿元。伴随着财政收入的快速增长，环境保护投入也逐年增加，从“九五”期间的 3 477 亿元上升到“十五”期间的 8 349 亿元；环境保护投入占 GDP 的比例也呈明显的上升趋势，从“九五”期间的 0.81%提高到“十五”期间的 1.19%。随着环保投入的增加，环保基础能力建设逐步提高。

1. 有利于科学发展和环境保护的稳定的投入机制仍然没有建立

主要体现在以下三个方面：

一是环境保护投入不足的问题始终没有得到解决，环保投资总量与经济发展带来的环境污染治理需求相比还存在一定的差距，难以满足污染削减的资金需求。“十五”期间的环保投资仍然不及发达国家或地区 20 世纪 70 年代的水平；从增长率指标看，“十五”期间我国环保投资的年均增长速度达到 18.8%，但是却低于同期固定资产 22%的年均增长速度，而且环保投资占固定资产投资的比例在 2001—2005 年总体上呈现下降趋势，这说明在固定资产投资增长的同时，环保投资并没有同步跟上。

二是环境保护投资结构不合理。从近年来环保投资结构的变化情况来看，城市基础设施增长率最高，城市环境基础设施增长带动了整个环保投资的增长，工业污染源治理投资年均增长率最低，而且工业污染源治理投资波动较大，工业污染源和新建项目“三同时”投资均出现过负增长。

三是环保资金投资不落实，执行率低，准备基础性工作跟不上，环境保护设施运转效率低下。环境保护规划的重点任务与工程措施资金难以保障，重点项目进度严重滞后。据统计，截至2005年年底，列入国家环境保护“十五”计划的2 130项治污工程，完成1 378项，仅占总数的65%；完成投资864亿元，占总投资的53%。淮河、海河、辽河、太湖、巢湖、滇池治理项目的完成率分别只有70%、56%、43%、86%、53%和54%。

2. 造成上述问题的主要原因

主要体现在以下四个方面：

一是中央与地方在环境保护方面的财权与事权不匹配，地方环保责任与事权大而财权小。在我国分税制改革过程中，中央和地方财权划分未考虑环境事权因素，没有以规范的方式明确各级政府间的事权关系，政府间事权划分不合理，出现政府缺位、错位和越位等现象。中央通过分税制改革拿走了地方的大量财力，这其中就包含着地方牺牲环境而换来的利益。国有大中型企业利润上缴中央，治污包袱留给地方，许多历史遗留环境问题、企业破产后的污染治理问题都要由事发多年后的当地政府承担，贫困地区、经济欠发达地区财力更难以承担治污投入，“211环境保护科目”在相当一部分地方处于“有渠无水、有账无钱”状态，导致一些地方没有很好地执行国家的环保政策。

二是环保投资市场化机制不完善，经济政策不配套。环境保护投入主体不明确，政府与企业（市场）职责分工尚不明晰，多层次投融资机制不健全。虽然我国的经济激励制度种类较多，以税收手段、收费制度和财政手段为主体，但缺乏配套措施，并没有起到刺激企业依法增加治理污染投入的作用。

三是在环保资金来源上，缺乏有效的政策体系和有利于财政投资稳定增长的财政制度保障。虽然2007年开始在财政预算支出中开列了环保科目，但按照现行体制，由于环境预算在各个部门分别实施，对于严格执行环保支出财政预算，保证环保工程考核和其他相关支出的最终落实，还缺乏明确的立法形式及具体的实施细则，因而还无法保证一定时期内政府环保投资的稳定比例。同时，还缺乏系统的环境保护税收筹资政策。由于我国现行税制中大部分税种的税目、税基、税率的选择都未从环境保护与可持续发展的角度考虑，我国的资源税并不是真正意义上的环保税，主要依据煤、石油、天然气、盐等自然资源所获得的收益而征收的，其目的不是促进国家资源的合理开发与有效使用，而是调节从事资源开发的企业因资源本身的优劣条件和地理位置差异而形成的级差收入，再加上收入大部分归地方，实际上鼓励了地方进行资源开发，并没有真正用于环境保护。我国目前还没有真正意义上的环境税，只存在与环保有关的税种，即资源税、消费税、城建税、耕地占用税、车船使用税和土地使用税。虽然为环境保护和削减污染提供了一定的资金，但还难以形成稳定的、专门治理生态环境的税收收入来源。

四是环保投资绩效不高，监管不力。由于缺乏预算约束机制和有效的监督制度，污染防治的预算资金被挤占或挪用现象时有发生；现行环保投资的行为方式和经营管理方式严重滞后于社会整体的市场化进程。有限环保资金的使用质量低下，无效和低效甚多，以至于环境治理和生态恢复的速度远远落后于它们被破坏的速度。

（七）虽然对环境问题的复杂性进行了积极研究和探索，逐步深化了对解决环境问题艰巨性、长期性和复杂性的认识，但在环境规划、环境目标、环境措施的决策过程中仍有急于求成的问题，环境目标过高、总量目标与环境质量脱钩的问题没有得到解决，重治标轻治本的做法尚未得到扭转

20 世纪 70 年代，我国环境保护工作起步时，对环境问题的认识粗浅且不全面，认为环境保护主要是防治工业“三废”；对环境问题的长期性、艰巨性和复杂性认识不足，在“五五”计划时提出“五年控制，十年基本解决环境污染问题”，“九五”计划提出“2000 年实现淮河、太湖水体十年变清”，目前老的环境问题没有解决，新的问题不断涌现。随着这些目标的不断落空，尤其是“十五”期间只有环境保护规划目标没有完成的事实，让人们逐步加深了对环境问题的复杂性、艰巨性和长期性的认识。正如温家宝总理在第六次全国环境保护大会上的讲话所说：对环境保护重视不够、经济结构不合理、经济增长方式粗放、环境保护执法不严、监管不力也是导致“十五”环境保护目标没有实现的主要原因。

“十五”期间，我国经济速度大大超过发展预期，2002—2005 年，我国经济增长率连续 4 年超过 10%，在新一轮重化工进程中，仅煤炭消耗量 2002—2005

年就增长了近 43%，1999—2005 年城市化率增加了 8 个百分点，明显快于改革开放前 20 年的平均增长速率。这些因素直接导致主要污染物排放量居高不下，资源消耗和污染物产生量大幅度增加。2005 年全国二氧化硫排放量比 2000 年增加了 27%，化学需氧量仅减少了 2%，均未完成削减 10%的控制目标。

此外，制定“十五”环境保护规划目标时，由于对环境与经济关系认识不足，并未充分考虑我国快速重工业化和城市化发展等经济因素的影响，环保目标制定欠合理，也是导致“十五”环境保护目标没有实现的一个重要原因。在环境目标制定方面，急于求成、重治标轻治本的问题仍然十分突出。一是目标设定过高，没有经过科学论证或者急于求成，结果必然是难以实现，带来了负面的影响。二是关注个别指标的改善，忽视环境质量的改善和生态系统功能的恢复。如“十一五”国家污染物约束性指标主要是 COD 和二氧化硫，这两项指标虽然重要，但是仅仅完成这两项指标是远远不够的，与改善环境质量还有很大的差距。三是全过程控制的环境管理制度尚未确立，预防优先的思想并未真正体现，仍局限于对现有环境问题的被动应对。由于环境影响评价制度、“三同时”制度执行力度不够，制度本身尚不成熟和完善等原因，其源头治理的作用远未充分发挥，我国环境管理制度仍然是以传统的“末端治理”为主导；由于行政分割管理，生产过程污染控制与末端污染控制尚未有效联系起来；行政干预环评审批的现象还比较明显等。

（八）虽然环境管理方略不断完善，环境管理体制不断健全，环境监测自动化程度不断提高，但环境管理体制依然薄弱，环境与发展综合决策机制尚未形成，环境监测管理滞后，还不能及时准确地反映环境形势，不能为环境保护的科学决策提供技术支持

30 多年来，我国环境管理方略不断完善，环境管理体制不断健全，环境监测水平不断提高。开展全国主体功能区划，将环境承载力作为区域发展的重要参考指标。逐步建立了具有我国特色的环境管理体制和环境管理基本制度，逐步确立了环境污染防治、生态保护、核与辐射安全监管和突发环境事件应急四大职能领域，并加大了环境政策、规划和重大问题的统筹协调力度。目前，我国已经建立起由环境保护行政主管部门统一监督管理，政府各有关部门依照法律规定实施相关管理的环境管理体制。在经济快速发展，市场经济体制尚未完善的社会经济条件下，这些环境管理体制和制度发挥了积极作用，促进了地区经济与环境

的协调发展。

但是，随着我国环境污染的日趋复杂，污染源表现为点源与面源的复合，污染类型表现为工业与生活并存，污染影响的地理范围日益扩大，环境问题与社会经济生活诸多方面问题紧密联系，环境与发展的矛盾日益突出，我国现行的环境保护管理体制和管理方法已经不能适应新形势的发展。

环境保护具有综合性、复杂性，需要从国家层面，多部门协同参与，各司其职，分工执行，需要动员公众力量全面展开治理活动。需要建立强有力的部门和地方协调机制。但是，长期以来始终没有解决环境保护的综合协调体制和机制问题，最高决策层强调多年的环境与发展综合决策远没有得到落实。作为国家环境保护最主要职能承担机构的环境保护部，人员、资金和技术装备都严重不足，环境保护部门并没有真正参与到国家综合决策中，如参与拟订和制定有重大环境影响的法律、法规、政策和规划；通过监督机制，包括对发展战略、社会经济政策、发展规划和建设项目实施环境影响评价；监督部门、地方的环境保护工作等。

部门分割，各自为政，缺乏协调甚至冲突现象较为严重。如生态建设涉及领域多、涵盖面广，在工程实施过程中，各部门受自身权力职能的限制，难以跨区域、跨工程从整体上把握生态环境建设，各部门间又缺乏沟通配合机制，生态建设区工程间缺乏有机结合，导致生态工程实施过程中工作量重复计算、资金分配不合理、工程绩效难考核。一些资源开发管理部门还存在政府职能和企业行为界限不清的问题。

此外，由于我国环境监测和环境信息管理工作起步较晚，还难以为环境管理提供强有力的支撑。环境监测的基础能力建设还比较薄弱，环境监测数据难以正确判断当前的环境形势。监测网络还不完善，监测范围较小，只监测城市，不监测广大的农村；只监测大江大河的干流，很少监测与人们生活更为密切的支流和小河；监测的指标少，如城市大气目前仅对二氧化硫、二氧化氮和可吸入颗粒物三项指标进行例行监测，而对人体健康有害的臭氧、细粒子等指标还没有纳入常规监测，并且监测指标和监测点位的变化导致数据的可比性较差。环境信息基础支撑及信息服务能力不足，环境信息及时响应能力薄弱，环境保护参与综合决策的信息支撑能力不足，从而使得环境信息对宏观管理和决策的支撑和保障不足。

（九）环境监管的常规措施主要是针对技术相对先进、环境管理相对完善、符合国家产业政策的大中型企业及城镇地区，对那些技术落后、污染严重的小企业及农村地区监管不力，环境监管与国家科学发展的要求相脱离

近年来，环境政策的作用环境、政策对象和政策作用范围都相应地发生了重大变化，这种变化本身也对环境政策创新提出了必然要求。一是政策作用环境的变迁。目前实施的大部分环境政策出台于计划经济和政企职能不分的年代，随着我国政治、经济体制的改革，建立在计划经济下的环境管理政策手段，不能适应新形势的需要，其作用效果不尽如人意。二是政策作用范围的改变。环境问题的范围由工业污染扩大到生态建设和资源保护问题。面源（生活污染源和农业污染源）同点源（主要是工业污染源）一样不容忽视。消费引起的资源耗竭和污染也日益突出。这些问题的解决也对有效、灵活的政策手段提出了需求。三是政策作用对象的变化。经过现代企业制度的改革，国有企业成为自主经营、自负盈亏的经济主体，这意味着政府应从市场规律出发更多运用环境经济手段引导激励企业承担环保社会责任。另外，地域分散、组织形式不规范、技术水平落后、污染强度大的乡镇企业的蓬勃发展，使得环境管理难度增大。这些乡镇企业完全是市场经济的产物，对价格信号十分敏感，运用环境经济手段规范其环境行为比行政命令手段有效得多。

2006 年，中小企业占我国企业总数的 99.1%，工业总产值的 64.5%以上。中小型企业是影响能源绩效的重要因素。从国家发改委 2007 年千家企业能源利用状况公报中可以看出，工业能耗占全国 50%的千家大型企业主要产品单位能耗指标中，钢铁、原煤单位产品能耗指标好于国际先进水平；水泥、平板玻璃、原油加工等单位产品能耗指标接近国际先进水平。但是相对应的全行业国内平均水平都明显低于国际先进水平。

目前，我国的环境监管对象主要是技术相对先进、环境管理相对完善的大中型企业，直接针对破坏环境的行为而采取的法律和行政措施，如收取排污费、达标排放、执行项目环评和“三同时”制度等。但是对那些分散的、流动性强、技术落后、污染严重的中小企业，直接采取持续的、全面的环境监管，难度大，行政管理成本高。因此，我国对小型企业的环境管理长期处于失控状态，不仅造成污染的蔓延，而且也使国家有关的产业结构调整和技术升级等宏观调控政策对中小企业作用甚微。国际经验和学者研究认为，对于这类点多面广的环境破坏行为，

适宜采取环境经济手段，例如履约保证金、生产或消费中的税收等，对环境可能有污染的产品、原燃料和生产过程采取相应的措施，将企业污染治理成本内部化。但目前这类环境政策在我国环境管理政策体系中还很不完善，还未充分发挥其应有的作用。

（十）虽然认识到公众参与的重要性，通过开展环境宣传教育，企业治污的自觉性有所提高，公众环境意识日益增长，公众参与环境保护的积极性不断提升，环境信息公开不断推进，但是不少企业的环保社会责任和防范环境风险的意识不强，公众环境权益还得不到有效维护，公众参与环境保护的机制尚不健全，环境信息公开的措施未能完全落实，公众对政府和企业的环境监督途径还不畅通

环境问题关乎公众的切身利益。国际经验表明，面对目前日益严峻的环境挑战，需要公众切实介入到环保公共事务的管理中，共同探寻解决之道。社会经济活动的三类主体：政府、企业、公众有效发挥其作用，并协调和制衡其相互关系是保证环境权益有效配置、环境管理制度创新的重要途径。因此，许多国家都将环境保护的公众参与确定为公民的一项基本民主权利或民主社会的基础，并赋予公民参与的广泛权利，既有政治性、社会性和经济性权利，也有诉讼权利；既有实体性权利，也有程序性权利；既有参与决策的权利，也有参与规划和其他影响自己环境权益活动的权利。

我国政府很早就认识到公众参与环境保护的重要性，在第一次全国环境保护会议确定的“三十二字方针”中就有“依靠群众、大家动手”的公众参与思想。之后，在一些环境法律法规中也明确了公众参与的权利和程序，为公众参与环境保护提供了制度保障。环境信息公开是公众参与的重要基础。多年来，国家鼓励公众参与环境保护，各级环保部门加大了环境信息公开的范围，公众参与的信息平台开始建立。公众的环境意识不断提高，参与环境保护的积极性不断增强，公众以多种形式参与推动环保的氛围逐渐形成。

但是，公众在环境和资源管理中的缺位，仍然是当今我国环境管理体系中的重大缺陷。我国社会已经出现利益多元化，仅依靠环境保护部门一家机构来充当环境利益的代言人是远远不够的。正因为缺乏受影响公众的广泛参与，不少地方政府在决定发展政策、制订发展计划的时候，公众的环境利益没有得到充分体现。

目前，我国公众参与环境保护存在的主要问题表现为以下四个方面。

一是公众参与环境保护的权利还未得到有效保障。由于公众参与制度的设计未能摆脱行政管制的框架，环境保护工作的运作方式上，客观上存在着单方面强调政府行为、强调自上而下的决策和执行方式，公众参与环境保护的法律保障不足，现有的环境法律中的公众参与规定覆盖领域不全，部门立法导致权力真空、权力寻租、政府干预公众参与过程，甚至施加压力等现象的存在，导致公众在环境保护方面的主力军作用还远未得到发挥，公众普遍缺乏主动参与的热情，也怠于行使自己参与和监督的权利。相关法律法规虽然有不少地方明确了公众参与环境监督的权利，但总体而言，在公众如何参与、以什么程序参与等还缺少明确细致的法律规定，尤其是缺乏环境公益诉讼和污染健康损害赔偿方面的规定，污染受害者的环境权益无法得到有效维护。

二是对于知情权的保障不够，使环境公众参与权难以实现。环境行政公开原则性过强，可操作内容少；公开的环境信息内容过于狭窄。一些政府和企业为了维护短期的、局部的利益，忽视群众的环境权益，许多环境信息没有及时向公众公开，或者公布的环境信息不充分，更没有企业环境信息披露制，使得公众难以对政府和企业进行有效监督。

三是由于缺乏企业环境信息披露制度，企业与公民对话机制缺失，导致公众监督企业的作用无法发挥。同时，还由于缺乏实现企业社会责任制度安排，企业也还未意识到环境保护对于企业生存以及提高自身竞争力的重要关系，导致企业的社会责任尚未确立。

四是我国的民间环境保护组织数量、规模、资金、影响仍然非常有限。环保非政府组织注册难、活动经费缺乏，公众有组织的环境保护活动难以开展。13 亿的人口大国，只有 2 000 个左右的环境保护社团组织。与很多发达国家的民间环境保护组织的差距极大。我国的民间环境保护组织对政府的环境管理和决策影响不大，对企业等对环境有较大影响的主体起不到太多的制约作用，公众对其的认同度也不高。

第五章　积极探索中国环境保护新路

我国环境保护的历程，是不断总结国内外经验教训，运用辩证唯物主义和历史唯物主义原理对当代重大环境问题进行深入分析，并立足国情、不断探索、建立和完善中国环境保护道路的过程。回顾总结我国环境保护的发展历程，目的是为了制定能够指导现在和未来的环境宏观战略。中国环境保护新路是集成、概括、提升我国环境保护事业实践的新的认识成果。它是立足于总结我国 30 多年来环境保护事业正反两方面的经验，面向未来，以超越发达国家“先污染、后治理”老路的宽广视野，贯彻落实科学发展观，以建设生态文明为指导，加快环保历史性转变，科学把握我国所处的历史方位提出来的。

新中国成立以来，党的三代领导集体坚持把马克思主义基本原理与中国具体实践相结合，形成了中国的环境保护思想体系，为解决环境问题提供了理论依据。毛泽东同志提出了许多认识自然、改造自然的辩证观点，充满了哲学思想的理论探索，如“如果对自然界没有认识，或者认识不清楚，就会碰钉子，自然界就会处罚我们，会抵抗”，“人的认识，主要依赖于物质的生产活动，逐渐地了解自然的现象、自然的性质、自然的规律性、人和自然的关系”。周恩来总理高瞻远瞩，在十年浩劫的动荡时期就将环境保护提上议程，亲自主持 1973 年第一次全国环境保护会议。会议首次提出了“全面规划、合理布局、综合利用、化害为利、依靠群众、大家动手、保护环境、造福人民”的环境保护战略方针。邓小平同志在拨乱反正、百废待兴的关键时刻，多次强调要搞好环境保护，提出要制定“环境保护法”，要将环境保护纳入现代化发展总体战略，把环境保护作为国家的基本国策确定下来，努力实现经济建设、城乡建设和环境建设协调发展。江泽民同志把环境问题提高到可持续发展战略的首要位置，提出在现代化建设中必须正确处理经济建设与人口资源环境的关系，保护环境就是保护生产力，把环境保护作为强国富民安天下的大事来抓，不仅 20 世纪要抓紧抓好，21 世纪也要抓紧抓好，整个社会主义初级阶段都要抓紧抓好，努力开创生产发展、生活富裕和生态良好的文明发展道路。进入21世纪，以胡锦涛同志为总书记的党中央，提出了以人为本、全面协调可持续的科学发展观和构建社会主义和谐社会的战略思想，将环境保护列为全面建设小康社会的重要内容，加快转变经济发展方式，坚持走新型工业化道路，积极建设资源节约型、环境友好型社会，为认识和解决重大环境问题提供了新的视角和思路。

从20世纪70年代开始，我国就立足于工业化起步和局部地区环境污染有所显现的现实，开始探索避免走“先污染、后治理”的环保道路，特别是进入改革开放新时期以来，付出了艰辛的努力，在新路的探索中，环保事业不断发展，涌现出一批环境与经济协调发展的典型，避免了环境悲剧的重演，超越了发达国家的部分环保老路，但也付出了一定的代价，总体上没有摆脱边治理边污染的状况，一些地方甚至重蹈先污染后治理的覆辙。改革开放30年是我国环保事业大发展的30年，也是不懈探索中国环保新路的30年。

总结我国过去30多年环境保护的经验与教训，借鉴国际经验，面对我国未来发展的新形势，我们必须继续深入探索符合科学发展观要求的中国环境保护新路，这是中国环境宏观战略的核心命题。

中国环境保护新路具有长期性、阶段性、针对性和艰巨性的特点。长期性就是要按照实践永无止境的要求，坚持继承与创新，一代接一代人坚持不懈地探索下去；阶段性就是要根据工业化和城镇化进程中的不同特征，找到特定阶段的突出问题，及时调整探索重点；针对性就是要敢于面对错综复杂的局面，善于抓住主要矛盾，采取有的放矢的措施；艰巨性就是要充分认识我国解决压缩型、结构型、复合型环境问题的难度，不为任何困难所惑，不为任何风险所惧，始终保持清醒头脑，努力在实践中探索，在探索中前进。

一、中国环境保护新路的指导思想

中国特色社会主义道路是实现社会主义现代化和中华民族伟大复兴的必由之路。中国环境保护新路是中国特色社会主义道路的重要组成部分。坚持以科学发展观为指导，坚持推进生态文明建设，坚持环保历史性转变，坚持资源节约、环境友好，坚持以保护环境优化经济发展，努力实现人与自然和谐、经济发展与环境保护相协调，这就是新时期我国环保事业必须坚持的道路。

（一）坚持以科学发展观为根本指南

科学发展观是政治信仰、科学真理和行动指南，是中国环保新路的根本指南。科学发展观是指导发展的世界观和方法论，是推进社会主义经济建设、政治建设、文化建设、社会建设和生态文明建设全面发展必须长期坚持的战略方针。发展是我们党执政兴国的第一要务，科学发展观的第一要义是发展，解决中国所有的问题必须依靠发展。只有发展了，才能增强环境保护的物质基础。让经济发展停下来搞环境保护是行不通的。发展必须是科学发展、可持续发展，绝不能以浪费资源、破坏环境为代价盲目发展，否则，资源将难以为继，环境将不堪重负，人与自然的严重失调必将危及社会稳定和谐，甚至影响文明的进程。目前，我国粗放型经济增长方式尚未根本改变，难以维持经济的长期稳定发展。因此，环境保护可以作为一种合理的约束条件，起到优化和促进经济增长的作用，这是环境保护一个新的重要使命。

科学发展观赋予了环境保护非常重要的地位和作用。环境资源是国民经济可持续发展的基础条件，在良好的环境中生产和生活是人民群众的最基本要求，改善环境是实现全面小康目标的最重要任务。中华民族的伟大复兴是我们的百年梦想和不懈追求，改善环境是民族复兴的重要前提。环境安全是国家安全的重要组成部分，解决环境问题是保障国家安全、维护社会稳定、树立负责任大国形象的必然要求。

科学发展观对新时期环保提出了更高的要求。以科学发展观统领环境保护，就是要把科学发展观的总体思想与环境保护的具体实践有机结合起来，把国家经济社会协调发展对环境保护的要求与环境保护自身统筹协调发展紧密结合起来，把环保事业的发展真正融入国民经济和社会发展的大局之中，在推进全面协调可持续发展进程中壮大环保事业。这就要求我们的发展，不仅要实现群众物质财富的增加，还要实现人居环境质量的改善，不仅要有金山银山，还要有绿水青山。

——以人为本，就是强调发展中人民群众的主体作用，坚持发展依靠人民，发展为了人民，发展的成果为人民所共享，促进人的全面发展。环境保护要始终代表最广大人民的根本利益，始终把实现好、维护好、发展好最广大人民的环境利益作为工作的出发点和落脚点；既要着眼于人民现实的物质文化生活需要，同时又要正确处理和调节人与自然的关系，妥善解决环境问题造成的社会冲突，实现人与自然的平等和共生共存，促进社会公平、公正，建立起一种追求人与自然和谐、人对环境友好的价值观和道德观。

——全面发展，就是以经济建设为重点，经济、政治、文化、社会和环境资源全面发展，“两手抓”，“两手都要硬”，不但要有高度的物质文明，而且要有高度的精神文明、政治文明和生态文明，体现社会主义经济、社会、政治、文化和生态的全面发展，体现社会主义物质文明、精神文明、政治文明和生态文明的有机统一，由经济建设、政治建设、文化建设、社会建设“四位一体”发展为经济建设、政治建设、文化建设、社会建设和生态文明建设“五位一体”。

——和谐发展，就是在现代化建设中，把节约资源、保护环境放到重要位置，使经济建设与资源、环境相协调，实现良性循环。通过走新型工业化道路，发展循环经济，以资源的高效利用，减少对自然的索取，进而保护自然，实现人与自然的和谐相处。通过加快建设资源节约型、环境友好型社会，促进经济发展与人口、资源、环境相协调。贯彻节约资源和保护环境的基本国策，把人与自然和谐发展作为重要理念，促进经济发展与人口资源环境相协调，走生产发展、生活富裕、生态良好的文明发展道路，使人民在良好生态环境中生产生活，实现经济社会永续发展。

——协调发展，就是协调区域发展、城乡发展、国内发展与对外开放，这是中国特色社会主义道路的显著特征。通过加强东中西部的环境交流与合作，实现优势互补，逐步缩小地区之间的发展差距，实现全国经济社会环境协调发展。在社会主义新农村建设中，致力于改变传统的城乡二元环境结构，实现城乡统筹协调发展。统筹国内发展和对外开放，既有利于利用好外部的有利条件，又有利于发挥好我们自身的优势，利用国际国内两个市场、两种资源，把扩大内需与扩大外需、利用内资与利用外资结合起来，在协调国内发展与对外开放的过程中发展中国特色社会主义。同时，我国积极参与处理国际和地区热点问题，既承担着履行国际公约的义务，也发挥着负责任大国的作用，坚持走和平、发展和合作的道路。中国环境保护新路，是实现全面建设小康社会和社会主义现代化的必由之路。

（二）坚持以建设生态文明为奋斗方向

胡锦涛同志在党的十七大报告中指出，2020 年实现全面建设小康社会奋斗目标的新要求之一是建设生态文明，基本形成节约能源资源和保护生态环境的产业结构、增长方式、消费模式；循环经济形成较大规模，可再生能源比重显著上升；主要污染物排放得到有效控制，生态环境质量明显改善；生态文明观念在全社会牢固树立。生态文明建设历史性地第一次写入了党代会的报告，成为党指导并处理人与自然关系的意识形态，这是我们党对社会主义现代化建设规律认识的新发展。

生态文明作为人类文明的一种形态，以把握自然规律、尊重和维护自然为前提，以资源环境承载能力为基础，以建立可持续的产业结构、生产方式、消费模式为内涵，引导人们走上持续和谐的发展道路。生态文明强调人的自觉与自律，强调人与自然环境的相互依存、相互促进、共处共融。建设生态文明的实质就是建设以资源环境承载能力为基础、以自然规律为准则、以可持续发展为目标的资源节约型、环境友好型社会。

生态文明既是奋斗的目标，也是现实的要求。主要表现为：经济与人口、资源、环境协调发展；生产发展、生活富裕、生态良好；人与人、人与自然和谐相处。

（三）坚持以推动环保历史性转变为基本方略

科学发展观在理论和实践上阐明了环境保护与经济发展的辩证关系，是指导新时期环保发展道路的重大战略思想和指导方针。深入贯彻落实科学发展观这一崭新科学理论、重大战略思想和重要指导方针，关键是要有一个与实际工作紧密联系的结合点和着力点。温家宝总理在第六次全国环保大会上提出的“三个转变”就是这个正确结合点和着力点的体现。

在第六次全国环境保护大会上，温家宝总理明确指出，做好新形势下的环保工作，关键是要加快实现三个转变：一是从重经济增长轻环境保护转变为保护环境与经济增长并重；二是从环境保护滞后于经济发展转变为环境保护和经济发展同步；三是从主要用行政办法保护环境转变为综合运用法律、经济、技术和必要的行政办法解决环境问题。历史性转变是环保领域全面贯彻落实科学发展观的具体体现，是全面调整环境与经济关系、改革创新管理模式的重要指南。“三个转变”是对我国经济发展与环境保护关系新的认识，是方向性、战略性、历史性的转变，是我国环境保护发展史上一个新的里程碑。

坚持历史性转变，就是要把环境保护摆上更加突出的战略位置，与经济社会发展统筹考虑、统一安排、同时部署。坚持环保规划先行，与产业规划、土地规划、城市规划相协调统一，以环保规划优化经济社会发展。坚持更新观念、创新方法，积极推进科学化、民主化决策，着力转变不适应不符合历史性转变的思想观念，着力解决困扰环保事业长远发展的突出问题。坚持改革创新，加快重点领域和关键环节改革步伐，着力构建充满生机、富有效率、更加开放、有利于历史性转变的体制机制，增强环保工作的动力和活力。

二、中国环境保护新路的主要特征

中国环境保护新路是中国特色社会主义道路的重要组成部分。环境问题必须从中国特色社会主义的根本宗旨、奋斗目标的高度来认识。中国环境保护新路始终把实现好、维护好最广大人民群众的根本环境权益作为一切环保工作的出发点和落脚点，尊重人民群众主体地位，发挥人民群众首创精神，动员社会广泛参与我国环境保护事业，体现了中国特色社会主义的基本宗旨。

（一）从探索历程看，新路具有继承性和创新性

探索新路是一个不断“扬弃”的过程，继承是基础，创新是动力。每个阶段的探索都是实践的检验和积累，每一次创新都是实践的总结和升华。从 1973 年第一次全国环保会议提出“全面规划、合理布局、综合利用、化害为利、依靠群众、大家动手、保护环境、造福人民”的三十二字方针，到 1983 年第二次全国环保会议把环境保护明确为一项基本国策，1989 年第三次全国环保会议提出“八项环境管理制度”，再到 2006 年第六次全国环保大会提出“历史性转变”，都是在探索中继承和创新的结果。

（二）从探索重点看，新路具有多重性和阶段性

一切事物都是动态发展的过程，环境问题也是如此。在经济社会发展的不同阶段，环境问题有其不同表现。我国正处在推进工业化和城镇化阶段，环保新路既要为新型工业化服务，又要用生态文明来跨越和修正传统工业文明的弊端。我们在探索新路过程中必须坚持远近结合，把探索新路的实践放在“三步走”、“两个 100 年”、“重要战略机遇期”和“全面建设小康社会”进程中来看，放眼长远，同时又要根据工业化和城镇化的进程，抓住特定阶段的主要矛盾和最突出问题，及时调整探索重点。

（三）从探索内涵看，新路具有包容性和开放性

环境问题是“世界问题复杂体”，涉及自然、政治、经济、文化、社会和技术等多种因素，随着实践的不断深入，其内涵还会进一步扩大，外延也会进一步扩展，包容性会越来越强。环境保护是一项关系人民群众根本利益、经济社会长远发展和中华民族复兴的伟大事业，这就决定新路的探索必然是一个海纳百川、高度开放的系统工程，需要全社会共同关心、共同参与、共同建设、共同促进。

（四）从探索任务看，新路具有长期性和艰巨性

实践永无止境，探索永无止境。环境问题随着经济社会的发展不断变化，需要我们一代接一代人的坚持不懈的探索。发达国家上百年出现的污染问题，在我国快速发展的过程中集中出现，呈现出压缩型、结构型、复合型的特点，使环境问题变得更加复杂，探索环保新路的任务更加艰巨，这就要求我们不为任何困难所惑，不为任何风险所惧，始终保持清醒头脑，努力在实践中探索，在探索中实践。

（五）从探索途径看，新路具有实践性和针对性

环保新路的探索源于环保实践，根本目的在于指导环保实践，具有很强的针对性和实践性。我们必须坚持理论和实践的统一，目标和手段的统一，面对错综复杂的局面，善于抓住和解决主要矛盾，有的放矢地去探索。

三、探索中国环境保护新路的主要原则

探索中国环境保护新路，需要重点关注统筹国际国内两个大局、处理好资源节约和环境保护的关系、把保护环境与调整经济结构有机结合起来、解决关系民生的突出环境问题和新的生态环境问题等方面，进一步提高我国的可持续发展能力。

（一）探索中国环保新路，必须准确判断环境保护所处的历史方位，继续推进历史性转变

历史性转变是科学发展观在环境保护领域的集中体现，是全面调整环境与经

济关系的重要指南。历史性转变的提出，标志和预示着我国进入了以保护环境优化经济增长的新阶段。必须正视的是，历史性转变不会自然而然、一蹴而就地轻易实现，要真正达到“并重”、“同步”和“综合”的要求，仍有大量的艰巨工作要做。环境保护滞后于经济发展，环保工作正处于艰难的负重爬坡状态，是不争的严峻现实。如同两人跑步，一人在前，一人在后，后面的人要赶上前面的人，不能指望前面的人放慢脚步或停止不前，只能靠后面的人加快步伐奋起直追。我们必须通过自身的艰苦努力和有效工作，把环境保护摆上更加突出的战略位置，与经济社会发展统筹考虑、统一安排、同时部署，尽力缩短历史性转变的进程，探索中国环保新路才会有更加广阔的前景。

（二）探索中国环保新路，必须明确把握目标指向，大力推进生态文明建设

探索中国环境保护新路，本质上就是推动生态文明建设。生态文明既是理想的境界，也是现实的目标。积极建设生态文明，努力促进人与自然和谐，是经济社会发展全局赋予环境保护工作最重要最根本的时代重任，是推进环境保护历史性转变的目标指向，是新时期环境保护事业的灵魂所在。高擎生态文明建设的大旗，在全社会大力倡导生态文明的理念，形成环境友好的产业结构、发展方式和消费模式，环境保护部门应该身先士卒，敢为人先，责无旁贷，积极做生态文明建设的倡导者、引领者和践行者。我们做得越早越主动，做得越扎实越深入，对环境保护和经济发展的贡献就越大。必须坚持用建设生态文明的战略眼光、战略思维和战略手段，来审视、谋划、解决我国突出的环境问题，摸索出一条代价小、可持续的环境优化经济发展的新路子。

（三）探索中国环保新路，必须坚持以人为本，加快解决关系民生的环境问题

以人为本是科学发展观的核心，也是中国环保新路必须坚持的战略思想。环境保护是关系民生的重大问题，随着经济社会的发展和生活水平的提高，人民对环境问题越来越关注，对环境质量的需求越来越高，满怀许多新期盼。坚持环保为民，解决关系民生的突出环境问题，让人民喝上干净的水，呼吸清洁的空气，吃上放心的食物，是探索环保新路的立足点和着力点。通过积极主动的工作和有效的环境措施，推动环保问题的解决，就是保障、维护和发展人民群众的环境权益，就是为探索中国环保新路发挥一份力量，做出应有贡献。绝不能把探索环保新路与我们当前正在做的工作割裂开来、对立起来，必须把它们统一起来、有机结合起来。

（四）探索中国环保新路，必须给环境以人文关怀，让江河湖泊休养生息

胡锦涛总书记发出“让江河湖泊休养生息”的号召，充分体现了给江河湖泊以人文关怀的思想，是我国历史上安邦兴国成功经验的理性升华，是生态文明理念在水环境整治中的必然体现，是国内外水环境治理经验教训的有益借鉴。让江河湖泊休养生息，既是水环境整治的全新指导思想，也对解决我国其他环境问题具有重要的示范意义和促进作用。让江河湖泊休养生息，需要实行最严格的环保措施，以环境容量和生态承载力为依据，确定发展方式和发展规模；尊重自然规律，充分发挥生态系统的自我修复能力，逐步改变生态环境退化状况；综合运用工程、技术、生态的方法，加大生态环境保护和建设力度，促进生态系统良性循环；充分运用法律、经济、技术和必要的行政手段，解决长期积累的水环境问题。通过让江河湖泊休养生息，引导人们善待自然、呵护环境，既要“扬汤止沸”，又要“釜底抽薪”，对长期困扰我国经济发展的粗放型增长方式形成倒逼机制，迫使人们转变发展观念，创新发展方式，提高发展质量，从根本上缓释流域水环境污染负荷，努力恢复江河湖泊的生机和活力。

（五）探索中国环保新路，必须加强制度建设，建立健全有利于环境保护的体制机制

解决环境问题，需要理论创新和实践创新，同样也需要制度创新，制度创新是理论创新和实践创新的中间载体和重要抓手。注重制度建设，构建高效的体制机制，是加强环境保护的一条鲜活经验。需要正确处理全局与局部的关系，制定与我国基本国情相适应的环境保护宏观战略体系；正确处理预防与控制的关系，建立全防全控的防范体系；正确处理成本与效果的关系，健全高效的环境治理体系；正确处理发展与保护的关系，完善与经济发展相协调的环境政策法规标准体系；正确处理政府主导与公众参与的关系，构建完备的环境管理体系。

（六）探索中国环保新路，必须尊重创造，鼓励大胆实践取得经验

探索中国环保新路，是全社会的共同事业，需要各部门各地方共同参与、共同推进，发挥各方面的聪明才智和创造热情。从国家宏观战略层面研究和解决环境问题，建立和推广区域联防联控模式等，为探索中国环保新路带了好头。各地积极响应，主动探索，取得了一些成果。比如，江苏、浙江率先提出环保优先的理念并付诸实践；湖北、湖南“两型社会”试验区建设如火如荼；重庆、成都统筹城乡环保稳步推进；东北老工业基地、中部资源型大省在探索环保新路上也都有不少新的举措。

四、探索中国环境保护新路的基本途径

中国环保新路是一个不断探索、不断深化、不断丰富的系统工程，深入学习实践科学发展观的过程，就是探索中国环保新路的过程。探索中国环境保护新路，要高举中国特色社会主义伟大旗帜，深入贯彻科学发展观，以建设生态文明为指导，加快推进环境保护历史性转变，建立健全与我国基本国情相适应的环境保护宏观战略体系、全防全控的防范体系、高效的环境治理体系、与经济发展相协调的政策法规标准体系和完备的环境管理体系，努力实现人与自然和谐相处、经济与环境协调发展，全面建设资源节约型、环境友好型社会。

（一）制定适合国情的环境保护战略体系

在社会主义初级阶段，我们强调发展是第一要务，不可能为了保护环境而减缓发展甚至停止发展，但发展必须与节约资源、保护环境同步推进，也绝不允许宽容污染，保护环境是必须长期坚持的基本国策。环境保护必须与基本国情及其阶段性特征相适应。把环境保护上升到国家意志的战略高度，融入经济社会发展全局，坚持“以人为本、优化发展、环境安全、生态文明”的环境保护宏观战略指导思想，把环境保护的基本国策与实施可持续发展战略和科教兴国战略，与走新型工业化道路和社会主义新农村建设，与区域发展、产业振兴等重大战略规划结合起来，统筹考虑环境问题，逐步建立起有利于环境保护的宏观战略体系。

（二）建立全防全控的防范体系

环境保护的理念和要求全面渗透到经济社会发展之中，是有效防范环境污染和资源环境损耗的重要防线，是环境保护新路的关键。要坚持实施可持续发展战略和科教兴国战略，坚定不移地走新型工业化道路，努力建设资源节约型和环境友好型社会，从国家战略层面解决环境问题；要坚持从再生产的全过程制定环境

经济政策，将环境保护贯穿于生产、流通、分配、消费的各个环节；要坚持将保护环境的要求体现在工业、农业、交通运输、建筑、服务等各个领域，落实到政府机关、学校、科研院所、社区、家庭等社会组织的各个方面，建立起全面覆盖经济社会发展的环境保护体系；要不断创新生产理念，继续推进清洁生产，发展循环经济，对传统产业实行生态化技术改造，从生产源头和全过程减轻环境污染。

（三）健全高效的环境治理体系

先污染后治理是“防范不足”的治理，投入的成本必然过高，付出的代价必然过大。而边治理边污染是“防”亏“治”欠的模式，虽然在一定程度上减轻了环境污染的危害，但无法从根本上改变环境保护的被动局面，甚至容易贻误保护环境的时机。高效治理就是要在有效防范的前提下，以最少的投入取得最大的治理成果，从根本上减轻环境压力。要依靠科技进步，坚持自主创新，积极探索科技含量高、投入资金少、环境效益好的治理模式；要从我国区域发展不平衡、城乡差异大的实际出发，积极研发高效实用、丰富多样的环保治理技术；要把环保产业作为扩大内需的重要方面，以环境治理拉动环保产业发展，以绿色消费带动绿色生产，积极培育新的经济增长点。

（四）完善环境政策法规标准制度体系

发达国家的经验表明，完善的环境政策法规标准制度体系与完备的环保基础设施、调整优化产业结构一道，共同构成改善环境质量的三大支柱。“顽症需用猛药医”，20 世纪六七十年代，发达国家在积重难返的环境状况面前，采取了最为严厉的环境保护政策措施，环境保护取得了显著成效。而我国的环境保护在工业化初期起步，并一直伴随于工业化、城镇化进程之中，制定与经济发展相协调的环保政策法规标准尤为重要。要全面分析经济社会发展状况，准确把握经济社会发展走势，通过适时调整和完善环境政策法规标准，保护先进的生产能力，淘汰落后的生产能力，使环境保护真正成为引领先进生产力发展的重要航标。要准确判断经济形势和环境形势，根据不同的宏观经济政策，有针对性地采取环境保护措施，既促进经济社会又好又快发展，又不断解决困扰环保工作的难题。

（五）构建完备的环境管理体系

充分发挥环境保护部门综合协调作用，调动社会各方面的力量参与环境保护工作，确保国家环境保护的大政方针落到实处，是完备的环境管理体系的基本特征。纵观世界环境保护的发展史，强化环境管理机构能力，加大环境监管力度，是发达国家集中整治污染时期采取的有效管理方式。我国在环境压力持续加大的发展阶段，要充分发挥社会主义制度的优越性，不断完善党委领导、政府负责、环境保护部门综合管理、有关部门协调配合、全社会共同参与的环境管理体系。要建立健全环境保护的责任制和问责制，真正把地方政府对环境质量负责落到实处。要加强环境综合管理，积极探索大部门环境管理体制，团结和动员各方面的力量，形成环保工作合力。要加快建设先进的环境监测预警体系和完备的环境执法监督体系，努力提高环境管理信息化、现代化水平，建成科学、高效的决策支持系统。要加强环保组织管理体系建设，推进管理机构向基层延伸，强化地方环保部门的基础能力，形成政令畅通、高效有力的决策执行系统。要以转变职能为基础，将体制改革、机制改革、制度改革与职能转变相协调。在改革设计中，需要处理好立法、行政和司法的关系，需要处理好政府与社会之间关系。要加大整合行政资源，进一步明晰中央与地方的事权，界定环保部门与其他国家部委的权责。

五、中国环境宏观战略思想、战略方针

中国环境宏观战略研究就是要把中国环保新路的要求转化为可实施的战略思想、方针和任务。根据中国环保新路的特征和途径，凝练出如下的中国环境宏观战略思想、战略方针。

（一）战略思想

高举中国特色社会主义伟大旗帜，深入贯彻落实科学发展观，以维护人民群众健康和环境权益为根本宗旨，以保护生态和改善环境质量为目标，以优化经济发展方式、走可持续发展道路为基本途径，将环境保护的理念和要求纳入经济社会发展的全过程之中，积极探索中国环境保护新路，建立适合国情的环保战略体系、全防全控的防范体系、健全高效的环境治理体系、充实完善的政策法规标准体系和完备有力的环境管理体系，切实保障环境安全，努力建设人与自然和谐、经济与环境相协调的生态文明社会，实现环境保护的历史性转变。

概括起来就是：“以人为本，优化发展，环境安全，生态文明。”

（二）战略方针

预防为主，防治结合；系统管理，综合整治；民生为先，分级负责；政府主导，公众参与。

预防为主，防治结合是基本原则。就是要提高环境准入门槛，严格环境监管，强化从源头防治污染、保护生态，坚决改变先污染后治理、边建设边破坏的状况，努力做到不欠新账。加大环境投入力度，依靠科技进步，高度重视以前发展中遗留下的，特别是群众反映强烈的各类环境问题，区分轻重缓急，努力还清旧账。

系统管理，综合整治是基本方法。就是要采取系统科学的环境管理方法，统筹城乡环境保护，统筹污染防治与生态保护，统筹部门、社会各方力量，实施均衡的环境保护战略，因地制宜，分区规划，分类管理，以点带面，全面推进，坚持环境与发展综合决策，坚持综合运用法律、经济、技术和必要的行政办法解决环境问题。

民生为先，分级负责是基本要求。就是要贯彻以人为本的基本要求，以保护人体健康为本，以解决人民群众和社会最根本、最迫切的环境问题为重点，分级分层推进。各级政府要根据各自职责，区分轻重缓急，各负其责，优先解决影响人民群众健康的突出环境问题。环境整治要以人的根本需求来确定工作目标，让人民群众充分享受环境改善的实惠。

政府主导，公众参与是基本途径。就是要构建政府、企业、社会相互合作和共同行动的环境保护新格局，强化政府责任，明确企业是环境污染防治的主体，促使企业履行环境责任，鼓励全社会对环境保护的共同参与，加强环境信息公开和舆论监督，探索建立生态补偿制度和环境污染损害赔偿制度等，引导环境公益团体依法有序参与环境保护，构建最广泛的保护环境的统一战线，实现互惠共赢。

第六章　中国环境保护总体战略

一、战略目标

（一）总目标

环境保护工作应着眼于我国环境质量的全面改善和生态系统的完整与稳定，促进环境保护和经济社会的高度融合，努力提高国家的可持续发展能力，使人民群众喝上干净的水、呼吸清洁的空气、吃上安全的食物，保障人民群众在良好的环境中生产生活，确保人体健康，全面实现与现代化社会主义强国相适应的环境质量目标。

（二）阶段目标

2020 年（两个有效）：主要污染物排放得到有效控制，环境安全得到有效保障。

主要污染物排放得到有效控制，核与辐射安全得到有效监管，生态环境质量明显改善，基本解决城镇污染和工业污染，饮用水水源不安全因素基本消除，环境状况与全面实现小康社会相适应：80%的城市环境空气质量达到二级以上，七大水系国控断面好于Ⅲ类的比例大于 60%，危害人体健康的突出环境问题（如重金属、细颗粒物、持久性有机物等）得到初步遏制，生态恶化趋势得到基本控制，生态服务功能得到提升，生态文明观念在全社会牢固树立。

2030 年（两个全面）：污染物排放总量得到全面控制，环境质量全面改善。

污染物排放总量得到全面控制，全国水体基本消灭黑臭现象，农村污染、非点源、新型环境问题得到基本解决，饮用水水源、城市空气质量基本达到要求，生态系统结构趋于稳定，农村环境质量实现根本好转，核与辐射安全水平总体达到国际水平，人体健康得到有效保障，文明健康、资源节约、环境友好的生产生活方式在全国得到普及，环境与经济社会基本协调。

2050 年（两个适应）：环境质量与人民群众日益提高的物质生活水平相适应，与现代化社会主义强国相适应。

生态环境质量全面改善，生态系统健康安全、结构稳定，人体健康得到充分保障，环境优先战略得到普遍实施，全面达到与科学发展观要求和可持续发展水平相适应的环境质量，人口、资源、环境、发展全面协调，生态文明蔚然成风，经济环境实现良性循环。

二、中国环境保护专项战略

（一）水环境保护战略

1. 水环境保护进展与存在的问题

我国的水环境保护取得了一定进展。1973 年制定了《工业“三废”排放试行标准》（GBJ 4—73），后来又制定了《污水综合排放标准》。20 世纪 90 年代，我国水环境投资的力度大大增加，随着水污染防治工作的深入，水污染防治对象逐渐从工业企业扩展到市政排污，开始了大规模污水处理厂的建设。城市污水处理率不断提高。1997 年，我国城市污水处理厂数量仅为 307 座，日处理能力 1 292 万 t，污水处理率 25.6%；从 1998 年开始，城市污水处理厂建设速度加快，仅 2007 年全国新建成城市污水处理厂 482 座，新增污水处理能力 1 300 万 t/a，为 1949—1997 年处理能力的总和。截至 2007 年年底，全国投运的城镇污水处理设施共 1 178 座，设计日处理能力 7 206 万 t，10 年间全国城市污水处理能力增长了 5 倍。特别是“三河、三湖”流域水污染防治规划、三峡库区及其上游水污染防治规划、南水北调治污规划、渤海碧海行动计划、首都 21 世纪初水资源保护规划的制订和实施，重点流域的水污染治理工作得到明显加强。截至 2005 年年底，“十五”水污染防治计划确定的 2 130 项治污工程中，已完成 1 378 项（占 65%）、在建 466 项（占 22%）、未动工 286 项（占 13%），完成投资 864 亿元，占总投资的 53%。“十五”计划要求的 453 个水质监测考核断面中，270 个断面达标，占 60%。《国家中长期科学和技术发展规划纲要（2006—2020 年）》明确规定了“水体污染控制与治理”科技重大专项实施的主要内容，2008 年，国家“水体污染控制与治理”重大科技专项被批准启动，本专项的主要目标是构建适合我国流域水环境保护的污染防治技术体系和综合管理体系，研究成果必将为重点流域水环境保护提供防治技术、管理支撑与工程示范；通过一系列水环境保护工作，重点流域主要污染物污染程度有所减轻。地表水国控断面Ⅰ～Ⅲ类水质类别比例由 1996 年的 27%上升至 2007 年的 55%，劣Ⅴ类比例则由 36%下降至 21%。

水环境保护尽管取得了一定进展，但仍然存在以下突出问题：

（1）水污染负荷过大，超过水环境容量，南方丰水地区水质性缺水问题突出，北方水资源短缺，水量性缺水严重，生态用水严重不足

目前水污染物排放总量仍然很大，工业污染排放日趋复杂，农业面源和生活污染上升，持久性有机污染物增加，减排任务艰巨。更为严峻的是，未来我国水环境保护面临社会经济发展的巨大压力，在老的水环境问题没有得到很好解决的同时，又面临着新一轮的污染。今后水资源短缺和水质性缺水将严重制约经济社会发展，目前我国人均水资源占有量只有 2 300 m^3。根据预测，我国人口在 2033 年将达到峰值 15 亿左右，届时人均水资源量只有 1 750 m^3，将被列入严重缺水的国家。同时，水环境污染加上气候变化使得水资源量进一步减少，我国将面临资源型和水质型缺水双重压力。区域长距离调水不可避免会引发一系列生态环境问题，且面临无水可调和调水成本无法承受等一系列问题。

（2）饮用水水源地安全以及饮用水引起的人畜健康问题突出，饮用水水源地存在潜在环境风险，饮用水标准的执行亟待加强

饮用水水源地安全以及饮用水引起的人畜健康问题将更加突出，按目前的污染速度，可作为饮用水水源地的水域将急剧减少；各种新型有毒有害污染物进入水源；水源水质和供水水质不达标现象将越来越严重，水污染危及水生态和人体健康。地下水超采、垃圾填埋场渗滤液污染等将加剧地下水漏斗和地下水污染现象，并将成为今后面临的重大水环境问题，地下水污染和超采引发的一系列生态环境问题应受到足够的重视。

（3）蓝藻暴发等水生态灾变频发，尚未建立生态安全评估和风险管理体系

随着我国水环境污染和水生态破坏的日益严重，蓝藻暴发等水生态灾变诱发的生态环境灾难应引起高度重视。规划和建设中存在许多不安全因素，风险意识淡薄，生态环境安全评估和风险管理体系尚未建立，维护水生态系统健康风险迫在眉睫。

(4) 持久性有机污染物及有毒有害物质的水环境污染问题越来越严重，目前尚缺乏有效的监测手段和控制方法

目前我国水环境复合型污染特征突出，各种污染物叠加，新型和有毒有害污染物 POPs、EDs 等的影响日益显著，新型污染物不断涌现，危及人体健康和饮用水安全。目前对有毒有害污染物“家底”不清，还未对其进行严格控制，监测手段不完善，缺乏控制对策。有毒有害有机污染物将成为我国下一阶段环境保护的重点领域和急需重点解决的问题之一。目前急需开展一些基础研究，摸清“家底”，为开展有毒有害污染物的常规监测和污染控制提供技术保障。

(5) 跨界流域水环境问题日益突出，由此引起的区域和国际水环境纠纷日益增多

全球环境变化对水资源的影响以及全球经济快速发展对水环境的压力越来越大，而国际河流作为重要的水资源在各国经济社会发展中的地位愈发突出。我国有着 2.2 万 km 的陆地边界，与 15 个国家接壤，几乎与所有陆上邻国都有着国际河流的水脉相通。我国主要国际河流有 14 条，流域面积达 280 多万 km^2，约占国土面积的 30%。我国国际河流主要分布在三个区域：一是东北国际河流，以边界河为主要类型；二是新疆国际河流，以跨界河流为主，兼有出、入境河流；三是西南国际河流，以出境河流为主。如果国际河流水环境污染防治不力或开发不当，必然会引起国际水环境问题纠纷，影响我国作为国际大国的形象及国家的和平发展。

水环境保护存在问题的原因主要包括：

(1) 工业废水污染排放达标率较低，城市污水处理设施建设不够，运行和处理率低，水环境安全隐患大

我国的工业污染排放达标率仍然较低，对城镇市政污水处理设施和水环境安全造成极大威胁。同时，我国城市环境基础设施建设相当薄弱，根据 2004 年“城考”的 500 个城市的统计结果，全国城市生活污水处理率平均仅为 32.33%，有 193 个（约 40%）城市的生活污水集中处理率为零；由于城市污染物处理率低，大量未经处理的污水直接排入城市周边的溪流、河流和湖泊，污染了地面和地下水质。

(2) 面源污染较为严重，污染控制不力，缺乏有效的污染防治和综合管理手段

在未来几年里，随着城市和工业垃圾导致的点源污染对水质污染的影响将逐渐减少，由养殖业、作物种植以及农田径流和水土流失导致的面源污染将成为水质污染的主要来源；目前我国的面源污染与防治缺乏针对面源污染控制的管理制度和污染控制标准；关于面源污染控制的协调力度不够，措施不当：未从农业清洁生产、精准施肥、暴雨径流控制等采取有力措施等。农业污染和农村环境保护尚缺少系统的法律和政策体系框架，我国现行的与农业污染防治相关的法律规范在法律责任方面不完善，主要有三种情形：一是根本就没有法律责任的规定，如《中华人民共和国固体废物污染环境防治法》第十九条、第二十条，《中华人民共和国水污染防治法》第三十九条，《中华人民共和国清洁生产促进法》第二十二条等都涉及了防止农业污染，但都没有规定相关的法律责任；二是法律责任含糊、不具体，致使法律的规定无法落实，如《中华人民共和国农产品质量安全法》规定使用农业投入品违反法律、行政法规和国务院农业行政主管部门的规定，依照有关法律、行政法规的规定处罚。但由哪个主管部门进行处罚规定不明确；三是法律责任太轻，起不到惩戒作用，法律责任的缺失、不明确或过软都会降低法律的权威和效力，影响法律的实效。

（3）**水污染事故已进入高发期，水环境安全监控预警系统和应急对策不完善**

水污染事故已进入高发期，水污染事故突发性造成的环境危害大，而目前我国风险意识淡薄、应急技术和机制不完善，历史欠账大；应强化监控预警和应急对策，为应对今后水污染事故高发风险对水生态安全和人体健康的影响提供科技和能力保障。

2. 水环境保护战略目标

以持续改善我国水环境质量、保障水生态系统健康及水资源安全为目标，大幅降低水环境中化学需氧量、氨氮、营养盐和有毒有害污染物的排放量，到2020年实现重点流域水环境质量改善和重点城市饮用水安全，地表水达到Ⅴ类水质标准以上的比例大于85%；实现重点城市集中式饮用水水源地水质基本稳定达标，保障人民喝上干净的水，提高经济社会可持续发展水资源供给能力。2030年，实现全国流域水环境质量全面改善、确保饮用水安全，解决水质性缺水问题；七大水系干流国控断面水质基本消除劣Ⅴ类。地下水环境质量趋于改善；实现地级以上城市饮用水水源地水质稳定达标。2050年，实现全国流域水环境质量按功能区全面达标，饮用水安全得到保障，水生态系统健康。

3. 水环境保护战略任务

为使我国水环境质量实现总体和阶段性目标，保障水生态系统健康和水资源供给和饮用水安全，实现保护环境优化经济增长，我国水环境保护未来将实施以下6大战略任务。

(1) 加强饮用水水源地保护，优先保障饮用水安全

以保护饮用水水源地为重点，为保障人民喝上干净的水，开展全国饮用水水源地大调查，并进行饮用水水源地风险评估；科学划定水源保护区，制订城市和农村水源地保护规划；开展以保护饮用水水源为主要内容的综合整治；开展保障群众健康的环保专项行动，依法取缔饮用水水源保护区内的排污口；对超标企业限期治理，开展集中式饮用水水源地环境保护规划和综合整治工作，加强监督管理，禁止有毒有害物质通过各种方式进入集中式饮用水水源保护区；强化水土保持、径流调节、面源污染综合防治，构建饮用水水源地健康生态系统，保障饮用水水源地水质安全。

重点解决饮用水水源中高藻、高氨氮、高有机污染物和石油类、重金属、痕量内分泌干扰物等特征污染物的水质净化问题，升级改造给水处理设施，提升不同水源水质特征的水厂净化处理和制水工艺，确保供水管网的安全输水和优化布局。针对农村饮用水安全问题，重点保护分散式地下水水源、高氟水、苦咸水等饮水安全问题。完善水厂及输配水系统综合监控系统、建立饮用水水源地监控、水质监测网络、预警预报、事故应急体系，确保人民群众饮用水安全。

选择黄河下游、珠江三角洲重点地区和若干不同区域、不同类型的城市和村镇，构建饮用水水质保障技术和综合管理体系。建立并完善饮用水（源）管理标准和管理技术体系；提升饮用水（源）安全保障的监测技术、安全预警、风险评估与风险管理技术，建立饮用水安全保障监控、应急技术体系及信息网络平台；以水源地面源污染和有毒有机污染物控制为重点，重点突破饮用水水源地污染控制、生态环境修复的关键技术；建立饮用水净化处理和输配技术体系。

(2) 落实大江大河流域水污染防治规划，改善流域水环境质量和水生态系统健康

以保护流域水生态系统健康和改善水环境质量为重点，针对当前我国大江大河流域水污染形势严峻，结合国家流域水污染防治规划和污染物减排“三大体系”建设的技术需求，统筹水量、水质和水生态，以源头控制、过程削减和水生态修复为主线，系统地开展流域水生态环境功能区划，计算流域水环境承载力，按照水生态系统健康的要求提出制定流域水环境质量目标和流域经济社会优化发展模式；建立流域水环境质量监控系统和水环境质量管理技术平台，建立污染源排放限值和最佳技术评估技术体系、污水分散处理技术评估平台，实施流域水环境质量目标管理；制定流域污染负荷削减总体技术方案。

选择重点流域，建立流域水环境监控与预警技术体系以及水污染防治管理综合平台，对重点流域划分上游、工业、城市、农业和下游河口湿地不同类型控制单元，开展水污染防治与综合管理，削减流域污染负荷15%以上，流域水环境质量明显改善。

以太湖流域、辽河流域与海河流域、珠江三角洲地区等流域为重点，结合国家在重点区域的发展策略和水环境目标，系统开展污染源控制与治理、水体水质净化与生态修复、饮用水安全保障以及水环境监控预警与综合管理，形成支撑重点地区经济社会可持续发展的水体污染控制与治理技术体系，为专项技术在“十二五”我国流域水污染控制与治理系统提供科技支持。

推进流域水污染防治与生态修复，逐步恢复河流生态系统健康，选择松花江、淮河支流（沙颍河）、东江、太湖流域农业面源污染的河流、重金属污染的河流、西北地区有代表性的污染河流和特殊类型河流 6 类典型河流，建立河流水质多目标污染物总量控制削减技术体系，突破河流水污染负荷削减的关键技术、河流沉积物重金属安全处置技术、河流水环境生态保护关键技术体系与受损生态恢复技术、河口湿地水质净化与生态修复技术、水质水量联合调控技术。系统解决不同类型河流水污染控制中的各类共性问题，使重点河流 COD 负荷削减 20%以上，以河流水质改善促进区域的可持续和谐发展，解决我国河流水污染问题。

(3) 系统削减入湖污染负荷，逐步开展湖泊生态修复，加强流域生态建设，控制湖库富营养化和蓝藻水华暴发

结合水体污染控制与治理重大专项实施的重点，选择大型湖泊富营养化太湖、巢湖和滇池，以及富营养化初期、城市、南水北调东线工程影响、草型的湖泊 7 类典型湖泊，以污染源控制和综合治理为重点，开展湖泊富营养化控制与治理技术研究与工程示范。在理论、方法与技术方面，形成具有自主知识产权的我国大型湖泊、草型湖泊与富营养化初期湖泊水体富营养化与污染防治技术和管理体系；科学建立湖泊富营养化控制标准，建设湖泊富营养化控制与治理工程，强化湖泊流域水污染控制重点工程与产业化技术推广平台建设，改善我国大型湖泊、草型湖泊与富营养化初期污染湖泊水环境质量，控制富营养化，逐步恢复其良性生态系统，有效控制蓝藻水华暴发，保障湖泊水生态安全和饮用水安全。

具体任务包括：开展我国湖泊富营养化大调查，摸清家底，完成湖泊营养盐三级生态区划，构建不同分区湖泊营养盐基准、富营养化控制标准体系和不同分区湖泊营养物削减国家策略，完善湖泊水环境和水生态监控预警系统，实现重点湖库的实时监控预警，防止蓝藻大面积暴发等水生态灾难的发生。严格控制太湖、滇池、巢湖等重污染湖泊的富营养化和沼泽化，重点整治入湖河道、控制流域面源污染、大力推广脱氮除磷设施、加强重污染区环保疏浚，有效削减受污染湖泊流域入湖污染负荷和内源污染负荷，清除湖泊蓝藻水华，严防乌梁素海、白洋淀等草型湖泊沼泽化。保护未污染湖泊流域生态系统健康和水环境质量；按照清水产流机制的要求，恢复重要湖泊流域的植被，防止水土流失，完成湖滨带生态修复与缓冲区建设，恢复富营养化初期污染湖泊洱海、三峡库区等湖库水体的自净能力，完善湖泊生态系统和生境结构，保育抚仙湖、兴凯湖等淡水湖泊重要战略水资源，确保湖泊饮用水水源地安全、生态系统健康。

(4) 严格控制超采地下水，防止地下水污染

开展地下水污染状况大调查，摸清我国地下水超采、污染状况、发展趋势；采用物理—化学—生物—生态系统控制和修复受污染地下水，开展地下水污染全过程控制和风险评估，建设地下水污染最佳阻断工程，建立地下水安全保障体系。针对填埋场、石油污染场地等对地下水的严重污染状况，开展典型场地地下水污染控制和修复；严格控制有毒有害污染物对地下水的污染和环境影响。形成地下水污染修复过程系统最优化管理综合决策系统，实现地下水安全有序管理。严格控制地下水开采，避免地下水开采引起的地面沉降，防止地下水开采对生态环境的破坏，保障生态需水和地下水环境的稳定；建设地表水、地下水污染协同控制工程和系统管理体系，实现水环境质量的总体改善。

(5) 加强海洋环境保护，改善海域水质，保障海洋生态系统健康

加强海洋环境管理，保障海洋生态系统健康。海陆兼顾，严格控制向海域排污，实施重点海域排污总量控制制度，改善海岸带与近岸海域生态系统服务功能；推行流域、区域、海域一体化的海洋环境保护，进行陆海综合规划，建立海陆协调约束机制，使海洋环境保护向流域纵深方向发展。进行海岸带综合管理和环境综合整治。综合考虑海岸带开发利用、海洋环境保护、海洋生态建设之间的关系，科学管理，适度进行海岸带开发利用，以实现合理利用海洋资源、保护海洋环境的目的。尽快建立涉海机构和部门之间的合作机制，形成中央与地方结合，多部门参与合作的管理体制。环保、海洋、渔业、海事等有关部门按照统筹规划、统一目标、协商一致、系统设计、资源共享的原则，依法行政，加强协调，团结协作，密切配合，共同进行海洋环境管理。建立健全海洋环境监控体系，逐步转向控制海洋有毒有害污染物、放射性物质、富营养化、底栖生物、生物多样性、重要生物栖息地以及气候变化影响等，完善海洋环境监测系统，优化海洋环境监测布局和功能，加强质量监督和管理。加强海洋环境监测的信息化建设，实现海洋环境监测工作统一规划，部门实施，数据共享；建立我国海洋环境监测数据网络应用中央平台；加强海洋应急监测能力建设。

（6）**严格控制有毒有害物质污染，保障流域水环境安全**

实施水环境风险管理策略，积极防范有毒有害物质的水环境风险，从目前重点控制和管理常规污染物，逐步向关注过量营养盐和有毒有害物质的风险管理转变。以水体污染控制与治理专项的启动和实施为契机，围绕国家水环境重大决策和需求，统筹水环境承载力和流域经济社会发展要求，构建保护水生态健康、体现“预防为主”原则的流域水环境风险管理模式。创新水环境风险管理体制、机制，规范水环境风险评价步骤和程序。从传统的主要控制水体化学指标，向水环境风险管理模式转变，制定流域、区域、城市或工业的水环境风险管理规划和水环境风险应急预案。

4．水环境保护对策措施

（1）**开源节流，减轻水资源压力**

以开源节流、提高水循环利用率为重要手段，科学构建节水型经济与环境协调发展优化模式；开展全社会节约用水运动，并发展各种节水技术，通过提高用水效率，解决经济快速发展对新增用水量需求，尤其在水资源短缺的城市和地区，应减少新鲜用水量，从源头上减少水资源和水污染的压力，从技术经济政策方面保障水资源安全。在全社会节约用水的基础上，优化水资源在社会经济系统的循环利用，推进海水淡化以及雨水综合利用，完善中水回用、投资、建设、运营、收费、监督管理的相关体制和机制，进一步提高污水资源化和中水回用率，开发多水源，实现水资源的良性健康循环。大力推进清洁生产和循环经济，降低单位产值的耗水系数，提高工业水循环利用率；大力推进农业节水灌溉，提高农田沟渠水循环利用率；积极推行城市生活节水和绿化节水等；同时进行节水和分质供水，实现对珍贵水资源的安全保障。

（2）推进重点行业清洁生产，实现污染物源头减排

针对重污染行业污染物产生量大、危害严重、水环境风险高等特点，进一步提高化工、造纸、制药、冶炼、轻工、印染等重污染行业的环境准入门槛，对重点行业特征污染物进行从原料、生产、加工、消费、循环的全过程控制和管理。淘汰落后造纸、酒精、味精、柠檬酸产能，实现 COD 减排目标。重点抓好重化工业以及量大面广的工业废水处理处置，以造纸、酿造、化工、纺织、印染行业为重点，大力推进清洁生产和提高废水处理设施运行率。在钢铁、电力、化工、煤炭等重点行业推广废水循环利用。

（3）完善水污染控制技术经济政策和保障机制，构建科学的标准体系，推动污染物减排

尽快完善我国水环境污染控制的环境法律法规体系，重视水污染防治立法，为控制水环境污染提供法律保障。通过经济手段引导地方和企业等自觉自愿采取有利于环境的行为，如建立以围绕支撑环境保护的科技、产业结构调整的产业鼓励政策、优惠政策、风险分担政策、财政补贴政策、金融扶持政策等。基于水质基准构建我国水环境质量标准体系。水质标准本身的科学性、合理性、适用性和可操作性成为关系到容量总量控制能否全面实施的关键要素之一。开展水环境基准与水环境标准的研究工作，建立与完善适合中国国情的水环境基准、标准体系，努力使环境标准与环保目标相衔接，构建合理的水质标准体系。

（4）加强城市污水处理厂建设、提高污水处理率的相关技术经济政策

城市基础设施建设水平低是制约我国城市环境质量改善的重要原因之一。各级政府应充分发挥政府的主导作用，采取多元化的投资机制和市场运营机制，加快城市环境基础设施建设。尽快解决中央与地方在环境保护方面的财权与事权不匹配的问题，优化环境保护投资结构，科学确定城市水环境保护规划的重点任务与工程措施，形成城镇税收随城市人口增加而增长的机制。完善各种城市水环境保护补贴制度，如补助金、长期低息贷款、减免税等，以及环境保护押金制度，从而全面提高工业、生活污水处理和农村与农业面源污染控制能力，改善水环境质量。

（5）实行流域水生态分区管理，建立水生态系统健康和水环境质量并重的流域水环境目标管理体制与机制

以“水质安全、水生态系统健康”和“分区、分级、分类、分期”为指导思想，以水生态系统健康保护为目标，完成重点流域的水生态功能分区、分级体系，结合国家主体功能区划，从整个流域尺度，建立与水生态功能分区相适应的水环境综合管理体系。统筹考虑污染物对人体和水生态系统健康的影响，以及水体在使用功能和区域特征上的差异，确定能够反映这些功能和区域差异的定量和定性指标，包括营养物指标、水化学指标、有毒物质指标以及生物指标等。从流域尺度提出水污染物排放限值与削减技术评估体系，以水质保护目标为前提，以污染物削减最佳可行技术体系为核心，从国家和流域控制单元两个层面，统筹考虑点源污染、面源污染和内源污染，在评估和应用现有技术的同时，鼓励技术创新，从而促进流域水质目标的实现。综合考虑上游、下游流域污染控制单元在区域上的差异性，针对不同控制单元生态环境、经济社会以及流域自然条件的差异，采取相应的经济手段，充分发挥流域水污染防治中的潜在效率。结合流域水环境承载力分析，优化流域经济社会发展模式，从流域水环境管理制度设计、水资源配置、污水处理等各个环节，提出适用于我国经济社会特点的财政、税收、价格、投资、处罚、补偿等流域水环境综合管理体制和水环境技术经济政策体系，为实现流域水污染控制目标提供经济技术保障。

落实国家主体功能区划，科学合理地进行全国主要流域水生态功能分区，建立科学的流域水质目标管理体制和机制；进行流域“分区、分级、分类、分期”管理；完善水环境质量监控技术标准、规范和政策，提升流域上下游协调机制和生态补偿机制；培育环保技术市场，促进环保服务业发展；建立适合我国国情的水环境基准、标准体系。努力使水环境标准与水环境容量、环保目标相衔接，构建技术可行、经济合理、社会接受度高的水质标准体系；注重水体有毒有机物、内分泌干扰素等新型污染的风险评估和风险管理，保障水生态安全；从流域尺度提出污染物排放限值与削减技术评估体系，以水质保护目标为前提，以污染物削减最佳可行技术体系为核心，从国家和流域两个层面，评估点源、面源和内源污染防治技术，鼓励技术创新；以建设社会主义新农村为契机，从产业结构、生态农业建设层面，综合防治农业和农村面源污染，进一步削减汇入江河湖泊水体的污染物总量。

（二）大气环境保护战略

1. 大气污染防治进展及存在的问题

经过多年努力，特别是近十几年来，通过开展节能减排，加强燃煤污染治理，控制重点行业污染排放等，我国大气污染防治取得积极进展。一是城市大气环境中常规污染物浓度总体有所下降，总悬浮颗粒物和二氧化硫浓度比 20 世纪 90 年代初降低了 30%以上，2006 年全国 554 个城市中已有 86%的城市二氧化硫年、日均浓度值达到国家二级空气质量标准；氮氧化物（NO_x）和二氧化氮浓度基本保持稳定。二是全国酸雨分布区域保持稳定，1990—2006 年，酸雨面积一直占国土面积的 30%～40%。三是大气污染防治设施建设加快，重点控制的污染物排放强度明显下降。2007 年年底全国投运的燃煤脱硫发电机组装机容量为 26 557 万 kW，火电脱硫机组比例达到 48%，比 2000 年增长了约 53 倍；同时二氧化硫排放强度大幅降低，与 1997 年相比，2006 年万元 GDP 二氧化硫排放量下降了 58%，煤烟型污染有所减轻。

目前大气污染总体上仍十分严重。主要污染物浓度仍比较高，城市大气中 TSP 和 SO_2 的浓度为欧美发达国家的 4～6 倍，二氧化氮浓度也接近或高于欧美国家；城市群大气污染正在从煤烟型污染向煤烟型与机动车尾气复合型污染过渡，北方城市和区域颗粒物细粒子 $PM_{2.5}$ 浓度高达 0.08～0.10 mg/m^3，超过美国标准年均限值（0.015 mg/m^3）5～6 倍，南方城市和区域颗粒物细粒子 $PM_{2.5}$ 浓度高达 0.04～0.07 mg/m^3，超过美国标准 2～4 倍，造成城市和区域性大气灰霾天气增多。在一些大中型城市，大气中的氮氧化物和挥发性有机物引起了臭氧浓度增高，光化学烟雾时有发生。全国城市降水酸度总体水平比 20 世纪 90 年代略有下降，但在 2000 年后又有升高趋势。总体上，我国大气污染进入了以多污染物共存、多污染源叠加、多尺度关联、多过程耦合、多介质影响为特征的复合型污染阶段，已对公众健康和生态安全构成威胁，并存在发生环境灾变的隐忧。

造成大气污染的原因主要有四个方面：一是我国长期以煤为主的能源结构和粗放的加工消费方式，使煤烟型污染一直很突出。新中国成立以来，我国煤炭在全国一次能源生产和消费中的比例长期占 70%以上，据统计，我国烟尘排放量的 70%、二氧化硫排放量的 90%、氮氧化物的 67%和二氧化碳的 70%都来自于燃煤。二是工业技术整体水平落后，单位 GDP 能耗高、排污量大。我国产业结构中存在许多高能耗、高污染的行业，其中电力、钢铁、有色金属、石化、建材、化工、轻工、纺织 8 个行业主要产品的单位 GDP 能耗平均比国际先进水平高 40%，工业大气污染排放量一直居高不下。三是城市机动车数量增长迅速，机动车污染越来越突出。随着经济的快速发展，人民生活水平的不断提高，我国机动车保有量迅速增长，与此同时，交通系统建设滞后，机动车制造技术水平不高，车况总体较差，机动车污染物排放量较大，尤其是在北京、上海、广州等大城市，机动车排放已经成为空气污染的主要来源。四是生态条件先天不足，颗粒物治理难度大，我国西北部分地区由于过度开发、放牧、开垦等人为活动使荒漠化加重、草场退化、生态环境遭受破坏，形成大面积的裸露地，在一定气象条件下，形成沙尘甚至沙尘暴。

随着未来能源消耗量的继续增长，城市化进程不断加速，机动车保有量继续增长，电力、钢铁、水泥、石化等行业的污染物排放持续增长，东部地区的京津唐、长江三角洲、珠江三角洲的区域性复合大气污染继续加重；长江以南的酸雨区面积继续扩大、降水酸度进一步加强、酸雨频率增高；大气中苯系物等有毒有害污染物环境风险越来越大；大气污染跨境传输导致巨大的环境外交压力。

2．大气污染防治战略目标

在分析当前我国大气环境质量现状及变化趋势的基础上，统筹考虑未来国家能源结构改善和产业结构优化、大气污染控制技术进步以及保障人体健康和生态安全需要等，参考世界卫生组织（WHO）空气质量浓度指导值和阶段目标值，提出我国空气质量目标。

2020 年阶段目标：80%以上城市达到国家二级空气质量标准，即二氧化硫（SO_2）、二氧化氮（NO_2）、可吸入颗粒物（PM_{10}）的年均浓度分别达到 0.060 mg/m^3、0.080 mg/m^3 和 0.100 mg/m^3；经济发达城市达到 WHO 指导值的第二阶段目标值，即 SO_2 的小时平均浓度值达到 0.050 mg/m^3，NO_2 的年均浓度达到 0.040 mg/m^3，PM_{10} 的日均浓度达到 0.100 mg/m^3。酸沉降超临界负荷的面积比 2005 年下降 50%。SO_2 排放量在 2005 年水平上降低 30%；NO_x 排放量在“十二五”期间有所削减；PM_{10} 排放量在 2005 年水平上降低 20%；挥发性有机污染物（VOCs）保持和 NO_x 的控制基本同步。

2030 年阶段目标：60%以上的城市达到 WHO 指导值的第三阶段目标值，NO_2 的年均浓度达到 0.040 mg/m^3，PM_{10} 的日均浓度达到 0.075 mg/m^3。酸沉降超临界负荷的面积下降 80%以上。SO_2 排放量需在 2005 年水平上降低 50%；NO_x 排放量需在 2005 年的水平上降低 20%；PM_{10} 排放量在 2005 年水平上降低 30%；VOCs 保持和 NO_x 的控制基本同步。

2050 年总体目标：大多数城市和重点地区的大气环境质量得到明显改善，全面达到国家空气质量标准，基本实现 WHO 环境空气质量浓度指导值，即 SO_2 的小时平均浓度值达到 0.020 mg/m^3，NO_2 的年均浓度达到 0.040 mg/m^3，PM_{10} 的日均浓度达到 0.050 mg/m^3，满足保护公众健康和生态安全的要求。

3. 大气污染防治指导思想

以改善城市和区域大气环境质量为目标，以削减各类大气污染物的排放为主线，以控制二氧化硫、氮氧化物、细颗粒物和挥发性有机物等污染物为重点，通过实施国家清洁空气行动计划，有效控制大气污染，实现在经济社会发展的同时，空气质量综合指标明显改善，公众健康、生态系统安全得到有效保障。主要原则如下：

一是强化源头的全过程控制。实施大气污染防治从末端控制向源头预防和过程控制转变，通过调整能源结构，增加清洁能源、新能源的比重和能源的节约利用，优化产业结构，开展清洁生产，削减大气污染排放量。

二是实施大气多污染物协同控制。以保护人体健康和改善大气环境质量为核心，构建系统、科学的空气质量标准体系和排放标准体系，推动从单一污染物治理向以臭氧和细颗粒物为核心的多污染物综合控制转变，对二氧化硫、二氧化氮、氮氧化物、细颗粒物和挥发性有机物等多种污染物的协同有效控制，同时考虑二氧化碳、汞等全球性污染物的协同减排和控制。

三是采取大气污染综合治理措施。从注重重点行业治理向全面削减转变，对电力、冶金、石化、建材等重点行业实施大气污染物排放总量控制，同时兼顾治理其他工业锅炉以及生活采暖等燃煤治理，严格机动车污染排放，对无组织排放和农业面源进行污染控制，实施大气污染的综合整治。

四是开展城市群区域联合控制。在北京及周边省市、长江三角洲、珠江三角洲等经济快速发展的重点城市群地区，建立区域大气质量管理协调机制和机构，以区域整体空气质量改善为目标，开展区域污染物排放总量控制和总量协调，加快区域空气质量立体观测网络的建设，推动从单一城市大气污染治理向区域联合减排转变。

4. 大气污染防治战略任务

为实现大气环境质量目标，要以削减各类大气污染物排放为主线，实施能源结构转型、机动车污染防治、重点行业排放控制、区域大气污染控制等战略任务。

（1）**推进能源结构优化，提高能源利用效率**

改变以煤为主的能源结构，发展清洁能源和新能源。充分挖掘油、气等低碳能源和核电、水电及其他无碳能源的供应能力。提高油、气进口能力。积极推进核电建设，把核能作为国家能源战略的重要组成部分。把发展水电作为促进我国能源结构向清洁低碳化方向发展的重要措施。大力发展煤层气产业，最大限度地减少煤炭生产过程中的能源浪费和甲烷排放。以生物质发电、沼气、生物质固体成型燃料和液体燃料为重点，大力推进生物质能源的开发和利用。积极扶持风能、太阳能、地热能、海洋能等的开发和利用。到2030年实现我国煤炭的“三个降低”，即煤炭资源消费总量降低到能源消费总量的50%以下，终端煤炭消费量降低到煤炭消费总量的20%以下，同时将煤电比重降低到总发电量的60%以下，从根本上为控制大气污染创造条件。在一次能源结构中，水电维持在7%以上（按发电煤耗计算），天然气达到 7%以上，核电接近 7%，可再生能源资源的开发利用量达到9%以上（按发电煤耗计算），煤炭的比例降低到50%左右。

加强节能和提高能源利用效率。节约能源、提高能源效率是我国国民经济发展的一项长远战略方针，也是减少污染物排放，控制温室气体排放的迫切需要。要降低高耗能行业和高能耗产品的比例，降低企业万元产值能耗和污染物排放，将能源效率指标作为产业发展政策的重要量化指标，落实到产业发展战略、规划和工程设计、验收指标体系中。制定节能产品鼓励目录，对生产和使用目录的产品和企业实行减免税政策。探索采用先进、高效的节能设备。指导国家政策性银行为节能项目提供贴息贷款，引导商业银行向节能领域投资。倡导地方政府建立节能发展专项资金（或基金），支持节能技术的研发和推广、节能工程的示范及相关的能力建设。

重视高效洁净煤技术的开发、引进和推广利用。加大投入力度，优先发展高效洁净煤技术。近期要把发展超临界、超超临界等大容量、高效、低污染煤炭直接燃烧发电技术放在优先位置，以满足电力快速增长的需求。中远期，将以煤气化为基础的多联产技术作为战略选择，在发电同时，联产合成气、液体燃料以及氢等产品，为保障石油安全提供替代技术储备，未来可实现“CO_2封存”和近零排放，从而走出一条有我国特色的煤炭利用道路。

对长江三角洲、珠江三角洲和首都圈等大气复合型污染突出的地区，实行煤炭消费总量约束性控制。从传统的以重化工为主的产业结构转变为以服务业为主的产业结构。从输煤炭转变为输电力，改善能源消费结构，严格控制煤电和钢铁产业，国家清洁能源优先供应，积极发展核电、可再生能源。从污染物总量替代转变为煤炭消费总量替代，促进产业升级，新建项目必须与通过淘汰落后产能实行等量煤炭消耗量替代。总之，要千方百计控制煤炭消费总量和煤烟型污染。

（2）加强机动车污染控制

机动车排放已经成为城市大气污染的主要来源，并加快了城市大气污染转型和新的污染问题的出现。加强机动车污染控制，已经成为改善城市大气环境质量的至关重要的举措。

首先，应大力发展公共交通。各城市应根据城市规模和发展阶段，确立以公共交通为导向的城市发展模式，特大城市要构建以轨道交通和快速公交系统为主，道路公共交通为辅，私人机动交通为补充，合理发展自行车交通的城市绿色交通模式；从技术手段上，通过设置公交专用道、配套建设交叉口公交优先通行控制系统、改善各种交通方式衔接换乘条件，努力引导城市交通出行方式向公共交通转变；从政策体制上，通过实行公交补贴、公交体制改革、合理制定换乘优惠政策等方式，促进交通系统提高服务水平和运行效率，加大公共交通出行吸引力。

其次，要严格控制新车排放。近期，重点完善我国的机动车排放标准体系，制定轻型车国家第Ⅴ阶段排放标准、重型车排放控制系统耐久性要求以及摩托车第Ⅳ阶段排放标准等，并加快国Ⅳ、国Ⅴ标准的推进步伐。同时，制定完善非道路机械发动机、船舶以及飞机等非道路交通及设备的排放标准体系，实现交通系统排放标准的全方位管理。中长期以制定并实施国家第Ⅵ阶段机动车排放标准工作为核心，全面提升我国机动车排放控制水平。同步实施非道路机械的排放标准。对于一些环境要求相对较高的城市，鼓励提前国家1～2年执行新标准。同时，为适应新车排放标准不断严化的需求，要制定并实施国家各阶段车用燃料质量标准规范，制订油品改进计划，稳步改善油品质量。

最后，要加强在用车污染控制。实施车辆排放标志化管理，限制高排放车辆行驶区域。加强在用车检查/维护制度。进一步加大对在用车排污检测的监督管理力度，以技术完备的瞬态工况法检测体系为手段，建立国家在用车检测的实时监控网络。同时强化路检和抽检执法，监控车辆排污状况，确保在用车达标上路行驶。对不能达标排放的老旧高污染车辆，要予以淘汰更新。

对千万人口以上城市的中心城区，加强机动车排放总量控制。在完善交通规划、严格单车排放、提高油品质量、加强用车管理的同时，要从严控制中心城区机动车总量。通过建立绿色交通发展模式，坚持和贯彻公交优先战略，提高公共交通出行比例，减少对私家车等社会车辆的依赖。提高中心区停车费、道路使用费、建立交通拥堵收费机制等政策手段，从一定程度上减少车辆使用，提高出行效率，引导购车者改变消费模式。加强同周边地区的协作，加强车主信息审查、增加非注册地车辆的限行区域与时间，避免部分车辆上牌向周边其他城市转移。

（3）**采取综合治理措施，严格控制常规大气污染物**

从电力、冶金、建材、化工等高耗能企业的燃煤污染治理入手，深化二氧化硫排放控制，坚持和完善总量控制。进一步完善和落实火电脱硫政策，新（扩）建燃煤机组必须同步建设脱硫设施，对现役燃煤锅炉实施治理，安装烟气脱硫设施、选烧低硫煤等，以满足排放标准和总量控制要求。同时，加强对钢铁、有色金属、建材、化工、石化等重点行业的排放治理，以清洁生产为主要措施，在生产工艺过程中加强硫的回收。淘汰高能耗、重污染的各类工业炉窑，积极发展低能耗、轻污染或无污染的炉窑。对于生活采暖用锅炉，要因地制宜地发展以热定电的热电联产和集中供热，取代分散的中小型燃煤锅炉。城市城区内居民炊事和取暖用炉灶、餐饮服务业炉灶、机关和企事业炊事炉灶，禁止燃用原煤，大力推广使用电、天然气、煤气、液化石油气等清洁能源或固硫型煤，减少大气面源污染物排放量。

由于氮氧化物（NO_x）是形成大气复合污染的前体物之一，应开展氮氧化物排放的控制。除加强机动车 NO_x 的排放控制外，敏感地区新（扩）建燃煤机组必须同步建设脱硝装置，对于环境容量足够的地区使用低氮燃烧技术；对现役燃煤锅炉实施治理，进行低氮燃烧技术改造。

强化一次颗粒物排放控制。对燃煤锅炉实施高效除尘治理，对燃煤锅炉煤场进行密闭式改造。加大水泥行业颗粒物污染治理力度，对于生产规模较小、生产条件差、生产设备落后、除尘措施难以落实的企业，进行搬迁或关闭。发展新型干法水泥熟料生产，到 2020 年基本实现水泥工业现代化和规模化。到 2030 年水泥工业生产进一步集中，技术经济指标和环保达到同期国际先进水平，大幅度减少无组织排放。通过对钢铁产业进行结构调整，实施兼并、重组，开展清洁生产和全过程控制，深化颗粒物污染治理。重视各类扬尘污染的控制，严格施工工地的环境监督管理，采取运输道路洒水清扫、装载车辆覆盖篷布、上路前清洗等措施；加强对采石场的管理，限制采石场的开采方式，规范采石行为。注重实施生态建设工程，建设防风固沙林网、林带，增加河岸植被覆盖。加快城市综合整治，逐步消除城市内裸露地面。

在控制大气污染物排放总量的同时，建立经济发展、能源节约、污染减排之间的联动诊断机制，控制总产能，实现总量控制的科学管理，并优化电力、冶金、建材、化工等产业的布局，消除布局性的环境隐患和结构性的环境风险，维护环境安全。

（4）启动挥发性有机物排放控制

大气挥发性有机物（VOCs）是形成大气复合污染的另一项关键前体物，我国尚未对 VOCs 排放实行严格的、全面的控制，应尽快启动治理工作，采取相关技术和管理措施，控制挥发性有机物排放。防治石油化工、汽车涂装、木制家具制造等有机废气污染，各生产工艺设施产生的有毒有害气体，必须由密闭排气（通风）系统导入净化控制装置；密闭排气系统、污染控制装置和排污工艺设施须同步运转，或者采取其他防护措施。防治工业溶剂使用过程挥发性有机物的逸散，比如，对有机溶剂均应储存在密封容器中，有机精细化工行业的工艺生产设备及容器应加盖密闭，固体投料应设置密闭投料装置；要鼓励使用低挥发性的溶剂，禁止露天和在居民区内进行喷漆、喷塑、喷砂、制作玻璃钢和机动车摩擦片等排放有毒有害气体的生产作业。加强机动车 VOCs 排放控制，争取到 2020 年，新车排放控制水平与发达国家接轨，经济发达地区新车排放标准达到发达国家水平。加油（气）站、储油（气）库和油（气）罐车应安装密闭措施，加强油气挥发的控制。防治民用挥发性有机物排放，鼓励推广使用环保型装修涂料，干洗业应对新购置干洗机的机型作出密封型的限制，对现有的非密闭型干洗机作出限时整改，逐步淘汰非密闭型干洗机。

（5）加强区域大气复合污染控制，逐步开展有毒有害大气污染物控制

针对区域复合大气污染中的关键问题，开展复合大气污染区域协调机制和管理模式的研究，在北京及周边省市、长江三角洲、珠江三角洲率先展开示范，以有效组织跨行政单元的大气污染控制的区域协调和决策。加快开展有毒有害物质汞的全面系统调研工作，加强汞污染基础研究和能力建设；通过减少燃煤的汞排放和有色金属冶炼等工艺过程汞排放的研究，开发推广大气汞污染治理技术，减少人为大气汞排放；将汞污染控制纳入环境影响评价、“三同时”、总量控制、排污许可证等环境管理制度，制定相关行业的汞排放控制技术政策和经济政策；建立我国汞污染的管理体系和预警体系。

5. 大气污染防治对策措施

围绕防治大气污染的战略任务，要进一步加强和完善保障措施。

(1) 实施国家清洁空气行动计划

为解决我国当前复杂的大气污染问题，在科学研究的基础上，制订国家清洁空气行动计划，并适时启动和实施。国家清洁空气行动计划将针对今后 20～50 年内必须解决的城市大气污染、区域复合大气污染以及气候变化等重大问题，组织国家层面的大气污染防治区划，提出分区的大气污染物总量控制减排种类和减排目标，构建适合我国大气污染特征的区域和城市空气质量管理体系。

(2) 构建完善的大气环境保护法律法规标准体系

修订大气污染防治法，增强其可操作性。加快完善控制臭氧、挥发性有机物污染等方面的法律法规。进一步严格大气污染物排放限值。

(3) 完善大气污染控制的经济政策和市场机制，降低大气环境保护成本

提高大气污染物排污收费标准，足额征收排污费，健全大气污染物排放外部成本内部化政策。完善有利于大气污染治理的价格、财政、税收、信贷等政策，包括高耗能产业差别电价政策、环保电价政策、提高停车收费标准等，以及加紧研究并适时推行能源消费税等。通过财税优惠政策，鼓励汽车生产企业开发和生产低能耗和低排放车辆，加大清洁能源汽车的发展和使用。建立我国排污权有偿取得与排污交易市场机制。建立推动低碳技术开放与扩散的激励机制。

(4) 建立科学的大气污染监测、预测和评估体系

研究制定系统、科学、动态的空气质量标准和目标，合理布局大气环境质量监测站，尽快将 O_3、$PM_{2.5}$、能见度等指标纳入监测体系；加强区域监测网建设；开展我国典型地区大气环境背景调查工作。

(5) 强化科技支撑

研发区域大气复合污染监测技术、大气污染源排放清单和来源识别技术、空气质量预测预警技术、有毒有害污染物的排放控制技术、清洁能源的开发利用技术、低碳工艺技术、节能技术开发等。

(三) 能源与气候变化战略

能源是经济发展的命脉，在现有科技、资源条件下，能源使用依然以矿物燃料燃烧为主，进而排放大量温室气体，使大气中温室气体浓度上升，产生温室效应，导致地球表面温度上升，带来诸多气候变化的负面影响。为了减缓气候变化，需要在全球范围内控制温室气体的排放，摆脱经济发展依赖化石能源的传统发展路径，实现发展模式的转变。低碳经济就是适应这一转变的崭新的发展路径和目标经济形态，是未来世界经济的新趋势。在全球温室气体排放容量空间日渐狭小的情况下，低碳经济要求通过技术改造和研发、政策和体制改革等措施，以较少的温室气体排放量及能源使用量，获得较大的经济发展收益。目前，低碳经济作为一种新的经济形态在世界范围内已经初露端倪，发展势头日渐强劲。低碳经济可能带来国际贸易条件和国际竞争格局的变化，促使各国重新定义国家核心竞争力，并影响国家技术战略、经济发展战略和国际关系战略等的制定。

1. 对能源与气候变化问题认识的进展与存在的问题

我国目前面临着国内外的双重减排压力。气候变化给我国带来了各种负面的影响，如气温上升、降水量不均、极端天气与气候事件发生的频率可能性增大等。另外，矿物燃料的大量消耗也排放了大量的二氧化硫、氮氧化物和颗粒物质，严重影响了我国的大气环境质量。我国面临的生态环境压力形成了我国进行温室气体控制的内在压力。同时，作为世界温室气体排放大国，国际社会对我国的减排压力也越来越大。从国际政治经济格局来看，我国已不再具备沿袭发达国家以高能源/资源消耗为支撑的现代化道路的国际环境，我国的可持续发展不仅受到国内资源和环境的严重约束，而且面临国际环境容量空间限制。控制温室气体排放与减缓气候变化与我国要实现的能源安全目标、环境目标以及可持续发展目标，从根本上和长远来看是一致的。因此，从长期看，我国通过控制能源需求和温室气体排放来发展低碳经济，有可能成为促进能源领域的技术创新、促进形成可持续的新型能源系统的重要机遇，并进而转变社会生产模式和消费模式，最终实现经济发展模式的转变和长期竞争力的提升。

但是，目前我国经济发展模式、经济结构、能源资源禀赋、能源技术体系和政策体系也共同决定了我国在能源与气候变化以及发展低碳经济上仍面临着巨大挑战：

① 从经济发展阶段看，我国事实上正处于一个高碳经济发展阶段。目前仍然处于工业化、城市化阶段，面临着满足快速实现城市化，大规模开展基础设施建设以及改善人民生活水平等紧迫任务。这些紧迫任务也将促使能源需求和温室气体排放的进一步增长。

② 从经济结构来看，我国目前仍以第二产业为主，工业是最重要的能源消耗部门和 CO_2 排放源，当经济发展以能耗和排放水平高的工业尤其是重化工业发展为先导时，我国经济将在很长一段时期内仍将依赖于能源和资源的投入。

③ 从贸易结构来看，我国在国际产业分工体系中仍位于产业链的低端，附加值较低，而且资源和能源密集型产品出口仍占有较大比例。发达国家对气候变化的关注可能引发新的贸易壁垒，影响我国产品和服务的出口竞争力。

④ 从能源资源禀赋上看，我国是世界上少数几个以煤为主的国家，与其他主要排放国相比，我国以煤为主的能源资源禀赋决定了我国控制温室气体排放的难度最大。

⑤ 从能源效率和能源技术体系上看，我国的整体能源利用效率和能源技术水平较低，与发达国家相比还存在很大差距，带来巨大的温室气体排放量。我国的技术体系仍然依赖的是发达国家的传统技术路径，在过去差距缩短的大趋势下，重新洗牌，有拉大差距、加大依赖的风险。

⑥ 从政策体系和人力资源储备上看，我国现有的政策、体制能力和人力资源还不足以满足发展低碳经济的需求。

综上所述，能源与温室气体控制问题涉及国家经济社会发展的长远战略和国际竞争力，涉及我国未来发展模式的选择，涉及我国在世界政治、经济、能源、环境和科技体系中的战略地位。从长期看，我国发展低碳经济是必然选择。但是与此同时，中国又面临着发展低碳经济的各种挑战。关键的问题是：如何把从现在高碳经济状态过渡到未来低碳经济模式的代价控制在不逆转发展方向，有利于可持续发展的范围内，如何协调长远利益和眼前利益，如何保持这一过渡平稳有序实现。

中国政府已经采取了一系列措施来保障这一目标的实现：

① 大力推进节能减排，提高能源效率。“十一五”规划提出，到 2010 年单位 GDP 能耗下降 20%。经过努力，2007 年我国单位 GDP 能耗比 2006 年下降 3.66%，2008 年 1—9 月又下降了 3.46%；2006 年和 2007 年累计节能 1.47 亿 t 标准煤，减少约 3.35 亿 t 二氧化碳的排放。

② 大力调整经济结构，促进服务业和高技术产业的发展，推进技术进步，淘汰落后产能。如 2007 年淘汰小火电机组 1 438 万 kW，落后钢、铁产能 8 400 万 t，落后水泥产能 5 200 万 t，关闭小煤矿 2 322 处。

③ 大力发展低碳能源和可再生能源，改善能源结构。2005 年颁布了《可再生

能源法》，制定可再生能源优先上电网、全额收购、价格优惠及社会分摊的政策，建立可再生能源发展专项资金。到 2007 年底，我国水电装机容量达到 1.45 亿 kW，年发电量 4 829 亿 kW·h，电力装机和发电量均居世界第 1 位。风电规模成倍增长，装机容量超过 600 万 kW，居世界第 5 位。核电装机 906 万 kW，比 2006 年增长 30.5%。煤炭在一次能源消费中的比重由 1980 年的 72.2%下降到 2007 年的 69.4%，水电、风电和核电的比重由 4%提高到 7.2%。可再生能源总利用量约为 2.2 亿 t 标准煤（包括水电）。

④ 实施计划生育，有效控制人口增长。自 1971 年推行计划生育以来，我国因计划生育少生了 3 亿多人口，减少了对能源的消费，相应减少了 CO_2 的排放。

⑤ 大力减少农林温室气体排放，同时推动植树造林，增强碳汇能力。截至 2007 年底，我国已在全国 1 200 个县开展了测土配方施肥行动，推广以秸秆覆盖、免耕等为主要内容的保护性耕作，建立了草原生态补偿机制，同时，大力发展农村沼气，推广太阳能、省柴节煤炉灶等农村可再生能源技术。全国人工林面积达到了 0.54 亿 hm^2，蓄积量 15.05 亿 m^3，森林覆盖率由 20 世纪 80 年代初期的 12%提高到目前的 18.21%。据估算，1980—2005 年我国造林活动累计净吸收约 30.6 亿 t 二氧化碳，森林管理累计净吸收 16.2 亿 t 二氧化碳，减少毁林排放 4.3 亿 t 二氧化碳。

⑥ 加强了应对气候变化的体制机制建设和应对气候变化相关法律、法规和政策措施的制定。2007 年成立国家应对气候变化领导小组，由国务院总理担任组长。2008 年在机构改革中，将国家应对气候变化领导小组的成员单位由原来的 18 个扩大到 20 个，并在国家发展和改革委员会成立专门机构，专门负责全国应对气候变化工作的组织协调。2007 年 6 月我国出台了《中国应对气候变化国家方案》，提出了到 2010 年我国应对气候变化的总体目标。同年制定了《中国应对气候变化科技专项行动》，提出了应对气候变化科技工作在“十一五”期间的阶段性目标和到 2020 年的远期目标。2008 年 10 月发布了《中国应对气候变化的政策与行动白皮书》，系统介绍了国家方案的实施情况。

⑦ 积极推动应对气候变化国际谈判和合作。我国长期以来积极参加和支持《联合国气候变化框架公约》和《京都议定书》框架下的活动，相继提出了有关资金、技术转让、适应和森林问题的倡议。2008 年，我国与联合国在北京举办了“应对气候变化技术开发与转让高级别研讨会”，通过了《北京宣言》，提出建立“涵盖技术开发与转让各阶段的全新的、创造性的国际合作机制”的倡议。

此外，我国为应对金融危机，投资4万亿元人民币拉动内需，其中用于节能、提高能效、发展可再生能源、调整产业结构和环境保护的投资占很大比重，约有2 100亿元用于发展“绿色经济”，更有5 800亿元用于应对与气候变化相关的项目。

2. 能源与气候变化战略目标

（1）气候变化工作目标

到2020年，单位国内生产总值二氧化碳排放量比2005年显著下降，非化石能源占一次能源消费比重达到15%左右，森林面积比2005年增加4 000万 hm^2，森林蓄积量比2005年增加13亿 m^3。

（2）效率与能源技术水平目标

实现能源节约和环境保护目标，必须依靠全社会的共同努力，发挥科技基础作用，走转变经济增长方式，提高经济增长质量和效益的道路。

到2020年，火电厂的煤耗、吨钢综合能耗、吨钢可比能耗，以及10 种有色金属、铝、铜、乙烯、大型合成氨、烧碱、水泥、建筑陶瓷、铁路运输等主要耗能产品生产的综合能耗进一步降低，与发达国家的差距大大缩小，而国内同行业企业之间技术先进与落后的二元结构得到显著改善。

到2030年，各项能耗指标进一步降低，效率和技术目标进一步提高，国际与国内的技术差距都大大缩小，各种先进的技术设备已经不单靠从发达国家进口，我国自己的企业具有较高的研发能力，技术水平提高的贡献率有很大部分来自国内企业。

到2050年，我国的各项技术水平指标基本与中等发达国家的类似，与最发达国家的差距也进一步缩小，国内企业的发展速度也更加协调，与国际企业的发展状态也更加吻合。

3. 能源与气候变化战略任务

主要包括7大战略任务。

（1）转变经济增长方式，推动产业升级，提高我国在低碳经济形势下的核心竞争力

推广低碳经济背景下的新的“竞争力”概念，建立涵盖经济、能源、环境的综合竞争力观，将能源、气候因素纳入核心竞争力范畴，以控制温室气体排放、

增强可持续发展能力为目标，以保障经济发展为核心，以节约能源、优化能源结构为重点，以科学技术进步为支撑，以提高国家在国际政治经济体系中的综合竞争力为主线，确保国家在从传统经济形态向未来新的低碳经济形态过渡过程中，保持综合竞争力的不断提升；大力推动产业结构调整，转变传统的经济增长方式和贸易模式，大力发展低能耗低排放的第三产业，特别是高新技术产业，重点进行电力、冶金、建材、化工、交通、建筑等行业的技术升级和调整，加速淘汰高能耗、高排放的落后产能。

（2）**将推进低碳经济的相关政策逐步纳入国家的规划和政策体系中，尽快制定国家低碳经济发展战略**

按照全面贯彻落实科学发展观的要求，把应对气候变化与实施可持续发展战略、加快建设资源节约型、环境友好型社会和创新型国家结合起来，纳入国民经济和社会发展总体规划和地区规划；识别低碳经济的核心内涵及现阶段我国发展低碳经济所面临的挑战和存在的机遇，尽快制定我国低碳经济发展战略。

（3）**以节能减排为突破口，实施节能优先，协同控制多种污染物的温室气体控排战略**

以“节能减排”为突破口，将提高能效作为控制我国温室气体排放的首要手段，并通过减少矿物燃料的消耗从而实现协同控制 SO_2 等局地污染物排放的目的；在“十一五”期间能源强度降低20%的基础上，进一步明确我国节能减排的重点行业和中长期减排目标；积极推进电力、冶金、建材、化工、交通和建筑节能，对行业的技术现状进行全面审查，了解各种技术在行业内部的配置状况、行业新兴技术的发展潜力，及其未来的应用前景，并在此基础上制定实现控制成本最小化、环境经济效益最大化的具体的行业节能减排战略。

（4）**调整和改善能源结构**

大力发展低碳能源加快发展风能、生物质能和太阳能，在保护生态的基础上适度发展水电，在确保安全的前提下积极发展核电，提高清洁能源的比重。扩大煤炭洗选比重，大力发展洁净煤技术，努力提高能源清洁利用的程度，从根本上改变能源利用方式，减少温室气体排放。

（5）**大力推动植树造林，做好生态系统减源增汇工作**

继续实施植树造林、退耕还林还草、天然林资源保护、农田基本建设等政策措施和重点工程建设，扩大绿化面积；扩大自然保护区的数量和面积，保护原始林、天然次生林和森林生物多样性，增强碳汇功能；加强碳的减源增汇科学技术的研究推广和国际合作交流。

（6）制定低碳技术战略和技术路线图，建立推动低碳技术开发与扩散的激励机制

积极跟踪和研究具有战略意义的能源和减排技术，由政府相关部门协调，提出统一的国家节能减排技术战略路线图，确定战略储备技术研发重点；以市场体制为基础制定低碳技术发展的相关激励政策和措施，推动提高可再生能源及新能源、煤的清洁高效利用、油气资源和煤层气的勘探开发、二氧化碳捕获与埋存等技术的开发和利用，建立低碳能源系统、低碳产业结构和低碳技术体系；推动建立自主创新体系和关于技术开发与转让的国际合作新机制。

（7）加强公众教育，转变社会生产行为和消费行为，引导科学的消费模式并大力加强能力建设

加强公众教育并完善碳排放强度评价体系，指导和引领政府、企业、居民的行动方向和行为方式向低碳进行转变，保障人文发展对能源和温室气体排放容量的基本需求，抑制奢侈需求。

加强政府履约和执法能力建设。在中央和省、市各个层次加强机构建设，整合现有体制资源，提供履约和执行政策的体制保障。特别是要促进地方体制完善，增强地方制定和执行低碳经济战略和政策的能力。提高社会团体、学术界、媒体和公众参与决策、监督的能力，发展相关机制。

4．能源与气候变化对策措施

① 从技术、政策、体制等各个方面加强温室气体和局地污染物的协同控制，扩大协同效应（共生效益），提高控排效率。加强协同控制温室气体和局地污染物的相关技术研究和部署；加强控制温室气体和控制局地污染物的政策措施的协同；加强体系协同，明晰现有部门在温室气体控制和应对气候变化中的职能，加强部门联系。

② 加强对能源与温室气体的测量、统计、核算、报告、核查等工作。结合目前环保部门开展的污染源普查活动和已有的监测体系，将温室气体测量、统计、核算调查工作纳入其中。全面了解掌握我国碳排放的基本特征、数量、强度、行业分布等重要特性，建立碳排放源信息库，从而为我国的温室气体控制与决策提供坚实的依据。

③ 完善能源与温室气体控制相关的法律法规建设，建立适应我国国情的应对

能源与气候变化的市场体系和政策体系，推进能源管理体制和价格改革，促进低碳经济发展。

④ 建立和完善我国应对能源和气候变化，支持低碳经济的资金机制。发展公共部门和民营部门的伙伴关系，建立国家应对气候变化战略基金，实施经济政策手段，引导资本市场、技术市场和环境权益市场上国内外社会资源的配置；结合我国国情和国际经验探索建立碳税、介入国际碳市场运作和发展低碳经济的方式、步骤和潜在影响，但要注意不可过度碳市场。

⑤ 选取典型区域和城市，建设低碳经济示范区，摸索有我国特色的低碳经济发展道路，在此基础上总结经验，逐步进行推广。

⑥ 加强应对气候变化国际合作，在可持续发展框架内，为保护全球气候做出力所能及的积极贡献。积极参与全球气候进程，推动国际气候合作朝着更加合理公正的方向发展，维护发展中国家的正当要求和共同利益；在“共同但有区别的责任”原则下，在可持续发展框架内，为保护全球气候做出力所能及的积极贡献，树立负责任的大国形象。要求发达国家应履行公约规定的义务，向我国提供资金和转让技术，并尝试与发达国家在技术开发、转让、扩散与部署等各个环节上形成合作，借此缩短与发达国家间的技术差距，获取核心技术，实现技术赶超。

（四）固体废物污染防治战略

1. 固体废物污染防治进展与存在的问题

近年来，我国固体废物污染防治取得积极进展。城市生活垃圾处理能力得到加强。城市生活垃圾无害化处理率从 1991 年的 16.2%提高到 2007 年的 62%，提高约 46 个百分点。2006 年我国工业固体废物统计产生量约为 15.2 亿 t，其中综合利用量为 9.26 亿 t，综合利用率达到 60.9%。危险废物管理得到加强。制定了有关专门法规，建立了专门的管理制度，初步建立了危险废物的无害化管理体系；以实施《全国危险废物和医疗废物处置设施建设规划》为契机，危险废物集中处置能力得到提高。在青岛、杭州、南京、无锡建设完成电子废物的拆解、再生示范工厂，拥有百万台/年的拆解能力。

但目前我国固体废物污染问题仍然十分突出。一是城市生活垃圾中还有约 48%即约 7 500 万 t 城市生活垃圾进入简易填埋场，甚至被倾倒进江河湖泊而没有进行任何处理；厨余垃圾处理刚刚起步；农村生活垃圾管理还基本处于空白状态。农村生活垃圾产生量估算约为 2.75 亿 t，基本都被自行倾倒处置在村镇周围和住所周围，垃圾围村、垃圾坑塘的现象几乎成为各地普遍的“风景”。二是工业固体废物以建筑材料生产利用为主，目前的综合利用方式和比例难以适应由于经济高速发展带来的工业固体废物产生量的飞速增长，我国各种工业固体废物的堆存总量估算超过 100 亿 t。三是危险废物处置能力仍然有限，危险废物的处置还是以焚烧为主要方式。危险废物底数不清，使固体废物难以全部纳入管理控制范畴。每年我国尚有数千吨危险废物被排放到环境中，还有数百万吨危险废物堆存在环境中，历年堆存在环境中的危险废物有数千万吨已经对堆存地及周围环境造成了严重污染。四是没有建立有效、可行的电子废物、包装废物、废汽车等社会源废物的管理体系。广东贵屿、浙江台州、天津子牙等地区形成了许多以家庭为主要单位的拆解单元，技术设备落后，产生了较大的环境污染。

另外，在固体废物管理上，存在以下问题：一是我国目前对固体废物的认识混乱，目标不清，技术路线不明确，急需扭转。固体废物污染的实质是由物质循环被破坏造成的，固体废物污染的本质是资源的浪费和非循环，固体废物管理的目标应该是资源的保护和循环利用。但目前在固体废物管理领域中，仍在延续废水和废气管理中的“末端控制”的思维方式，过于强调固体废物处理处置过程中的污染防治，各级政府在固体废物管理和污染控制过程中均不同程度地强调单项处置技术的作用，而不重视应该作为系统工程的全过程管理。我国固体废物管理的基本原则为减量化、资源化、无害化“三化”原则，但是并没有提出固体废物管理这三个主要手段和过程的优先顺序，没有提出我国固体废物管理的原则性技术路线，包括生活垃圾在内的各种固体废物处理也没有明确的科学合理的技术路线。

二是还没有建立起完善的固体废物管理体系。以《固体废物污染防治法》为中心，我国已经出台了十多部固体废物相关条例、规章等，形成了行政代执行、申报登记、进口废物审批、经营许可、转移联单等管理制度，但各法律之间关联性不强，固体废物管理缺乏统一的目标，制度措施执行情况不令人满意。目前涉及固体废物管理的政府部门有 8 个，易出现政策矛盾、职能重叠或者区分不清等情况，无法形成统一、有效的管理合力，造成管理漏洞和管理盲区。同时，固体废物管理专业部门能力的严重匮乏同样也制约着管理水平的提高和污染控制的需要，全过程监督管理体系远未建立，危险废物管理尚处于起步阶段。

三是固体废物污染控制与管理没有得到应有的重视，投入不足，我国固体废物污染尚未得到有效控制。我国城市垃圾人均处理费仅为 13 元/（人·a），单位重量生活垃圾处理费仅为 29.3 元/t，远低于 60 元/t 的最低无害化标准要求，危险废物处置技术水平尚需提高，农村生活垃圾和农业废物的直接投入几乎可以忽略。目前对于固体废物综合利用缺乏统一、综合的鼓励政策，经济鼓励政策实施对象仅限于几种大宗工业固体废物，而且落实困难。

2．固体废物污染防治战略目标

通过建设固体废物全过程管理体系和发展合理有效的循环经济体系，以固体废物为控制节点，完成人类社会和自然生态中完善、合理的物质循环，保证人类社会发展与资源保障的平衡，维护人类社会与生态环境的和谐共存。

具体目标是：

① 安全、合理地再生利用、生态还原和暂时处置固体废物，避免人体健康和生态环境在这一过程中受到危害；

② 建立健康合理的生活方式和生产模式，最大限度地发挥能源和资源的效应，减少固体废物的产生；

③ 以合理、有效的方式完成固体废物在社会生活和生产中的再生循环，贯彻循环经济理念，建设完成最终废物返回生态环境中的闭路系统，彻底淘汰土地填埋等环境隔绝贮存式的处置方式，实现人类社会与物质资源和生态环境的和谐共存。

2020 年阶段目标：初步掌握并控制全国固体废物的产生和管理；城市生活垃圾人均产生量降低到 2010 年的 90%；无害化处置率达到 85%；资源回收利用率达到 35%；进一步提高农村和乡镇生活垃圾集中清扫率、无害化处置率、农业固体废物资源循环利用率；工业固体废物资源循环利用率达到 80%；危险废物产生总量控制在 2010 年水平；危险废物控制率达到 60%；资源循环利用率达到 60%；无害化处置率达到 30%；减少危险废物堆存量，提高危险废物集中处置率。

2030 年阶段目标：基本掌握和控制全国固体废物的产生和管理；城市生活垃圾人均产生量降低到 2010 年的 80%；无害化处置率达到 90%；资源回收利用率得到进一步提高；进一步提高农村和乡镇生活垃圾集中清扫率、无害化处置率、农业固体废物资源循环利用率；工业固体废物产生总量维持在 2015 年水平；资源循环利用率达到85%，排放量有所降低；危险废物产生总量降低到2010年的80%；危险废物控制率达到80%；资源循环利用率达到70%。

2050年阶段目标：全面掌握和控制全国固体废物的产生和排放，实现全过程管理；城市生活垃圾人均产生量降低到2010年的70%，基本得到无害化处置，资源回收利用率达到55%；农村和乡镇生活垃圾、农业固体废物基本得到妥善处理和利用；工业固体废物产生总量零增长；资源循环利用率达到90%；危险废物产生总量降低到2010年的80%；危险废物控制率达到100%；资源循环利用率达到80%。

3．固体废物污染防治战略任务

（1）大力推进工业固体废物和危险废物源头减量

依据《固体废物污染防治法》全面强化危险废物和工业固体废物申报登记制度，在全面申报登记的基础上确定危险废物和工业固体废物减量控制的基准。根据各地区特点和行业特点，研究制定地区和行业的固体废物分阶段减量指标和措施，促进危险废物和工业固体废物的减量与资源再生。

（2）加强固体废物处置设施和管理能力建设

加强危险废物管理能力建设，到2020年全部危险废物的综合利用和处理处置达到无害化水平，并逐步降低危险废物最终填埋的比例。加快建设危险废物集中处置设施及其合理的区域网络布局；开展风险评估，全面监督和检查企业自行建设和管理的危险废物处理处置设施，2015年前要全部达到国家要求标准；全面监督和检查危险废物综合利用企业的环境保护和污染控制水平，建立固体废物与危险废物豁免制度及其管理体系，在2020年前全部危险废物可以得到无害化管理，包括综合利用和无害化处置。

加快建设城镇垃圾处理设施，特别是县城和乡镇垃圾处理设施。加快城市环卫机构与设施建设运营市场化进度，在2020年前我国城镇生活垃圾全部可以得到无害化处理。

结合流域和区域环境整治，通过资源再生与再利用的手段，全面开展历史堆存危险废物和工业固体废物的处理处置。

促进建设大型专业化固体废物管理企业，鼓励各种固体废物区域性集中分类再生利用和处置。

（3）推进城镇废旧物资回收，建立废旧物资回收和管理体系

规范城镇废旧物资回收体系和管理制度，开发与建设适合我国国情的城镇生活垃圾分类收集与处理体系，建立低品质材料回收的补偿机制和垃圾焚烧热能回收的鼓励机制，保证有效提高生活垃圾回收与资源再生率。开展生命周期分析，提倡绿色消费，实现固体废物源头减量；将循环经济发展与固体废物污染控制有效结合，建立起支持循环型消费模式的废品回收利用体系。

（4）全面开展固体废物污染场地的治理工作

开展垃圾填埋场的修复与治理、危险废物堆放场地的修复、搬迁工厂污染场地的修复。重点对地表水保护区域和重点流域、地下水和饮用水保护区、重点生态保护区域和新开发居民聚集区等环境保护敏感区域的污染场地开展治理。

4．固体废物污染防治对策措施

（1）完善固体废物法律体系

开展有关我国固体废物产生、污染特性以及固体废物管理与我国社会、经济发展现状的适应性研究，建立符合我国国情和固体废物管理规律的固体废物分类体系，提出适合我国国情的“生产者延伸责任制”和污染治理责任主体确认机制，以及固体废物回收与再生的市场与补偿机制等。提出适合我国国情和固体废物管理规律的固体废物管理法规体系框架，并梳理、修订现有法律、法规。

（2）建立强有力的固体废物管理队伍

加强行业指导，按照资源循环与固体废物管理统筹的思路，整合管理职能，协调行业内技术发展、资源配置，制定促进固体废物源头减量、资源化再生、合理处置以及全过程无害化管理的经济、技术政策、法规、标准、规范等。在地方设立“固体废物管理中心”，配备足够的人力和技术手段，统一实施各种固体废物管理制度并实施有效的监督管理，重点管理在各种固体废物的源头减量和资源循环，以及全过程的无害化控制。

（3）建立固体废物管理投资体制和政策机制

全面开征城市生活垃圾处理费、加大城市基础设施运行维护费支出或者财政支出最低比例保障等方式，保障城市固体废物处理设施的正常运转。国家加大固体处理处置设施建设投资支持力度，建立贫困地区城市、乡镇生活垃圾和农村生活垃圾的处置费用补贴制度。开展“固体废物产生者责任制”和“生产者延伸责任制”的试点与示范，鼓励社会投资工业固体废物和危险废物再生利用和合理处

置行业。对各种固体废物的再生循环企业实行有效的税收优惠，对农业固体废物的循环再生（包括秸秆还田、燃烧发电、堆肥处理、产沼民用等）实行政策性补贴制度。

(4) 构建科学合理的固体废物管理目标体系

制定国家和地方固体废物管理规划，明确提出各种固体废物源头减量、再生循环和无害化管理的阶段性和长远目标，并将固体废物再生资源（能源）开发纳入国家和地区性资源（能源）发展计划；将固体废物管理指标纳入国家和地方环境保护指标中，如在节能减排指标体系中增加工业固体废物和危险废物减量率，并将这一指标体系作为考核中央和地方政府及其主管官员的政绩考核指标之一。开展全国性和地区性循环经济建设，促进固体废物的合理利用，按照减量化优先的原则，遵循统筹规划、合理布局，因地制宜、注重实效，政府推动、市场引导，企业实施、公众参与的方针，提高资源利用效率，保护和改善环境，实现可持续发展。

（五）工业污染防治战略

1. 工业污染防治进展及问题

工业污染防治历来是我国环境保护工作的重点。经过 30 多年的不懈努力，我国工业污染防治取得了一定进展，突出表现在污染物排放增长速度明显低于经济增长速度，重点行业污染物排放强度明显下降。改革开放以来，我国国民生产总值增长了 50 多倍（当年价）。与此同时，通过结构调整、技术进步、污染治理等措施，初步控制了工业污染物排放总量的快速增长。特别是“九五”以来，通过淘汰和关闭一批技术落后、污染严重、浪费资源的企业，积极开展电力、水泥、钢铁、造纸、化工等重污染行业的综合治理和技术改造，使主要污染行业在产量逐年增加的情况下，主要污染物排放强度呈持续下降趋势。如火力发电行业装机容量由 1980 年的 4 555 万 kW 增加到 2007 年的 5.54 亿 kW，但烟尘排放量却由 1980 年的 399 万 t 下降到 2007 年的 350 万 t；二氧化硫排放强度由 1980 年的 10.3 g/（kW·h）下降到 2007 年的 4.4 g/（kW·h），下降了 57.3%；氮氧化物排放强度由 1990 年的 4.62 g/（kW·h）下降到 2007 年的 4 g/（kW·h），下降了 13.4%。再如，建材行业的水泥单位产品烟粉尘排放强度由 2000 年的 6.82 kg/t 减少到 2006 年的 3.72 kg/t，下降了 45.5%；水泥熟料二氧化硫排放强度由 2000 年的

2.13 kg/t 减少到 2006 年的 1.15 kg/t，下降了 46%。

工业粉尘、烟尘等污染物的排放总量，以及主要行业工业污染物排放强度的降低，对于在经济快速发展的同时，避免环境质量随之急剧恶化，做出了重要贡献。

但由于我国工业经济增长主要依赖高投资、高能耗和高污染产业，特别是电力、钢铁、有色金属、石化、建材、化工等重化工行业，增长方式粗放。由此造成工业污染问题较多：一是工业污染防治总体水平较低，常规的工业污染物排放总量一直在小幅度上升（个别指标除外），工业对环境的压力长期处于高位状态，单位 GDP 的污染物排放强度远高于发达国家。二是重化工等重点行业对工业污染排放总量贡献十分突出，以 2006 年为例，61.6%的工业废水排放来自造纸、化工、电力、纺织和钢铁 5 个行业，84.3%的工业二氧化硫排放来自电力、建材、钢铁、化工、有色金属 5 个行业。三是持久性有机污染物（POPs）、重金属等有毒有害非常规污染物在无有效控制的条件下增长迅速，污染水体和土壤，对环境已构成明显威胁，影响群众健康。四是工业企业污染物稳定达标率低，特别是中小企业稳定达标率更低。根据专家估计，我国焦化企业中化学需氧量、二氧化硫总体排放达标率在 30%左右，其中国有大型企业达标率在 50%左右。

当前和今后相当长的一段时期，我国仍处于工业化阶段，工业经济将继续快速发展，工业污染物排放总量仍将增长，工业发展与资源、能源和环境之间的矛盾将日益加剧，工业污染防治压力巨大，形势十分严峻。

2．工业污染防治指导思想

坚持“结构调整、技术进步、源头预防、过程控制、末端治理、回收利用、机制高效、依法治污”的工业污染防治方略，改变、摒弃难以为继的传统工业发展方式，加快污染物排放由浓度控制向浓度控制和总量控制相结合转变，加快工业污染由末端治理向污染全过程控制转变，切实发挥后发优势，努力走一条“科技含量高、经济效益好、资源消耗低、环境污染少、人力资源优势得到充分发挥”的中国特色的新型工业化道路，大幅度减少工业污染物的产生和排放，实现国民经济的又好又快、“穿越式”发展。

根据我国多年来的粗放型经济增长方式、不合理的产业和产品结构、生产工艺落后和环境污染防治不到位的中小企业较多的现状，建议分三步实施：

一是2010年以前，以淘汰落后和污染末端治理为重点，下大力气淘汰落后生产力，对不符合排放标准、生产工艺落后的技术和装备，一律淘汰。严格执法检查，尤其是要抓好对中小企业、非规模以上国有工业企业、非国有工业企业的执法监督，督促不达标企业加大污染治理力度，确保实现稳定达标排放。同时，推进企业的技术进步和产品结构升级，提高行业集中度，加强综合治理。

二是2010—2020年，治理与预防并重，通过完善法规、标准，提高行业准入门槛，严格执法，继续淘汰不能满足新要求的技术和装备。同时，不仅强化污染末端治理，而且注重从源头削减和控制污染，通过发展清洁生产、循环经济，改变单纯的污染防治“末端治理”模式。

三是2020年之后，力争进入“以污染预防为主”的阶段，即预防、全过程控制及循环经济阶段。工业生产进入工业高加工度化阶段，由大变强。由此带来污染末端治理水平较高、防治设施能够正常运行，上下游之间的工业产业形成生态链，基本实现废弃物的资源化利用。

3. 工业污染防治战略目标

在分析我国工业污染防治现状及工业发展趋势的基础上，按照循序渐进、逐步严格、分阶段进行的原则，根据不同重点行业的特点，提出不同阶段的控制目标和战略目标（表6-1，表6-2，表6-3）。其中，2010年、2015年、2020年的目标，以详细的控制数据为主；2030年、2050年的目标，以原则性目标为主。同时，依靠科技进步，推广清洁生产，发展循环经济，强化污染的全过程控制，实现污染物“零排放”。

表6-1　水污染防治目标

行业	项目	2010年	2015年	2020年
钢铁	工业用水重复利用率	95%	97%	98%
有色金属	工业用水重复利用率	85%	90%	95%
电力	外排污水达标率	100%	100%	100%
石化	外排污水达标率	95%	96%	97%
化工	外排污水达标率	95%	100%	100%
造纸	水重复利用率	50%	55%	60%
纺织	中水回用率	20%	25%～30%	35%
皮革	中水回用率	50%～60%	60%～65%	65%～70%

表 6-2　大气环境保护目标

行业	项目	单位	2010 年	2015 年	2020 年
钢铁	二氧化硫排放量	g/t 钢	≤2 100	≤1 900	≤1 750
	烟尘排放量	g/t 钢	≤2 000	≤1 400	≤1 000
	粉尘排放量	g/t 钢	≤2 000	≤1 400	≤1 000
	厂区降尘	t/（km^2·月）	＜24	＜18	＜14
石化	有控废气达标率	%	＞96	＞97	＞98
化工	工业废气排放达标率	%	≥95	100	100
	二氧化硫排放量下降率	%	≥8	≥20	≥30
电力与动力工业	燃煤电厂烟尘排放量	g/（kW·h）	≤1.2	≤0.9	≤0.6
	二氧化硫排放量	g/（kW·h）	≤2.7	≤2.0	≤1.7
电力与动力工业	烟气脱硫机组占全国煤电机组容量比例	%	70	75	80
建材	万元增加值排放二氧化硫	kg/万元	36	22	15
	二氧化硫排放总量	万 t	≤170	≤160	≤145
	万元增加值排放烟粉尘	kg/万元	147	88	53
	烟粉尘排放总量	万 t	≤680	≤650	≤500
机械	2015 年，所有的热加工企业的排放标准符合国家相关标准； 2020 年，基本上杜绝热加工污染源，实现清洁生产				

表 6-3　固体废物处理及利用目标

行业	项目	单位	2010 年	2015 年	2020 年
钢铁	高炉渣利用	%	100	100	100
	钢渣利用	%	≥95	≥98	100
	尘泥利用	%	100	100	100
	粉煤灰与炉渣利用	%	≥80	≥92	100
有色金属	铜、铝、铅和锌四大品种循环利用占总消费量	%	≥33	≥42	≥50
	工业固体废物（赤泥、废石、尾矿除外）综合利用率	%	＞60	＞70	＞70
电力	粉煤灰	%	≥75	≥80	≥85
石化	固体废弃物处理利用率	%	＞96	＞98	100
化工	固体废物减排率	%	10	20	30
	固体废物综合利用率	%	≥70	≥90	≥95
食品	固体废物综合利用率	%	≥80	≥85	≥90

2030 年阶段目标：国民经济产业结构以第三产业为主，达到中等发达国家水平。工业经济发展初步实现轻量化（高效低耗和高品低密）、绿色化（无毒无害和清洁健康）、生态化（污染预防和经济与环境循环双赢），工业污染防治水平达到中等发达国家水平。其中，燃煤电厂二氧化硫全部达标排放，烟尘、工业粉尘的

排放达标率分别达到95%、90%，工业废水、工业废气排放达标率分别达到100%、95%，工业废水重复利用率、工业固体废物循环利用率和危险废物循环利用率分别达到95%、85%、70%。

2050年总体目标：国民经济产业结构进一步优化。工业污染防治达到世界先进水平，全面掌握和控制工业固体废物的产生和排放，实现了工业污染排放的零增长或负增长。其中，燃煤电厂二氧化硫继续全部达标排放，烟尘、工业粉尘、工业废气的排放达标率全部达到100%，工业废水重复利用率、工业固体废物循环利用率和危险废物循环利用率分别达到100%、90%、80%。

4．工业污染防治战略任务

（1）淘汰落后产能，促进工业结构和布局的优化

淘汰落后的生产工艺、装备、技术和产品是降低资源能源消耗、减少工业污染排放的治本之策，应当加大力度、加快实施。定期更新强制淘汰、限制高排放、高消耗的落后生产能力、工艺、设备和产品目录，重点调整淘汰冶金、建材、石化、化工、电力、机械、轻纺等行业的落后产能，2010年前，要在主要工业行业依法淘汰一批落后生产能力、工艺、设备和产品，削减污染排放总量，并严禁污染异地转移；限制一批生产技术和装备、工艺和产品的发展；鼓励一批生产技术和装备、工艺和产品的开发应用。如通过调整淘汰冶金行业的落后生产能力、工艺、设备和产品，到2010年实现全国削减7 000万t落后的炼铁能力、5 500万t落后的炼钢能力；通过关停单机容量5万kW及以下的常规小火电机组等，实现“十一五”期间全国关停5 000万kW装机容量的火电生产能力。再如，淘汰年产量小于20万t的水泥企业、年产量小于5.1万t的化学木浆生产线、年产量小于3.4万t的草浆生产装置等。

调整进出口结构，重点控制高能耗、高污染和资源性（“两高一资”）产品的出口。主要是禁止生铁、废钢和钢坯等出口，严格限制煤炭、原油、金属矿砂等资源性产品以及氧化铝、低附加值钢材、国内紧缺的薄板和铬铁、锰铁、金属锰等严重依赖国外资源的铁合金等产品出口；限制化工产品尿素、纯碱、烧碱和黄磷等的出口；限制水泥产品出口增长；逐步严格限制焦炭等国外市场依赖性强、有长期合同需要履约的资源性产品的出口。同时，鼓励多进口废钢、煤炭、石油等资源性产品，以及盐、煤炭等矿产品等。

科学制定并认真实施充分考虑环境保护要求的重点工业产业发展规划，利用

政府宏观调控手段合理有序地进行产业规模和布局的调整，避免产能增长过快、发展失控以及布局不合理。推进产业战略重组，使“两高一资”产业向技术先进、管理科学的大企业（集团）集中，实现最优生产。同时推动中小企业技术进步，挖掘污染防治潜力。

不断提高行业准入门槛，严格环境准入。通过严格环保法规标准，严把土地、信贷、环保三个闸门，以及“区域限批”等制度，有效引导和合理控制钢铁、有色金属、机械、煤炭、电力、化工、建材、轻工和电子等行业的发展。如在化工行业，通过提高准入门槛，严格控制染料、农药、铬盐、电石等高污染企业的发展，避免出现目前“多、小、散、乱”的格局。同时，积极促进高新技术和都市型工业等技术密集型产业的发展。严格限制和禁止重污染企业在生态脆弱区和敏感区、重要生态功能区的发展与布局。

(2) **强化环境监督管理，促进企业稳定达标排放**

明确发展改革、建设、国土、工商、安全生产监督等各部门的环境监管职责，完善环境联合执法协调查处机制，加强部门联动。健全国家监察、地方监管、单位负责的环境监管体制，恢复和完善企业和行业监测、监督体系，健全国家和地方工业污染两级环境监控网络。加快建设重点污染企业自动在线连续监测系统并加强管理、维护，确保能够实时监控二氧化硫、烟尘、氮氧化物等常规污染物的排放。加强对所有企业污染物排放、环境保护设施运行的监督管理，依法处罚环境违法企业，关闭不治理或治理后达标无望的企业，取缔使用落后生产工艺的企业，并定期向社会公布违法企业名单。

(3) **依靠科技创新，推动绿色工业化进程**

科技创新、技术进步是污染全过程控制和末端深度治理的重要依托，对于减少污染物的产生和排放有着关键作用。

积极开发应用工业污染防治的共性关键技术、清洁生产和绿色制造新技术，形成自主核心技术。重点在源头控制、过程控制和净化处理、末端治理和资源有效利用方面，开发应用新工艺及技术。事实证明，已有的新工艺及技术大大地减少了污染物排放。如在皮革行业，采用无硫化物和石灰的脱毛浸碱技术，从源头消除硫化物和石灰的污染，使废水中氨氮含量从 150～250 mg/L 降至 40～50 mg/L，准备工段用水量减少 30%，制革污泥减少 80%左右。又如，在机械行业，清洁、节能、精密、高效的热处理技术与传统的热处理方法相比，可以明显改善热处理生产环境，实现工业污染过程净化处理，降低污染物排放。再如，在石化行业，通过废水预处理、“隔油—浮选—生化”老三套工艺技术的改进和完善，实现废水深度处理，污水净化再利用，一些企业加工吨原油取水和排污水都能够达到国际先进水平的 0.5 t 和 0.2 t 以下。

未来一个时期，要集中人力、财力、物力做好新工艺及技术的开发应用。如在冶金行业，重点研发高炉煤气、转炉煤气、铁水预处理与炉外精炼等高效除尘技术，烧结、焦炉烟气脱硫技术和脱氮技术，以及城市污水处理后回用于钢铁工业循环冷却水、钢铁工业用水最少量化与“零排放”等技术。在电力行业，重点研发应用低氮燃烧技术和选择性催化还原脱硝和选择性催化非还原脱硝技术。在冶金行业，重点研发应用蓄热式燃烧技术和先进的燃烧控制系统。在石油和石化行业，重点研发减少氮氧化物排放的助催化剂，以及再生烟气、加热炉气、工艺排气中的二氧化硫和氮氧化物处理技术。在建材行业，重点要在高效节能粉磨技术与装备、高效除尘及有害气体减排与装备等方面取得突破。在纺织行业，重点在前处理、染色与印花、功能整理等方面开发应用新技术，如发展可溶性淀粉经纱上浆、高效短流程前处理、湿短蒸染色、冷轧堆染色、喷墨印花、静电印花等技术。在造纸行业，重点研发废纸制浆的高效脱墨、高浓漂白、废纸纤维质量的检测与监控等技术与装备。

发展环保产业，培育新的经济增长点。加快污染防治的共性关键技术、清洁生产和绿色制造新技术的科技成果转化，推进工业污染防治新工艺及技术的设备国产化，促进生产方式向资源节约型、环境友好型方向转变，力求“绿色生产”。如在电力行业，大力发展烟气脱硫、脱硝工艺装备的制造。在冶金行业，推动直接式火焰指示传感器等装置的生产，加快实现对氮氧化物和其他污染物的连续控制。在石油、石化行业，大力发展移动组合式泥浆集输处理设备、环境友好泥浆和驱油剂、成品油储运设施（含加油站、油罐车和储油库）油气处理回收成套设备等的生产。在纺织行业，加快推进超临界二氧化碳流体染色、微胶囊染色等技术的产业化。

（4）*发展循环经济和清洁生产，促进工业发展资源节约、环境友好*

循环经济和清洁生产不仅能够降低污染末端治理的投资和运行成本，还可以提高资源、能源的利用率，减少污染排放，是工业污染防治发展的重要趋势，应当大力推广。

按照“政府主导、企业主体”的原则，加快推进清洁生产。各级政府及发展改革、环保、工业、财政等部门应进一步加强经济政策引导，鼓励企业在技术改造过程中优先采用先进适用的清洁生产工艺、技术，通过国际金融组织资助、国债项目补助、节能减排专项资金、中小企业发展基金、排污费使用资金等多种渠道，支持企业实施清洁生产项目。对于清洁生产中高费项目，考虑将其列入绿色信贷支持计划。重点鼓励造纸、化工、石化、食品、印染、冶金、电力、焦化、机械等企业开展清洁生产，从源头减少二氧化硫、氮氧化物、化学需氧量、烟尘等污染物的排放。加强清洁生产审核咨询服务机构和清洁生产专家库建设和管理，完善清洁生产信息系统，向社会和企业提供清洁生产政策、方法和技术。同时，严格强制性清洁生产审核，依法公布超标排放、超总量排放、使用或排放有毒有害物质的企业名单，加强监督检查，督促制订清洁生产计划，实施清洁生产项目。

强化企业的责任意识，发挥企业主体的积极性。要求和鼓励企业将清洁生产作为污染预防和全过程控制的重要措施，加强规划，完善组织体系，开展清洁生产内部审核，制订实施清洁生产方案，持续开展清洁生产。建立和完善推进清洁生产的市场机制，加强污染治理设施运营资质管理，尝试第三方对清洁生产项目进行建设和运营。

按照“减量化、再利用、资源化、再制造”的原则，发展循环经济。重点是通过政策引导、资金支持、典型引路，鼓励建设一批生态工业园区。在钢铁、有色金属、电力、化工、建材、机械等重点行业规划建设若干体现循环经济要求的生态工业园区，促进化工、钢铁、石化、电力以及建材等行业间的耦合和生态链接，使上游企业的废气、废热、废水等废物成为下游企业的原料和能源，既提高资源、能源利用效率，又减少污染，实现污染“零排放”。例如，将电力行业产生的粉煤灰、脱硫石膏等废物和冶金行业产生的钢铁渣等废物，提供给建材行业用于制砖等。可将冶金、建材、化工、有色金属等行业产生的余热余能，用于发电。同时，对已有工业园区进行生态化改造，采取经济、技术和管理等措施，推进企业循环式生产和组合，延伸、衔接工业产业链，实现企业内部废物的循环利用，实现企业间、行业间的水资源、能源的合理配置和高效利用，减少废物排放。

（5）倡导企业自律，提高企业环保水平

进一步明确企业是环境污染防治的主体，要求企业采取有效措施，加强建设项目“三同时”的落实和已有项目的环境污染治理，切实承担削减污染物排放量的责任。

组织行业协会和有实力的企业（集团）积极参与环保政策、法规、标准和清洁生产指标的制（修）订，组织建立和完善资源节约、污染防治的信息统计、分析及发布制度。充分依靠行业协会和有实力的企业（集团）的研发力量，加强对环保新设备、新工艺的研究，建立典型示范生产线，引导行业技术进步。行业协会组织行业专家和环保专家，定期或不定期地到企业实地进行检查和指导，帮助提高企业环保水平，及时反映实际问题。

5．工业污染防治对策措施

（1）建立完善工业污染防治法律法规标准体系

在修订环境保护法、大气和水等环境污染防治法等相关法律法规时，应进一步强化企业环保责任，提高处罚额度，设定“行为罚”罚则、探索按日处罚等，改变“守法成本高、违法成本低、执法成本高”的现状。将环境管理从排污口向环保设备、环境保护设施延伸，制定相关法规规章。适时修订污染物排放标准，进一步严格二氧化硫、烟粉尘、氮氧化物等常规污染物的排放限值，增加对非常规污染物的控制标准，特别是对新建项目要加严排放限值。鼓励地方环境立法，制定更加严格的控制措施和排放标准。

（2）制定实施控制工业污染的经济政策和贸易政策

在经济政策方面，通过税收优惠等手段，支持企业治理环境污染；通过征收资源税、环境税等手段，制约企业不环保的生产行为。进一步制定实施控制和削减二氧化硫、氮氧化物排放的经济政策。在贸易政策方面，通过取消资源性产品出口退税、提高出口关税等手段，控制“两高一资”产品的出口；通过制定取消或降低进口关税等优惠政策，鼓励资源性产品的进口。

（3）加快形成多元化环保投入格局

一方面，加大环保财政投入力度，逐年提高环保投资占GDP的比例和工业污染防治投资占环保投资的比重。财政投入主要用于研究开发工业污染防治的共性关键技术和前沿技术，用于重点污染处理和环保基础设施建设和运行等。同时，鼓励企业不断加大环保投资，逐年增加投入；另一方面，鼓励和吸引国外资本、社会资本、民间资本等进入企业污染全过程控制和末端治理市场，如引导企业加强同世界知名环保产业企业（集团）的合作，提升工业废弃物处理水平。

（4）加强宣传教育

加强对工业企业特别是中小企业负责人环境保护教育和环保业务的培训，使企业及负责人树立环境社会责任意识，了解工业污染防治基本知识和技术，加强企业污染防治设施的建设运转管理，自觉公开企业环境信息，接受公众监督。

（5）试行企业领导干部环保业绩考核

研究建立国有企业（集团）领导干部环保业绩考核指标体系，或将环保指标纳入领导干部综合考核评价和业绩考核体系，抓好试点，逐步推广。

（六）城市环境保护战略

1. 城市环境建设与保护的进展与问题

经过30多年的实践和探索，我国在大规模城市建设的同时，通过优化规划布局、调整能源结构、加强基础设施建设和完善环境管理，大大改善了我国城市环境的整体质量。

我国政府一贯将城市环境保护作为环境保护工作的重点，城市环境管理工作伴随整个环境保护事业的发展走过了30多年的历程，经历了工业污染点源治理、污染综合防治、环境综合整治和生态建设与环境质量改善四个发展阶段。尤其是21世纪以来，我国各级城市政府对生态文明和环境质量高度重视，城市步入生态建设与环境管理全面推进的新阶段，城市可持续发展能力不断加强。

改革开放以来，城市规划在国家建设工作中的地位和作用不断增强，城市布局也在发展中得到不断调整。随着城市对居住社区、公共交通、环境保护、公共服务基础设施等方面的合理规划与设计，大大促进了城市生态环境的改善。另外，近些年大多数大城市都在实施“退二进三”计划，工业企业逐步迁往主城区周边的工业园区。这种举措既消除了城区的主要污染源，又为引进效率更高的第三产业创造了条件，大大促进了城市的可持续发展。

我国的城市环境管理不断加强，目前已经建立了以环境保护目标责任制、城市环境综合整治定量考核、创建环境保护模范城市和城市环境质量报告制度为主要内容的一套具有中国特色的城市环境管理模式。这套管理模式，已经成为推进我国城市环境管理、在城市环境管理领域落实科学发展观的重要载体之一，并在城市人口不断增加和经济持续快速增长的情况下基本遏制了城市环境污染加剧的趋势，引导我国城市向环境友好型城市和资源节约型城市发展。一些城市努力探索新形势下城市环境保护的管理策略，还形成了具有自身特点的环境保护工作模式。

我国城市的环境基础设施建设有了长足发展，城市生活污水处理率、生活垃圾处理能力、公共交通运载能力和轨道交通能力均大幅度提高，电力、天然气等洁净能源建设力度增加，节水设备、污水回用和雨水收集等水资源再利用设施建设不断增强。基础设施的增长不仅提高了城市容量，也大大提高了城市的环境质量和城市的可持续发展能力。

随着城市管理的不断严格和城市功能定位的不断明确，一些城市在经济建设、城市建设过程中调整了产业结构、能源结构。大部分城市实施燃煤锅炉改造，推广清洁能源的使用，建立高污染燃料禁燃区，有效控制了城市的煤烟型污染，大大改善了城市的大气环境质量。

我国正处于城镇化发展的加速期，城市发展带来的资源和环境压力日渐增加，城市各类资源和环境问题一直是我国环境保护的焦点和重点。2007 年，全国仍有 39.5%的城市（地级及以上城市，含地、州、盟首府所在地）环境空气质量未达到国家二级标准；仍有近 90%流经城市的河段受到严重污染、城市内湖水水质普遍较差；全国近 2/3 的城市陷入垃圾重围中且城市生活垃圾仍以 4.8%的速度持续增长；近 1/3 的城市区域噪声处于轻度污染或者中度污染状态；600 多个城市中有 300 多个城市缺水、100 多个城市严重缺水；大城市交通拥堵日益严重。而随着城镇化进程的不断推进，未来我国城市环境压力将持续增加，城市环境问题也将日益复杂和综合，呈现多介质、多界面的特点。

当前我国城市环境保护面临的主要问题如下：

（1）从城市建设和环境管理的思路上，对城市科学发展、可持续发展和城市环境问题的认识仍然不到位，城市经济和环境保护的协调与发展流于形式，更多停留在理念上

由于与科学发展和可持续发展相配套的法律、政策和机制尚未完善，相当部分城市在建设和管理过程中仍然将本地区的资源禀赋和环境条件置于次要地位，热衷上大项目、搞大发展，并未摆脱资源高消耗、环境重污染的粗放型发展模式。在城市建设和环境管理中缺乏生态系统综合管理观点，在进行生态建设时急功近利。生态建设缺乏系统思维，片面追求个别指标的提高。许多城市甚至斥巨资移植大树、进口草坪，绿化带维护过程中大量使用化学品，导致城市绿化过分人工化和绿地生态功能弱化，并带来了新的环境污染问题。一些北方城市在冬季盲目使用融雪剂，腐蚀道路、危害植物生长。

（2）城市建设和环境管理的政府职能转变尚需要深化

从中央和地方的关系看，中央和地方之间管理职责不清，致使地区之间的环境管理缺少协调和配合，环境问题的自然属性经常被行政区划割裂、管理低效。

从环境管理的部门协调来看，城市中有多个部门分别掌握着不同程度的城市环境管理资源和权利，而环保部门对城市环境的综合调控能力不足，直接导致城市环境保护在城市发展和经营过程中处于弱势地位；由于城市环境管理是个系统工程，涉及规划、计划、经济、建设、交通、环保等多个部门，而现有法律法规和行政体系对城市环境管理的界定比较模糊，各部门职权不清、分工不明，导致对于特定事务的管理分散在各个职能部门，致使若干政策在执行过程中缺乏协调与配合。另外，城市环境管理的各种具体措施大部分由政府部门直接操作，例如环境保护的目标责任制、城市环境的综合定量考核制度，都是作为一种行政行为通过政府体制实施，使得我国的城市环境管理带上了浓郁的政府行为色彩，虽然短时间内能取得一定效果，但是持续的力度和社会效益都不理想。

（3）**城市规划缺乏综合协调和管理，环境保护的理念在城市发展中没有得到充分体现**

在城市规划编制和执行过程中，较多体现城市决策者的意志，“一任领导一任规划”，不能坚持城乡统筹、合理布局、节约土地、保护环境、集约发展和先规划后建设的原则。部分决策者为了追求政绩，盲目拔高城市定位，城市发展不顾地区，片面追求“做大、做强、做优、做美”，大拆大建、重复建设。由于一些重要基础设施和工业企业的选址不当、缺乏科学论证和信息公开，个别城市规划选址项目竟演化为大型群体性事件的导火索，带来了较严重的社会问题。在规划编制过程中，由于城镇化高速增长，现阶段的工作更多考虑城市人口规模和用地规模的匹配，而与城市的长期发展战略、环境综合规划、生态文明建设等相关任务和目标有所脱节，城市资源环境的限制条件和区域、城乡之间的统筹协调考虑不周。目前的城市规划不能与城市建设发展同步，城市基础设施（尤其是环境基础设施）建设落后于城市发展，带来诸多环境问题。另外，尽管我国所有的设市城市均已编制了城市总体规划，但广大小城镇的建设规划水平仍很低，城镇建设管理带有很大的随意性，相当一批城镇的功能布局不尽合理，基础设施建设不配套，这不仅给城镇的管理带来不便，同时也造成土地资源的严重浪费，增加了环境治理的难度。

（4）**环境基础设施建设严重滞后，运行情况堪忧**

虽然我国环保投入逐年增加，环境建设和能力建设得到一定加强，但是环境保护投入资金不足、效率低下的问题仍然十分突出，全国仍有 1/4 左右的城市环境基础设施严重滞后。根据《2007 年全国城市环境管理和综合整治年度报告》，全国655个设市城市中，参加“城考”的城市共617个；其中，“城考”城市生活污水集中处理率平均为52.0%，城市生活污水未经二级处理且未达到排放标准的城市有162个，占“城考”城市总数的26.3%；生活垃圾无害化处理率平均为67.6%（如果按照真正对垃圾渗滤液进行妥善处理的情况统计，估计10%都不到），生活垃圾未按要求进行无害化处理的城市有158个，占“城考”城市总数的25.6%。地级以上城市（含）医疗危险废物未按要求进行集中处置的城市有61个。其中黑龙江、吉林、辽宁、贵州、湖北、新疆、海南、广西、云南、甘肃、山西、西藏等省（区）的城市环境基础设施建设相对落后，尤其是中小城市、县级市环境基础设施建设更加滞后。已建成的环境基础设施，也由于监管不力、配套设施不完善和技术问题导致相当一部分不能达标排放，同时还存在经济政策不配套和运行费用缺乏，致使部分环境污染处理设施运行不足。

（5）“城中村”和城乡结合部成为城市的垃圾堆放场与病菌传播源，“脏乱差”和环境卫生问题十分严重

在快速城镇化过程中，城市建成区周边的乡村迅速转变为城乡混合发展地带，表现出一系列不同于城市和乡村的独特环境与生态问题，是多种法律法规交织的地区和规划管理上的“真空地带”。例如，城市建成区越来越尖锐的人地矛盾和昂贵的垃圾处置成本，使大量的城市生活垃圾被廉价转移到城乡结合部，给城乡结合部造成严峻的环境和生态健康问题。另外，城市建成区面积迅速扩张，大量乡村集体土地被城市建设低成本占用，一些失去耕地的近郊农村也被纳入城市版图，在城市高密度的建设包围下成为“城中村”。“城中村”现象在我国城市中已相当普遍。以北京市为例，目前仅仅朝阳、海淀、丰台、石景山四个城区，就有“城中村”300多处，居住人口70多万人。这些“城中村”普遍缺乏统一规划和管理，以低矮拥挤的违章建筑为主，环境脏乱、人流混杂、治安混乱、基础设施不配套，游离于城市管理的体制之外，被称为都市的“癌症”。“城中村”中污水横流、垃圾遍地、臭气扑鼻的现象十分普遍，环境状况和卫生状况都十分恶劣。

（6）城市居民环境意识和公众的环境监督能力仍然需要增强

随着环境保护宣传教育的加强，我国城市居民的环境意识逐步提高。但是，随着居民生活水平的提高、西方消费观念和生活方式的传播，我国城市居民的生活方式和消费方式也正在向发展型和享受型升级，过度消费、提前消费、炫耀型消费和奢侈型消费迅速增加，种种环境不友好的生活方式和消费模式，大大增加了城市的资源和环境压力。以私家车为例，根据国家统计局的年报，2007年末全

国民用汽车保有量达到 5 697 万辆（包括三轮汽车和低速货车 1 468 万辆），其中私人汽车保有量占 62%；而私人轿车占民用轿车的比重已高达 77.7%，且还在迅速增长（2008 年末达 79.9%），给我国城市道路交通带来日益增加的压力，导致交通拥堵加剧、停车设施供需矛盾激化、机动车污染问题日益突出。另外，城市居民环境保护的积极性虽然不断提升，但是由于公众参与环境保护的机制尚不健全，环境信息仍然不够公开，公众对城市环境保护的参与和监督仍然有待加强。

2. 城市环境建设与保护的指导思想

针对社会主义初期阶段和城镇化快速发展时期城市环境问题的特点，贯彻科学发展观和“建设生态文明”、“建设资源节约型、环境友好型社会”的国家战略，以控制城市污染、推进城市生态建设、提高城市人居环境适宜度为重点，系统协调城市资源、环境、生态与社会经济关系，从空间布局、消费结构、设施建设和管理体系四个方面促进城市节能减排和环境改善，实现城市的可持续发展。

3. 城市环境建设与保护战略目标

我国城市环境保护战略各阶段的目标如下，具体指标的目标见表 6-4，根据人口规模和经济发展水平而划分的不同类型城市的主要问题和战略重点见表 6-5。

表 6-4　城市环境战略目标

年份	2020	2030	2050
城市大气环境质量	80%的城市空气质量达到国家二级空气质量标准，基本消除可吸入颗粒物污染劣于三级的情况	60%以上的城市空气环境质量达到 WHO 指导值的第三阶段目标值	大多数城市空气环境质量达到国家空气质量标准，基本实现 WHO 环境空气质量浓度指导值
城市水环境质量	实现重点城市饮用水安全，地表水Ⅴ类水质标准以上的比例大于 85%；实现重点城市集中式饮用水水源地水质基本稳定达标	确保饮用水安全，解决水质性缺水问题；地下水环境质量趋于改善；实现地级以上城市饮用水水源地水质稳定达标	实现城市河段水环境质量按功能区全面达标，饮用水安全得到保障、水生态系统健康
城市声环境质量	城市声环境质量总体良好，主要噪声源得到有效管理和控制。区域环境噪声平均值达到较好标准的城市比例达到 75%以上	城市声环境稳定改善，噪声源得到全面的管理和控制。相比 2020 年，区域噪声平均值达到较好标准的城市比重明显提升	大部分城市声环境按功能区达标

年份	2020	2030	2050
城市环境保护投资	城市环境保护平均投资指数达到目前发达国家的平均水平（3%左右），环保基础设施运行率显著提高，处理水平全面达到排放标准	城市环境保护投资进一步提高，环境保护投入机制基本完善，环保基础设施运行良好，监管体系完善	城市环境保护投资力度稳步提升，环保基础设施满足生态城市发展要求
城市人居环境适宜度目标	超过半数的城市达到人居适宜度标准，且城市内和城市间的差距扩大趋势得到控制	超过60%的城市达到人居适宜度标准，差距有所缩小	超过80%的城市达到人居适宜度目标，差距缩小明显
城市生态建设目标	城市建成区绿化覆盖率达到40%，城市受保护地区面积占城市总面积比重超过12%	建成区绿化覆盖率和保护地区面积比重稳中有升	建成区绿化覆盖率和城市受保护地区比重保持合理的程度

表6-5　不同类型城市的问题、趋势和重点

城市类型	环境问题现状	环境问题趋势	环境保护推进重点
大而强的城市	基本处于城市化的后期、工业化的后期甚至是后工业化阶段，综合环境治理得以展开。但经济优先的发展思路尚未完全改变，工业化推进对产业结构升级贡献不足；生产型和消费型环境问题并存；环境保护对周边的带动效应不明显	随着后工业化阶段来临，消费型环境问题逐步凸显，新环境问题出现的可能性增大	率先推进产业结构的全面清洁化和高附加值化；提升环保技术创新水平，为末端治理向全程监控转变提供科技支撑；率先构建循环经济体系，重点解决生产型环境问题；率先实现城乡经济与环境协调发展目标
大而弱的城市	一般处于城市化中期初始阶段、工业化中期初始阶段甚至初期，贫困型环境问题和生产型环境问题突出；产业结构不尽合理、优化调整滞后；环境保护投入特别是环保基础设施投入严重滞后且城乡分布严重不均衡	针对城市化进程的加速和工业化的逐步深入，需要重点应对城市规模和工业规模同时扩张所可能带来的环境问题加剧	重点改变以牺牲环境换取经济增长的发展模式，清洁化产业结构；弥补环保基础设施建设历史欠账；贫困型环境问题和生产型环境问题并重共治；2030年前实现由“大而弱”城市向“大而强”城市的转变
小而强的城市	一般处于城市化的中期加速阶段、工业化的后期阶段，环境现状相对较好，环境保护能力强，但生产型和消费型环境问题仍然并存，与发达国家小城镇的水平尚有不小差距	进一步发展中面临着城市规模快速扩大、人口快速增加所带来的环境状况下降的压力	率先实现城市整体的循环经济构建目标；环保技术创新与引进并重，彻底解决生产型环境问题；率先推广绿色消费，解决消费型环境问题；生态建设由于经济发展，率先建成城乡一体化的宜居型城市
小而弱的城市	一般处于城市化的初期阶段或中期的初始加速阶段、工业化的初期阶段，经济发展需求强烈，但环境保护投入不足，贫困型环境问题和早期的生产型环境问题体现明显	快速城市化下城市规模的扩大和强烈的经济发展要求对城市环境保护形成较大压力	经济发展与环境保护并重，积极承接和发展符合环境保护要求的产业与投资；彻底解决贫困型环境问题，防治生产型问题；重点推进环保设施建设；2030年前实现由“小而弱”向“小而强”城市的转变

2020 年，与全面实现小康社会的发展目标相适应，大力促进城市环境污染的源头治理，从根本上遏制城市生态环境恶化趋势，主要污染物排放得到有效控制，城市环境质量和生态状况恶化趋势基本遏制，城市环境安全得到有效保障；资源和能源的使用效率显著提高，能源节约效果显著；城市环境管理协调机制、城市环境预警与污染事件应急机制、生态环境补偿机制逐步完善，环境管理水平显著提升；以循环经济支撑的生态城市达到相当比例，条件较好的城市或城市群率先建设资源节约型、环境友好型社会，生态文明观念在全社会牢固树立。

2030 年，城市污染物排放总量得到全面控制，应对环境危机、解决环境问题的能力得到显著增强，大多数城市建设资源节约型、环境友好型社会，城市环境质量和生态状况全面改善，人居环境显著提升，基本实现城市环境的良性循环。

2050 年，全国城市普遍实现以循环经济为支撑的经济和社会结构，污染物排放总量和浓度均控制在区域可承受范围之内，大部分城市产业结构、经济增长方式、消费模式符合“资源节约型、环境友好型”社会建设战略要求，城市生态系统高度稳定，生态文明建设成绩显著。

4．城市环境建设与保护战略任务

（1）推行集约化的城市发展模式，推进城市的绿色建设和管理，促进城市资源能源节约和可持续发展

城市在合理规划的基础上，要高效利用土地，禁止盲目扩张，严格控制城市规模不合理扩大和城市布局不合理。考虑城市所属区域资源环境特性，基于主体功能区划的要求，基于城市环境容量和资源承载力进行城市发展定位，从而合理控制城市规模和布局，避免单个城市规模过大导致的环境问题，避免城市布局过分集中形成城市连绵带导致的格局性环境问题，并避免城市盲目发展带来的土地浪费。在东部地区，积极构建城市群、城市带，充分发挥中心城市的作用，形成大中小城市功能有机组合、联系紧密的网络型城市体系；在中部地区，发挥大城市和中等城市的综合带动作用，以产业带动城市化的健康发展；在西部地区，最大限度地发挥大城市的核心带动作用，发挥城市的综合效益，促进中等城市的发展。有重点地发展小城镇，首先发展县城和一部分有发展条件的建制镇，使其融入区域城镇体系，并发挥其对广大农村地区的带动作用和对中心城市的支撑作用，纠正片面强调拉大城镇框架、增加城镇人口数量的误区，严格限制“城不城、乡不乡”的“沿路开发”模式，而代之以“组团式”的沿交通轴线开发。

以绿色建设和管理的理念，改善城市机体运行的能流和物流，减少工农业生产和日常消费中，尤其是建筑开发和交通运输领域，不合理的能源资源消耗，促进能源资源的高效利用。

在城市经济发展的过程中，逐步调整城市经济结构，转变城市经济增长方式，发展循环经济，促进城市生态建设，逐步推动城市建设目标与城市环境目标的统一，城市发展与城市生态协调，并逐步解决城市发展过程中遗留的环境问题，促进城市的可持续发展。

（2）优化城市规划体系，在规划中考虑环境和资源的制约因素，落实城市规划的法律地位和城市环境管理的责任，在源头实现城市功能区的协调发展

优化城市规划体系，优先考虑环境要素制约，把资源环境承载力大小、布局，决定的城市发展方向、规模、总量、布局、敏感点，作为经济社会发展等的基础性、先导性、长期性约束条件。辅以法律机制保证，加快落实《规划环境影响评价条例》，做好城乡规划的环境影响评价。要将规划环评的强制性要求体现在有关规划法规中，如《城乡规划法》的具体条文条例中，对规划实施对环境可能造成的影响进行分析、预测和评估，主要包括环境承载能力分析、不良环境影响的分析和预测以及与相关规划的环境协调性分析，并提出预防或者减轻不良环境影响的政策、管理或者工程技术方面的对策和措施。还要落实各级城市人民政府对本辖区环境质量的主要责任，并建立包括污染减排、环境质量改善、绿色GDP指标在内的官员环保政绩考核体系。将环境保护指标作为约束性指标，并且在环境质量严重恶化的城市严格实行环境保护“一票否决”和末位淘汰制度。

切实落实城市规划和环境规划的法律地位。在城市规划编制—决策—执行—监管全过程环节，落实城市规划的权威性和延续性。落实环境规划的法律地位，并开展试点，逐步推行城市中长期环境规划编制和立法工作。

利用城市规划对土地功能的明确和控制作用服务于污染治理，尽量改善城市内部的空间格局，避免工业区、商业区和生活区混杂布局。严禁在城市市区布局发展高污染行业，大力推进工业进园区建设，逐步实现新建项目的全部圈区管理，并先行建设污染治理基础设施。此外，在城市规划中，要处理好城市规划和乡镇以及乡村规划的关系，用城市资金、技术和人才等优势，统筹城乡的污染防治，改善城市周边地区尤其是城乡结合部的环境质量。避免城市恶性扩张以及不合理的土地利用给城市与周边地区带来的污染。

(3) 促进与城市发展进度相适应的环境基础设施建设，同时大力提高环境基础设施处理能力和运营水平

各级城市政府应发挥主导作用，加快包括生活污水集中处理、生活垃圾无害化处理和危险废物医疗废物处理处置设施在内的环境保护基础设施建设，提高基础设施运营水平与处理能力。将城市环境基础设施列为最优先的公共财政投入领域，采取多元化的投资渠道，推进合理收费。对于缺乏资金的中小城镇，可以考虑合理利用城市环境基础设施（如生活垃圾村收集—镇转移—县市处理模式），共同推进城乡污水和垃圾处理水平的提高。

把提高基础设施运营水平放在与建设基础设施同等重要的位置，并加强运营监管。通过大力推行环境基础设施的市场化运营，鼓励尽可能提高设施的实际处理能力，提高运营效率和水平，同时大力提高加强运营监管，确保基础设施持续稳定发挥环境效益。

(4) 提升环境管理能力，强化城市环境管理分类化

强化城市环境管理的分类指导，出台针对不同类型城市的环境分类管理的指导意见。给西部城市留出发展的环境空间，提高东部发达地区城市的环境保护要求，逐步实施环境优先的发展战略。大城市突出机动车污染、环境基础设施建设、城市生态功能恢复等问题，强调城市合理规划和布局，且要利用城市交通系统带动郊区和城市农村的环境保护工作。中小城镇要加大工业和农业的污染控制，加快城市基础设施建设，促进城乡协调发展。对资源型城市，要实现两个根本性转变，更新产业结构，发展多元化经济，实施生态重建，改变处于危机状态的生态环境。

(5) 维护城市生态系统的健康，增强城市的自我调节修复能力

构筑城市生态框架，保护好城市水源地、河道、绿地、湿地等城市生态系统敏感点。加强城市河湖水系治理，增加生态环境用水，维持自然生态功能；建设公园绿地、环城绿化带、社区居住区绿地、企业绿地和风景林地，围绕城市交通干线和城市水系等建设绿色走廊。增强城市中自然生态系统的抗干扰和自我修复能力。实施城市生物多样性策略，利用生态系统调节机制，增加自然生态系统的承载能力和环境容量。疏通城市自然系统的物流、能流、信息流，改善城市生态要素间的功能耦合网络关系，扩大生物多样性的保存能力和环境承载容量，借此提高以光合作用为核心的自然生产力和对城市废弃物的降解。此外，在城乡结合部，加强生态系统维护工作，以避免重走中心城区的老路。

（6）保护城市文化

谨慎实施历史性城市的旧城改造和危旧房改造。应在规划层面秉承保护文化遗产的理念，在实际操作中避免“推平头”式拆迁，避免盲目地在旧城区内兴建高层建筑，使文化遗产遭到严重破坏。应注重平时对中心城区老旧房屋的维护修缮，尽可能保留古建筑、街道和小区的原有风貌。

5. 城市环境建设与保护对策措施

（1）依法行政，严格实施规划

建议城市基础性环境规划和城市规划由人大审批，向社会发布，保持稳定和持续性，彻底改变一任领导一轮规划、书记市长是城市总规划师的短期多变现象。对规划的实施情况，建立配套的政策评估机制，并且在制定规划的同时，就要明确评估的时间节点和绩效要求。

（2）构建城市绿色生产和消费体系

加快用高新技术改造传统产业，推广和使用各种新技术、新工艺、新设备，制定奖惩制度，引导企业推行清洁生产甚至零排放工艺，构建静脉工业体系，提高资源能源利用效率，并改善郊区农业种植模式，提高农业资源利用率。积极推进污水、垃圾减量化、资源化、产业化。配套中水回用管网，开发中水消费市场。构建垃圾分类收集与分类处理回收的配套系统。

政府投入为引导，推行环境标志和绿色产品认证，采用减（免）税、消费者直接补贴等综合性财税激励手段，推进绿色产品的生产和消费。政府应大力推进绿色交通、绿色建筑的使用和推广，以“绿化”城市能源消费，从源头减少城市大气环境污染排放压力。政府还应率先垂范，在政府建筑和公务活动中加大绿色产品的采购和使用力度，并提出政府绿色采购、节能建筑、节水减排等要求和奖惩政策。

（3）构建城市环境保护资金投入的长效机制

明确政府是城市环境保护资金投入的责任，确保环境保护资金投入不低于一定底线，在此基础上多渠道吸引社会资金、商业性资金参与城市的发展建设。探索建立适合公共设施建设的融资模式，试点发行市政环境债券，并完善各种环境保护补贴制度，如补助金、长期低息贷款、减免税等，以及环境保护押金制度。建立促进城市环境保护投资和促进投资有效利用的机制，加强项目立项的科学论证，加强前瞻性规划，避免大量项目在短时期内集中仓促上马，加大项目建设中的科学进度管理，取消无谓的进度超前奖励机制，严格建设运营过程中的资金使用监管，开展对环境保护投资项目的绩效评估工作，对项目投资和运营的整体效益进行科学评判。

(4) 加强城市综合系统管理，理顺城市环境管理体制

加强城市综合系统管理，促进实现“政府牵头，多部门参与”的“大环保”模式，按照“抓两头，带中间”的城市环境思路，强化城市环境综合整治，继续推进“城考”和“创模”工作，树立建设资源节约型和环境友好型城市典范，同时加大对环境管理落后城市的曝光力度，落实地方政府环境目标责任制和责任追究制度。开展风险源监管及污染事故应急技术研究，提高技术支撑能力；建立城市群环境信息共享渠道，建立健全城市群之间环境保护合作协调机制，包括跨界信息通报、联合监测、预警联动等机制；建立环境风险源动态管理与监控系统，并协同基础设施，共同防范及应对重大污染事故。建设区域间的联合预警预报体系，以有毒有机污染物和重大环境风险事故为主要管理对象，对重大区域性污染源信息实施联合通报；开展城市环境风险区划试点，加强环境监管，全力避免污染事故、环境安全事故发生。

进一步理顺城市环境管理体制，提高综合行政能力和城市环境管理水平。理顺城市环境管理中的中央和部门关系，促进城市环境管理中的政府职能转化，依法行使城市环境管理的综合管理职能，促进城市环境管理工作的科学性、系统性和规范性。

(5) 确立城市环境信息公开制度，促进公众参与和部门协调

建立环境决策信息公开制度，完善包括听证制度在内的多项公共参与制度。充分依托城市信息交流和共享平台，建立健全环境信息发布制度，确保信息对称。通过公众参与机制，建立政府与媒体之间的良性互动，拓宽公众参与环境保护的渠道，保障公众的环境知情权、监督权，通过公众反馈提高环保决策的准确性和执行的有效性，扩大民主的程度，让越来越多的城市居民参与建设城市，监督城市管理。

(6) 加强环境问题前瞻性研究，重视人体健康

加强城市噪声、光污染、恶臭、臭氧等综合防治，控制现有并预防新型城市环境问题。加强环境与健康相互关系的研究，启动健康城市的基础性研究，逐步防治因环境污染因素导致的城市病，将污染防治目标从保护环境逐步转移到保护人体健康。鼓励各地结合各自实际开展新型城市环境问题的研究、监测、预防、综合防治工作。

（七）生态保护战略

1．生态保护进展与问题

近几十年来，我国颁布实施了《中华人民共和国森林法》《中华人民共和国野生动物保护法》《森林防火条例》《森林病虫害条例》《野生植物保护条例》《中华人民共和国防沙治沙法》和《中华人民共和国草原法》等一系列有利于生态保护的法律法规。制定出台了《全国生态环境建设规划》《全国生态环境保护纲要》《中国生态功能区划》《国家重点生态功能保护区规划》《全国生态功能区划》和《全国生态脆弱区保护规划纲要》等一系列重要规划。生态示范区建设活动成效显著。全国共批准 528 个生态示范区建设试点，其中 233 个被命名为“国家级生态示范区”。全国已有 14 个省（自治区、直辖市）开展了生态省（区、市）建设，500 多个县（市）开展了生态县（市）创建工作。在农村开展了创建环境优美乡镇和生态村活动，目前全国已有 7 批 382 个镇（乡）获得了“全国环境优美乡镇”称号。生态保护和恢复工作不断得到加强，先后启动了三北防护林建设工程、京津风沙源治理工程、天然林保护工程、退耕还林还草工程、退田还湖工程，建立了一批不同类型的自然保护区、重要生态功能保护区等，全国森林资源逐年增加，森林覆盖率目前已达到 18.2%，水土流失面积共减少了 11 万 km^2，全国沙化土地面积开始出现净减少，年均缩减 1 283 km^2。这些生态建设与保护工程，有效缓解了我国的生态系统退化，部分流域区域生态治理取得初步成效，部分城市和地区生态环境质量有所改善。

2．生态保护问题

目前我国生态保护所面临的形势依然严峻。我国自然生态系统本底脆弱，在人为活动持续干扰下，生态退化的面积不断扩大，水土流失、沙漠化等生态问题突出，江河断流频繁发生，水生态失衡，遗传资源、物种丧失的压力加大，外来物种入侵在东部与西部地区的威胁在加重，转基因生物安全问题也呈加重趋势。局部生态问题有所缓和，区域、流域生态破坏在加剧；原有的生态问题略有好转，新的生态问题不断涌现；人工生态环境有所改善，原生生态环境在加速衰退；单项生态问题有所控制，系统性生态问题更加突出；显性的生态问题向隐性的生态问题转变。从总体上看，生态系统呈现由结构性破坏向功能性紊乱演变的发展态势，局部地区生态退化的现象有所缓和，但生态退化的实质没有改变，生态退化的趋势在加剧，生态系统更不稳定，生态服务功能持续下降，生态灾害在加重，生态问题更加复杂化。

3. 战略目标

为保护生态系统结构和功能完整、保障国家生态安全，国家急需加强生态保护与生态建设，提升支撑经济社会可持续发展的生态服务功能。高度重视生态保护科技支撑能力建设，倡导社会广泛参与，加大生态保育、生态修复及生态建设力度，促使生态系统结构不断优化，生态系统过程逐步合理，生态质量得到全面改善，形成生态保护与经济社会协调发展、良性互动的良好格局。

力争到2020年保障国家生态安全的生态系统格局基本形成，生态系统服务功能得到提升，总体生态压力得到缓减，生态退化趋势得到遏制，部分区域生态质量明显改善。自然保护区、生态脆弱区、生态功能区的建设初见成效，管理能力得到提高。生态补偿机制基本建立，生态文明得到长足发展，初步建立起适应我国生态保护需要的协调管理体制和机制，初步建立起覆盖全国的生态监测网络体系。

2030年构建起较为完善的国家生态安全体系，生态系统结构得到进一步优化，生态服务功能得到大幅提升，生态恶化趋势得到总体控制，全国各地生态质量得到明显改善。生态保护管理体制与机制基本完善，生态文明深入人心，生态保护与经济社会协调发展的态势形成。

2050年生态系统结构趋于稳定，各类生态系统的生态服务功能全面提升，全国生态环境质量良好。生态保护管理体制与机制成熟完善，生态文明的社会风尚蔚然成风，生态保护与经济社会发展和谐共生。

4. 战略任务

为实现生态保护的总体和分阶段目标，必须坚持源头控制、过程监管、末端治理，坚持生态保护和生态建设并重的原则，切实完成以下3大战略任务。

（1）以自然保护区为核心，全面构建国家生态安全框架

抓紧完善并实施全国自然保护区发展规划，以国家级自然保护区建设为重点，加强自然保护区网络体系建设。积极实施自然保护区建设工程，优化空间布局，

提高保护区建设质量和水平，促进保护区由数量型向质量型转变，由面积型向功能型转变，由速度型向效益型转变。坚持重点突破和全面推进相结合的方针，在巩固原有保护区建设成果的基础上，将西南高山峡谷区、中南西部山地丘陵区和我国管辖海域区等生物多样性丰富地区以及目前自然保护区建设相对薄弱的地区作为重点建设区域，建立区域布局合理、类型多样、典型示范作用强的自然保护区体系。

全面加强各级自然保护区管理机构建设。优先建设国家级自然保护区管理机构，逐步实现所有自然保护区建成职能部门健全的管理机构。优化自然保护区管理人员、专业技术人员的配置。摒弃部门利益，创新自然保护区的管理体制，以国家级自然保护区为重点，探索建立自然保护区的直接管理机制。

健全自然保护区法规体系，完善规范化管理制度。完成自然保护区主要技术标准编制；制定并颁布实施“自然保护区法”；修订完善自然保护区土地管理办法，明确土地权属解决模式；完善自然保护区评审制度，修订自然保护区评审标准；制定有关涉及自然保护区的开发建设项目环境管理办法，构建生态补偿机制，明确管理措施和方法；制定自然保护区总体规划编制、基础设施建设、功能分区、资源调查方法及资源质量评价、技术岗位职责、生态监测技术、可持续旅游等国家标准或行业标准。

全面完成自然保护区科学考察，建立基于计算机技术、地理信息技术和网络技术的综合信息化平台。逐步建立由生态系统、重点保护野生动植物物种和重要自然遗迹构成的自然保护区监测网络。定期开展全国自然保护区质量调查与评估，建立健全自然保护区升降级制度和分类管理指导机制。

(2) **强化重要生态功能区建设，大力提升国家生态系统服务功能**

尽快实施国家重点生态功能区规划纲要，以恢复和提升区域生态系统服务功能为目的，选择对区域、流域、地方和国家生态安全具有重要作用的区域，建立重要生态功能区。重点建设大小兴安岭森林、长白山森林、川滇森林、秦巴山地森林、藏东南山地森林、阿尔泰山地森林、三江源湿地、塔里木河荒漠、阿尔金草原荒漠、藏西北羌塘高原荒漠、三江平原湿地、苏北沿海湿地、若尔盖湿地、玛曲湿地、川滇干热河谷、呼伦贝尔草原、科尔沁沙地、浑善达克沙地、毛乌素沙地、黄土高原、大别山山地、西南喀斯特山地等重要生态功能区。

对严重退化的森林、草原、湿地等重要生态系统实施休养生息战略，对严重超出生态承载力的地区实施生态移民，确保其生态功能的恢复与提升。

对重要生态系统内不符合要求的产业实行退出机制。发展有益于区域主导、生态功能发挥、资源环境可承载的特色产业，积极发展生态旅游、生态林业、沙产业、避洪经济、生态养殖、生态农业等生态产业；限制损害区域生态功能的产业扩张，区域资源开发活动必须依法得到有关部门的批准，关闭破坏生态系统的产业；推广清洁能源，积极应用沼气、风能、小水电、太阳能、地热能及其他清洁能源，加快新能源替代，减少对自然生态系统的破坏。

遵循先急后缓、突出重点，保护优先、积极治理，因地制宜、因害设防的原则，结合已实施或规划实施的生态治理工程，综合协调退耕还林、天然林保护、水土保持、防风固沙等各项生态建设和保护工程，加大区域自然生态系统的保护和恢复力度，构建区域生态安全格局，提高水源涵养能力，恢复水土保持功能，增强防风固沙功能，提高洪水调蓄能力，增强生物多样性维护功能，保护重要物种资源，提升区域生态功能和物种资源的服务能力。

（3）加强物种资源保护，全力维护国家生物多样性

开展全国大规模的物种资源本底调查工作，加强生物物种及遗传资源的调查和编目，真正摸清我国物种资源的本底。建立物种资源监测与预警系统，在现有各部门分散监测设施和网络的基础上，打造一个内容综合、部门协调一致和高水平的物种监测网络；同时建立外来入侵种、有害病原微生物及动物疫源疫病的监测预警体系。

完善物种资源保护体系，确立物种资源保护的立法体系框架，加强物种及遗传资源保护与惠益分享的法规建设，健全生物安全、外来物种防治、传统知识保护等方面的国家立法，加快地方物种资源保护立法。修改和完善《植物新品种保护条例》，调整植物新品种的保护范围、保护期限、农民特权等，以适应发展的现实需要。建立生物遗传资源相关传统知识保护与惠益分享的特殊制度，考虑引入生物资源来源证书制度。建立适合我国基本国情的生物遗传资源知识产权政策体系，制定鼓励知识创新的政策、动植物新品种保护与激励政策、转基因生物风险评估和安全管理政策、扶持知识创新的资金信贷政策、规范国际合作防止生物遗传资源流失的政策与措施、严厉打击物种走私、生物剽窃和侵权等各类不法行为。

建立全国植物园、动物园等生物多样性保护规划，制定国家中长期生物多样性保护战略。需要规划在全国重点建设 4～6 个大型植物园和树木园、3～4 个大型动物园、2～3 个大型水族馆，迁地保存全国 80%的植物种、60%哺乳动物种的圈养种群以及大量的水生生物种类。还要规划建立保存遗传资源和基因库。

提供《生物多样性公约》与《联合国气候变化框架公约》之间协同增效的科技支撑能力和应对能力，通过建立自然保护区，保护、恢复和重建能够提供重要产品和服务的生物多样性生态系统。

5. 生态保护对策

(1) 推进资源开发环境影响评价，理顺生态与经济协调发展过程

逐步探索把与资源开发、利用相关的政策、法规等环境影响评价纳入《中华人民共和国环境影响评价法》。完善战略环境影响评价的审批与考核验收制度，大力推进影响资源开发利用的高层次战略环境影响评价。加强流域、区域性矿产开发规划环评，统筹区域资源利用。将规划环评列入国家矿产资源开发管理的有关规定，确保规划环评与矿产资源规划同步进行。打破行政界限，依据区域、流域环境承载能力，统筹矿产资源开发，逐步形成国家、省、市和县 4 级矿产资源规划环评监管体系，重点加强国家规划矿区，煤、铁、石灰等对国民经济具有重要价值矿区和钨、锑、锡、金、离子型稀土等保护性开采特定矿种开发的规划环评工作。强化流域/区域性重点行业规划环评，优化流域资源开发。从流域、区域的角度加强钢铁、石化、电力、造纸和煤化工等重点行业的规划环境影响评价，依据流域整体水、土等资源和环境承载能力，合理确定流域重点行业发展布局，规范各地重点行业的发展规模，优化流域资源开发利用格局。加强资源开发领域战略环评、规划环评和项目环评的后续环境管理，建立相关的环境跟踪评价技术标准与管理体系，逐步规范资源开发过程中的环境跟踪评价工作，积极促进资源开发过程中环保措施的落实与有效运行，确保资源的合理开发与持续利用。

(2) 以生态功能为导向，实施重大生态工程整合

分区分类推进生态工程建设。继续推进天然林保护、退耕还林还草、水土流失治理等重大生态工程建设，积极推进草原生态化转型。条件成熟时，从生态系统的结构与功能等深层次出发，充分发挥林业、农业、水利、环保等各部门的力量，在统一的规划和协调下，充分发挥各部门的优势，整合原有和现有的生态工程资源，逐步实现相同和不同生态建设的重大生态工程整合。探索建立统筹规划机制，避免新建工程的重复计算、重复建设，实现拟建生态工程的整合。建立生态工程的跟踪评估制度，责任追究制度，促进区域重大生态工程的整合。

尽快拯救生态危急区，如额济纳绿洲、甘肃民勤等地区土地沙化严重，保护

其生态系统结构与功能。调整产业结构，发展节水型生态产业。采取综合生物和工程措施，加强水土流失治理。实施开发性生态移民工程，减轻生态压力。继续巩固青藏高原水源涵养区、黄土高原水土流失区、西南山地石漠化区、京津上游风沙源区等重点保护区域的生态治理；重视呼伦贝尔草原区、大兴安岭原始林区生态和川西北水源区等生态良好区的生态保育；密切关注、监控三峡水库、南水北调等重大工程区对生态系统可能产生的干扰。

(3) 以生态资产为核心，建立国家生态监测与预警体系

围绕生态系统结构、过程与功能，整合现有分散于各部门的监测站点，加强生态监测网络建设，建立全国统一的国家、区域、站点三级监测网。从宏观与微观多个尺度为生态质量评估提供数据基础，主要包括以开展生态质量的宏观动态监测和微观重点监测为主的国家级生态监测中心；以承担区域（流域）的宏观质量资产监测和重点区域调查为主的区域、流域性生态监测分中心和以承担各类生态因子的长期定位监测为主要任务的生态监测站点，三级机构在信息和技术上互为支持。加强对生态监测的指标、方法和技术的研究工作，制定全国统一的生态监测标准和技术规范。最终形成以卫星遥感监测和地面定位监测相结合，覆盖全国范围、针对各类生态系统和生态问题的完整的生态监测体系。

完善生态评估的制度和技术体系，形成以生态质量评估为基础，生态资产评估、生态风险评估、生态安全评估等相结合的生态评估体系。全面开展生态质量评估的指标体系、测定技术、评估理论及评估方法研究，尽快形成完善的生态质量评估技术方法和标准。首先在重要生态功能保护区、生态脆弱区等重点区域开展生态质量评估活动。逐步形成完善的生态质量评估制度，定期开展生态质量评价分析，同时建立生态质量公报制度，及时向公众报告生态质量状况的基本信息。

重点关注“气候变化、生物多样性、生态脆弱性、生态承载能力、水土保持能力、水源涵养功能、生态格局”等的变化情况，并针对可能出现的不良后果及时予以警示。环保、农业、林业、水利等部门共同协作，明确各部门的职责与任务，在各部门间实现业务流程与信息的互通与共享，形成一整套切实可行的生态评估、管理、处置等的相互协调联动机制，最终完善国家生态安全评估和监测预警体系。

(4) 分层次实施生态补偿制度，逐步建立区域生态公平机制

建立和完善生态环境成本核算制度，作为确定原料产品的生态环境价格成本的基本方法，完善我国资源产品的价格机制，将资源开发造成的生态破坏恢复成

本纳入资源产品的价格。建立企业环境保护与生态恢复的保证金制度。建立环境资源与生态占用的有偿使用制度，将排污权等环境资源与土地森林等生态占用作为生产要素，纳入产品成本，并通过阶梯价格和市场交易制度，激励企业开展环境友好型的生产经营方式以持续减少环境资源消耗与生态占用。

增加对限制开发区、禁止开发区的财政转移支付，国家安排的国债资金建设项目，要优先用于限制开发区和禁止开发区的公共服务基础设施建设和生态环境保护。实施生态优先的政绩考核体系，对限制开发区域，要突出生态环境保护的评价，弱化经济增长、城镇化水平的评价；对禁止开发区域，主要评价生态环境保护的绩效。以限制开发区为平台整合现有的生态建设项目，建立生态功能保护区建设协调机制，在各级政府的组织下，农业、林业、水利、国土资源、环保等部门各司其职，各项生态建设工程优先在生态功能保护区开展。

流域生态补偿应该以水质和水量控制为核心，上下游地区的政府等利益相关者通过协商建立流域环境协议，明确流域不同河段水质和水量要求，同时明确达标的补偿责任与不达标的赔偿责任。上下游地区之间通过实施财政转移支付、产业结构调整、项目发展扶持、异地开发、流域综合治理和环境服务付费等进行生态补偿。

（5）以生态文明为核心，大力构建国家生态和谐社会氛围

制定科学的生产和消费政策，引导生产要素向有利于生态保护的产业流动，积极推进生态产业发展。在农业领域，鼓励发展生态农业、有机农业等体现生态理念的新型农业。在工业领域，综合运用法律、经济和行政手段，推行清洁生产，鼓励发展循环经济，促进资源的高效利用。在消费领域，提倡“绿色消费”、“适度消费”理念，培育和引导生态导向的消费行为。在区域政策方面，要将产业布局与人口、资源与生态环境综合考虑，建立促进区域经济协调发展的政策体系，减少区域发展不平衡造成的贫困和生态破坏。在投融资领域，要优化投资结构，保证生态环境保护投资与经济建设投资相协调，通过利率和税收杠杆调节投资结构，促使资金倾斜到有利于资源持续利用、生态保护和建设的领域。

倡导有利于生态环境和人类自身发展的适度消费和绿色消费。要形成爱护自然环境，人与自然和谐相处，融入自然的生活理念，在日常生活中，热爱自然、尊重自然、保护自然。从“资源节约”的理念出发，大力进行消费观念的宣传教育，抵制奢华浪费，倡导节约适度消费，逐步改变过去那种高消费、高享受消费理念和生活方式，形成以勤俭节约为荣、以骄奢淫逸为耻的社会新风尚。

（6）以遗传资源惠益分享为平台，完善国家物种资源保护机制

以科学发展观为指导，以物种资源保护为主导，切实加强生态系统和遗传资源的保护；强化管理，提高效率，为生态文明社会建立、经济发展保障提供自然物质基础。建立生物遗传资源惠益分享的特殊制度。尽快出台针对生物资源、生物材料和具有品种权植物进出境管理的法律法规，遏制生物遗传资源大量流失的现象。逐步完善我国生物遗传资源及相关传统知识的知识产权保护及惠益分享制度。必须充分认识生物遗传资源知识产权与国家生物技术发展战略、国家生物资源安全、生态安全和粮食安全之间的战略关系。加强转基因生物安全管理，建立外来入侵生物的预警与监测网络。

（八）农村环境保护战略

1. 农村环境保护进展与问题

近年来，党中央、国务院及各有关部门积极采取有效措施，加大工作力度，农村环境保护工作取得了一定进展。

（1）农村环境保护法律法规逐步完善

目前，我国颁布的关于农村环境保护的政策法规主要有：《环境保护法》和《农业法》相关规定、《土地管理法》及其实施细则、《农业技术推广法》《乡镇企业法》《村庄与集镇规划建设管理条例》《农业转基因生物安全管理条例》《基本农田保护条例》等。总体来看，农村环境保护法律法规、政策体系处于不断完善过程中。

（2）农村环境综合整治取得进展

全国各地围绕农村饮用水安全保障、畜禽养殖污染防治、农用化学品合理使用、农村沼气建设、农村地区工业污染防治等内容，积极开展农村环境综合整治工作，取得了积极进展。

一是农村饮用水安全状况得到逐步改善。“十五”期间，中央安排国债资金及地方政府投入和群众自筹共投入 222 亿元用于农村饮用水状况改善，农村饮用水解困工程使 6 700 多万农民告别了缺水困扰。根据《2006 年中国水利发展统计公报》，至 2006 年，农村饮用水安全人口累计达 5.59 亿人，约占全国农村人口的 60%。

二是重点流域和区域的畜禽养殖污染防治示范工作进展顺利。国家重点在“三湖”地区和长江三角洲、珠江三角洲、黄河三角洲地区，开展畜禽养殖污染防治示范工作。至 2006 年，已建成 2 000 多处规模化畜禽养殖场废弃物利用沼气工程。

三是农药和化肥环境安全管理得到加强。农业部门启动测土配方施肥行动工程，防止不合理使用化肥带来的面源污染，保证农产品安全。环保部门积极开展有机食品生产基地创建工作，在保护农村环境的同时，带动地方经济的发展。

四是农村地区工业污染防治力度逐步加大。2001—2004 年，国家连续三次发布淘汰落后生产能力、工艺和产品的目录。2005 年，关停污染严重、不符合产业政策的炼焦、造纸、纺织印染等企业 2 600 多家，这些企业中很大一部分是位于农村地区的污染企业。同时，一些省市加大农村环境基础设施建设力度，在农村生活污水、垃圾治理方面取得了积极进展。

五是沼气推广及秸秆禁烧和综合利用工作得到加强。“十五”期间，国家先后投入 35 亿元，重点推广沼气建设，到 2006 年年底，全国沼气用户已达 2 200 多万户。各地加大了秸秆禁烧执法力度，大部分地区秸秆露天焚烧现象得到了一定程度的有效控制，有力推动了秸秆青贮、发电等资源化利用。

（3）生态农业与生态示范区建设成效明显

我国政府把生态农业建设作为促进农村经济和生态环境全面协调发展的重要举措。目前，全国生态农业建设县达到 400 多个，其中国家级生态农业县 102 个。“十五”以来，我国逐步形成了“生态省—生态市—生态县—环境优美乡镇—生态村”的系列生态示范区创建体系，开展示范区建设县市达 500 多个，截至 2006 年，全国已有 320 个“国家级生态示范区”。部分地区特别是海南、河北等地，围绕提高农民素质、增加农民收入、改善农民生产生活等问题，立足可持续发展，以建设生态环境、发展生态经济、培训生态文化为内涵，大力开展文明生态村创建活动，取得了明显成效。近年来，有机食品相关的管理和发展机制不断完善，国家出台了《有机食品认证管理办法》《有机食品国家标准》；推出良好农业规范国家标准和认证实施规则，开展源头治理；开展国家有机食品生产基地创建工作，已命名 43 个国家级有机食品生产基地，推动了有机食品的产业化发展。全国有机认证面积超过 300 万 hm^2。

（4）农村新能源建设不断深入

开发与推广农村新能源是保护和改善农村生态环境的重要手段。多年来，我国农村新能源建设工作从无到有、从小到大，不断深入。到 2005 年年底，全国户用沼气达到 1 807 万户，处理农业废弃物沼气工程 3 556 处，处理工业废弃物沼气工程 208 处，太阳能热水器保有量 7 500 m^2，太阳房 1 514 万 m^2，太阳灶 68.6 万台。据测算，全行业总产值达 300 多亿元，年开发可再生能源折合 1 700 多万 t

标准煤。农村节能工作成效十分显著，已累计推广省柴节煤灶 1.9 亿户，节能炕 2 000 万铺，普及率达 70%以上，热效率提高了 10 个百分点，节约了大量的生物质资源，有效缓解了农村能源的紧张局面。近年来，我国在秸秆能源化和生物液体燃料方面也取得了一些新进展，已经建设了秸秆集中供气站 539 处。此外，我国引进、育成了多个优良能源作物品种，开展了一定规模的区域栽培试验和中试转化试点，为规模化开发利用生物质能源奠定了基础。

近年来，尽管农村环境保护工作取得了积极的进展，但目前我国农村环境形势仍然十分严峻。农村环境点源污染与面源污染共存，生活污染和工业污染叠加，各种新旧污染相互交织，工业及城市污染向农村转移，危害群众健康，制约经济发展，影响社会稳定，已成为我国农村经济社会可持续发展的制约因素。现阶段农村环境问题主要体现在以下几个方面：

（1）水环境恶化趋势总体加剧，农村饮用水安全得不到保障

农村水环境特别是饮用水安全面临巨大压力。近年来，虽然国家投入了大量资金解决农村饮用水问题，农村的供水方式和供水能力也取得了一定进步，但相当一部分地区农村饮用水供水水质卫生问题仍没有得到明显改观，农村用水的保障优先性低于城市和工业用水，水源性缺水和水质性缺水并存。

一是农村供水设施严重不足，供水保证率低。截至 2006 年年底，我国靠自来水供水的农村人口为 5.82 亿，占农村总人口的 61.12%；手压机井供水的农村人口为 1.84 亿，占农村总人口的 19.35%；雨水收集供水的农村人口为 0.15 亿，占农村总人口的 1.58%；其他初级供水形式供水的农村人口为 0.86 亿，占农村总人口的 9.04%。农村供水设施严重不足，许多地区农户采用分散式供水，或直接抽取浅层地下水饮用，有的边远山区农民直接饮用地表水。

二是有害物质超标和水质污染严重。全国仍有 3 亿多农村人口饮用水达不到安全标准，其中因污染造成饮用水不安全人口达 9 000 多万人。有相当比例的农村饮用水水源地没有得到有效保护，水源地周边污染源得不到有效治理，监测监管能力薄弱。在一些地区，饮用水水源地的保护方式还非常粗放，只是简单地划出一个保护范围，污染源治理、水质监测等配套措施缺乏。氟超标、苦咸水、细菌超标等问题也较为严重。据初步估计，目前全国仍有 6 300 多万人饮用高含氟水，3 800 多万人饮用苦咸水，饮用水含氟量大于 2 mg/L 的人口约占病区总人口的 40%。2006 年农村饮用水与环境卫生现状调查初步结果显示，目前我国农村饮用水水质不合格率为 43%，如果执行新的《生活饮用水卫生标准》（GB 5749—2006），水质不达标的比例会更高。对 234 个农村供水站的饮用水卫生监测表明，其细菌指标合格率仅为 8.81%。京津唐地区 69 个乡镇地下水和饮用水取样分析表明，硝酸盐含量超过饮用水标准的占一半以上。

三是饮水不安全导致一些农村地区疾病流行。据调查，我国一些沿江农村地区，由于受大量工业废水和生活污水的污染，出现了“癌症高发村”。因饮用水问题，一些农村地区出现了斑牙病、结石、皮肤病等疾病。

（2）面临粮食安全保障压力，农用化学品使用量居高不下

我国是世界上化肥、农药使用量最大的国家。据统计，我国化肥和农药年施用量分别达 4 700 万 t 和 130 多万 t，而利用率仅为 30%左右，流失的化肥和农药造成了地表水富营养化和地下水污染。化肥流失加剧了湖泊和海洋等水体的富营养化，造成地下水和蔬菜中硝态氮含量超标，影响土壤自净能力。

（3）生活污染严重影响村镇环境卫生和人体健康

农村生活污水得不到有效处理。与城市较完善的环境基础设施相比，小城镇和乡村聚居点的环境基础设施明显落后，绝大部分村镇的生活污水未经处理而直接排入河道，成为农村水污染的主要来源。据测算，全国农村每年产生生活污水 90 多亿 t。我国目前近 4 万个建制镇和集镇绝大部分没有集中的污水处理设施，300 多万个村庄的生活污水大部分未经处理，南方河网密集地区就近排入到自然水体中，北方干旱地区通过沟渠排放，经自然降解后入渗到地下。

村庄生活垃圾收运、处理设施建设滞后。初步测算，全国农村每年生活垃圾产生量约 2.8 亿 t。多数村庄垃圾随意堆放，严重污染了水系、土壤和空气以及人居环境。据有关调研结果，四川省乡镇生活垃圾无害化处理率仅为 5.05%；河南省淮河流域及南水北调沿线区域的 15 个市农村生活垃圾处理率不足 40%；即使在经济较发达的江苏省，苏中、苏北地区建设垃圾转运站的乡镇不足一半。国家对农村生活垃圾治理既没有专项资金支持，也缺乏系统的政策引导，同时缺乏符合农村实际的生活垃圾处理适宜技术和标准规范。部分地方政府虽然开展了一些试点示范项目，但规模还很有限。由于缺乏约束机制，小城镇建设中形象工程优先，污水垃圾处理设施建设滞后的现象比较普遍。

排泄物处理不当对人体健康构成威胁。据统计，目前我国农村人口的排泄物年产生量为 2.6 亿 t，无害化卫生厕所普及率则仅为 32.31%，有 1.8 亿多 t 未进行无害化处理。大部分农户没有进行改厕，未经无害化处理的排泄物随着雨水进入了水体环境，是造成农村饮用水微生物指标严重超标的主要原因，这大大增加了

肠道传染病、寄生虫病和人畜共患疾病发生和流行的风险，严重影响了农村群众的身体健康。据调查，蛔虫感染在西方发达国家已经接近绝迹，而在我国感染人次竟高达5亿多，其中绝大多数是农村人口。

（4）**畜禽养殖业成为农村重要污染来源**

畜禽养殖污染治理设施建设普遍滞后。近年来，我国集约化畜禽养殖蓬勃发展，畜禽养殖废弃物产生量逐年增加，造成的污染日益严重。我国畜禽养殖业污染存在的主要问题有：第一，畜禽废弃物产生量大，据国家环保总局2000年对全国23个规模化畜禽养殖集中省、市的调查显示，我国畜禽养殖废弃物产生量约为30亿t，是工业固体废物的2倍多。第二，畜禽废弃物污染严重，据调查，80%以上的养殖场都没有综合利用和污水治理设施，已经成为农村污染的重要来源。第三，严重威胁和影响了大中城市的区域环境质量。养殖废弃物处理不当，不仅会带来地表水的有机污染和富营养化，还会产生大气恶臭污染甚至地下水污染，畜禽粪便中所含病原体会威胁人群健康。

养殖业规模缺乏控制和布局不当问题突出。一些地区可利用的环境容量小，没有足够的耕地消纳畜禽粪便，生产地点离人的聚居点很近或处于同一个水循环体系中，加之其规模和布局没有得到有效控制，没有注意避开人口聚居区和生态敏感区，造成畜禽粪便还田的比例低、危害直接。在一些地区，畜禽养殖污染成为水环境恶化的重要原因。据有关研究，太湖富营养化的养殖业污染负荷贡献比例为23%，而在黄浦江、杭州湾的贡献比例则分别高达36%和35%。

（5）**工矿和城市污染向农村加速蔓延**

乡镇企业布局分散，普遍缺乏必要的污染治理设施。据农业部的统计数据，目前我国有4 000余万家乡镇企业，这些乡镇企业多数分布在广大农村地区，绝大多数还停留在粗放型的经济增长模式上，追求短期经济利益，缺乏统筹规划。目前，我国乡镇企业废水COD和固体废物等主要污染物排放量已占工业污染物排放总量的50%以上，而且乡镇企业布局不合理，污染物处理率也显著低于工业污染物平均处理率。现有的乡镇企业废水、废气、废渣等污染物排放总量很大，远远大于环境承载能力。有的乡镇企业受经济利益的驱使，虽有治污设施，但长期闲置，没有正常运行，废水不经处理，直接入河；有的企业甚至私设排口，偷排现象严重；不少锅炉、窑炉、生活大灶烟尘超标严重。同时由于经营者的短期行为，使一些污染问题旧账未还，又欠新账，不少企业想方设法应付环保部门检查，污染治理一直不能到位。农村地区资源开发活动缺乏有效监管，生态破坏严重。据有关调查结果，2000—2005 年，仅贵州省因采矿业排放污染物而使农作物受害面积累计达 956.8 hm^2，土壤污染面积 853.8 km^2。

城市、工业、旅游等外来污染向农村加速转移。从目前污染转移的情况来看，主要包括三类：一是城市污染向农村转移；二是境外工业污染向农村转移；三是旅游污染向农村转移。近年来，由于城市普遍加强了环保建设与监管，许多污染企业无法在城市立足，便搬出中心城区，搬向郊区和农村，造成工业污染的转移。一些城郊地区已成为城市生活垃圾及工业废渣的堆放地，全国因固体废弃物堆存而被占用和毁损的农田面积已超过 13.33 万 hm^2（200 万亩）。由于工业生产需要各种原料，很多原料性污染也伴随着企业的转移，从外地甚至境外转移到农村。此外，由于乡村旅游的兴起，旅游相关产业的飞速发展所带来的生活污染和交通污染，人文景观和娱乐设施开发所造成的生态破坏，也给作为旅游目的地的农村带来了沉重的污染负荷。

（6）土壤环境恶化严重威胁食品安全

土壤污染总体形势严峻。由于长期过量、不合理地使用化学肥料、农药、农膜以及污水灌溉，使污染物在土壤中大量残留，直接影响土壤生态系统的结构和功能，使生物种群结构发生改变，生物多样性减少，土壤生产力下降，土壤环境质量恶化，影响作物生长，造成农作物减产和农产品质量下降，对生态环境、食品安全和农业可持续发展构成威胁。近 20 年来，我国农用塑料薄膜使用量猛增，特别是地膜的用量和覆盖面积已居世界首位。目前平均每年有 45 万 t 地膜残留于土壤中。由于农膜很难降解，影响土壤通气和水肥传导，造成粮食减产。据不完全调查，目前全国受污染的耕地约有 1 000 万 hm^2（1.5 亿亩），占耕地总面积的 1/10 以上，其中多数集中在经济较发达地区。

土壤污染对农产品生产环境构成威胁。土壤污染带来严重后果：一是影响耕地质量，造成直接经济损失。二是影响食品安全，威胁人体健康。三是影响农产品出口，降低国际竞争力。目前，集约化农田农药、兽药残留，硝酸盐污染，重金属富集与农膜残留等，较为普遍，严重影响了我国农产品质量安全。2005 年 4 月，农业部组织有关质检机构对我国 37 个城市蔬菜农药残留状况的监测结果表明，52 种蔬菜 3 845 个样品中，农药残留超标样品 318 个，超标率为 8.3%。频繁过量施用氮肥，导致蔬菜中硝酸盐含量严重超标，某些磷肥含氟、镉和砷等有害物质，增加了蔬菜、粮食中氟和重金属的含量。由于土壤污染具有累积性、滞后性、不可逆性的特点，治理难度大、成本高、周期长，将长期影响经济社会的发展。土壤污染问题已经成为影响群众身体健康、损害群众利益、威胁农产品安全的重要因素。

2. 农村环境保护战略目标

到2020年，农村环境质量恶化趋势得到初步遏制，环境问题突出、严重危害群众健康的村镇基本得到治理，部分地区农村环境质量获得改善。农村环保基础工作得到加强，村镇生活污水和生活垃圾收集处理体系逐步建立健全，农村环境保护法律法规得到完善，生态环境意识深入人心，城乡环境保护“二元结构”问题得到缓解，全国农村环境面貌明显改观。农村人口基本实现饮用水安全，大部分农村生活污水、生活垃圾和农业废弃物得到有效处理和利用，农村卫生厕所普及率和种植业测土配方施肥与病虫害综合防治率达到80%。

到2030年，农村环境质量恶化趋势得到遏制，大部分农村环境质量获得改善和提高。城乡环保一体化格局基本形成，村镇环境基础设施健全完善，农村地区落后的生产生活方式发生根本转变。农村人口全部实现饮用水安全，绝大部分农村生活污水、生活垃圾和农业废弃物得到有效处理和利用，农村居民全部使用上卫生厕所，种植业全部实现测土配方施肥与病虫害综合防治。

到2050年，农村环境质量全面改善，人与自然高度和谐，农村生态文明牢固树立，国家粮食安全、食品安全、环境安全得到有效保障，农村经济、社会、环境协调发展。

3. 农村环境保护战略任务

（1）加强农村饮用水水源地保护，保障农村饮用水安全

科学划分全国农村饮用水水源保护区。按有关规范要求，完成饮用水水源保护区划定和调整工作，确定保护区等级和界限，设立警示标志。优先划定人口比较密集的村镇集中式饮用水水源保护区，调整划分已经不能满足保护水源地环境要求的饮用水水源保护区的区划。把水源保护区与各级各类保护区建设结合起来，明确保护目标和管理责任。加强饮用水水源保护区水土保持和水源涵养。因地制宜，采取相应管理措施，加强农村分散式饮用水水源地的环境保护工作。

建立全国农村水源地水质监测和评价网络。完善饮用水水源水质监测、评价的标准和技术规范。加强饮用水水源地环境监测能力建设，积极提升县级环保部门对饮用水水源水质常规指标的监测能力。加强农村地表及地下饮用水水源水质监测与评估，定期对集中式饮用水水源地进行水质全分析监测，及时掌握水源水质变化情况并及时公布水环境状况。健全饮用水水源安全预警制度，制订突发污染事故的应急预案。

严格农村饮用水水源地环境监管，开展重点区域治理。科学规划区域产业发展布局，严格限制在饮用水水源保护区上游建设污染严重的化工、造纸、印染等企业。定期开展饮用水水源地环境保护专项执法检查。重点推动饮用水环境安全受到严重威胁地区、重点流域和区域的饮用水水源地专项治理工作。

(2) 积极开展农村生态环境综合整治，改善农村人居环境

制定全国村庄环境综合整治规划。尽快研究制定《村庄环境综合整治技术规范》。结合村庄的建设需求、人文特征、产业特点等合理划分村域功能布局，强化环境规划内容的前置约束作用，提高村庄环境综合整治规划的针对性与可操作性，制定村庄污染治理和生态保护等具体实施方案。

强化农村生活污染治理。加强重点流域、区域，特别是饮用水水源地上游地区的农村生活污水的收集与处理。在人口集中、经济发达、排污量大、污染比较严重的村镇，建设污水集中处理设施；位于城市污水处理厂合理范围内的村镇所产生的污水可纳入城市污水收集管网，与城市污水共处理。对居住比较分散、经济条件较差村庄的生活污水，采用低成本、易管理的方式进行分散处理。将农村净化沼气池建设与改厕、改厨、改圈相结合，逐步提高农村生活污水综合处理率。因地制宜处理农村固体废物，逐步提高垃圾无害化处理水平。加强对农村地区电子废弃物、有毒有害废弃物的分类、回收与处置。

推广农村清洁能源。因地制宜，建设不同类型的农村清洁能源工程，逐步改善农村能源结构。大力发展农村沼气，综合利用作物秸秆，推广能源生态模式。在农户分散养殖畜禽的区域，以村为实施单元，集中连片推广“一池三改”户用沼气工程；在靠近规模化畜禽养殖场，料源充足、交通方便的地区，推广应用以畜禽粪便为主的沼气工程；在秸秆资源较丰富的农村聚居区，推行秸秆机械化还田、秸秆气化集中供热或发电工程，积极扶持秸秆收购企业和综合利用产业发展。

(3) 开展面源、土壤和养殖业污染防治，实现农业生产污染减排

加强面源污染防治。开展农村面源污染现状调查，明确不同区域面源污染的产生原因及危害特征。加强化肥、农药使用的环境安全管理。在粮食主产区和重点流域普及推广测土配方施肥技术。优化肥料结构，加快发展适合不同土壤、不同作物的专用肥、缓释肥，少用化肥，多用有机肥。引导和鼓励农民使用高效、

低毒、低残留农药，推广病虫草害综合防治、生物防治和精准施药等技术。建立健全农药生产和使用的废弃物回收及无害化处理处置体系。在我国粮食主产区及水污染治理重点流域、区域，优先启动农村面源污染综合治理的试点、示范工作。

开展土壤污染综合治理与修复示范。重点推动长三角、珠三角、环渤海湾地区、东北老工业基地、成渝地区、渭河平原以及主要矿产资源型城市的土壤污染现状调查。通过土壤污染普查，掌握全国范围的土壤污染现状、范围、程度和特征，建立和完善全国土壤环境监测网络，建立健全土壤环境监测和质量管理体系。在全国土壤污染状况调查基础上，针对不同土壤污染类型，在重点城市和流域的基本农田保护区、菜篮子基地、重点污灌区、典型工矿企业废弃地、油田区等，开展土壤污染修复。在我国粮食主产区、中西部自然条件较好的地区，建设一批安全农产品生产基地。

治理畜禽和水产养殖污染。根据《畜禽养殖污染防治管理办法》及《畜禽养殖业污染防治技术规范》，对畜禽养殖业发展进行合理规划布局，科学划定畜禽养殖禁养区、限养区、宜养区。在畜禽养殖废弃物产生量较高的地区，加强畜禽养殖废弃物的综合利用。把畜禽养殖业发展与绿色食品、有机食品生产基地建设结合起来，遵循“以地定畜、种养结合”的原则，形成生态养殖—沼气—有机肥料—种植的循环经济模式。开展水产养殖污染状况调查，根据水体承载能力，确定水产养殖方式，控制水库、湖泊网箱养殖规模。加强水产养殖污染的监管，积极发展生态水产养殖产业。

（4）优化农村工业发展布局与产业结构，加强农村工业化环境保护

优化农村工业发展布局与产业结构。重点在农村工业集聚分布的中东部地区，强化农村地区工业污染防治工作。积极推进农村工业发展规划的环境影响评价，通过规划环境影响评价促进企业的合理布局。把农村工业的发展和小城镇的规划建设结合起来，引导企业适当集中，对污染源实行集中控制。优化农村产业结构，鼓励发展少污染的行业和产品，严格控制重污染的行业和产品的发展。在矿产资源开发规模较大的地区，加强农村地区矿山污染治理与生态恢复，改善矿区生态环境质量。

严格环境监管，防止污染向农村地区转移。加大农村工业企业污染监管和治理力度，禁止工业固体废物、危险废物、城镇垃圾及其他污染物从城市向农村地区转移，禁止污染严重企业向西部和落后农村地区转移。提高农村地区工业企业准入门槛，严格执行国家产业政策和污染物排放标准以及总量控制制度等环保标准，淘汰污染严重和落后的生产项目、工艺、设备。以造纸、酿造、化工、纺织、印染行业为重点，加大农村工业污染治理和技术改造力度。

4．农村环境保护对策措施

(1) 建立城乡统筹的环境保护机制

扎实推进村镇环境综合整治，开展城乡产业发展的生态适宜性评估，优化城乡产业布局，在城乡结合部建立生态缓冲带，加强城乡统筹农村环保科技支撑体系建设，大力推广农村环保实用技术，从城乡统筹的角度考虑，合理高效配置生活污水、生活垃圾的处理设施和长效运行保障机制。建立水源地、绿地等城乡统筹生态补偿机制，确立相应的生态补偿主体、补偿客体、补偿标准和补偿方式；建立城乡统筹农村环境保护投入机制、奖惩机制和考核机制，完善城乡统筹环境监管体系和政策保障体系。

(2) 建立以奖促治为主要内容的政策保障机制

实施“以奖代补、以奖促治”，解决危害农民群众健康的突出环境问题。积极拓展资金渠道，逐步建立政府、企业、社会多元化投入机制。将农村环境保护列入中央财政预算，设立专项户头。从排污费等专项资金中安排一定比例用于农村环境保护。地方各级政府应在本级预算中安排一定资金用于农村环境保护。加强投入资金的制度安排。引导和鼓励社会资金参与农村环境保护。各级地方政府应积极组织和引导当地群众，参与到农村环境保护项目的建设和实施过程。

(3) 建立农村环保部门协调机制

国务院各有关部门各司其职，紧密配合，共同推进农村环境保护工作。发展改革、财政等综合经济部门尽快制定实施有利于农村环境保护的政策措施，加大农村环境保护的资金支持。建设部门要指导制定镇村建设规划，指导并组织农村生活污水、垃圾的处理；农业部门要抓好化肥、农药、畜禽养殖等生产过程中的污染防治，积极发展生态农业、资源综合利用；水利部门要抓好农村饮用水工程和水土保持，合理调配水资源；卫生部门要抓好农村改水、改厕等卫生保健工作；科技部、国土资源、林业等各有关部门也要做好相关工作。环保部门要加强指导协调，对农村环保工作统一监管，检查考核各项工作落实情况。

(4) 完善农村环保目标考核机制

将根据农村环保任务完成情况和环境质量状况，建立健全农村环境综合整治目标责任制，纳入各地经济社会发展综合评价体系，合理规划农村环境综合整治的目标和任务，建立完善目标考核机制，逐级明确责任，层层抓好落实，作为政府领导干部综合考核评价的重要内容抓紧建立生态环境质量监测和评价体系，以加大畜禽养殖污染防治力度为突破口，强化农业环境监管工作。切实加强农村环境保护能力建设，加大农村环保宣传教育力度，建立公众参与、信息共享和监督机制。

（5）健全完善农村环保法规政策体系

早日拟订颁布实施《畜禽养殖污染防治条例》，编制《畜禽养殖污染防治规划》，推进本地区建立和完善畜禽养殖污染防治法规制度，鼓励有条件的地区开展农业面源污染的监测试点，制定促进有机肥、生物农药、可降解、易回收农膜等环境友好型农业生产资料，以及禁止和限制高毒高残留农药等高环境风险农业生产资料生产、销售和使用的政策措施，从源头上控制减少农业面源污染。组织开展全国土壤环境功能区划和土壤污染防治规划编制工作，开展土壤环境监管试点，研究制定污染场地土壤环境保护监督管理办法，加强“土壤污染防治法”立法研究工作，组织开展土壤污染治理和生态修复示范。

（6）建立农村环保科技创新机制

在充分整合和利用现有科技资源的基础上，加强农村环境保护重大课题的研究与科技攻关，包括农村城镇化进程中的城乡统筹环境保护、农村区域水环境安全保障等，尽快建立农村环保科技支撑体系，以科技创新推动农村污染防治工作。加快科研成果转化和实际应用，大力研究、开发和推广低成本、易操作、高效率的农村环保适用技术。加强农村环境污染治理技术的培训、指导和试点示范。建立农村环保适用技术发布制度。

（九）核与辐射安全战略

1. 核与辐射安全进展及问题

为了保证核事业的健康发展，国家高度重视核与辐射安全监管工作。自 1984 年起就建立了国家核安全局，对核安全进行监管。经过 20 多年的努力，已基本建立了一套核与辐射安全监督管理体制和相关法规、标准体系，培养了一支核与辐射安全监管队伍，核安全监管为过去多年来全国核安全与辐射安全发挥了重要作用。但面对全国核与辐射安全形势，目前核安全监管的情况远不能达到“万无一失”的程度。分析起来，存在以下主要问题。

（1）核电快速发展，核与辐射安全监管能力不足

近年来，我国核电厂建设规模大、速度快，技术多样，大规模发展核电造成短期内监管能力不足。

一是核与辐射安全监管的组织体系尚不健全，监管人员不足。目前，我国从事核与辐射安全监督管理的人员只有 310 人。环境保护部（国家核安全局）现有人员即使全部用于核电安全监管，现在每个机组监管人员平均 14 人，目前核与辐射安全监管基本上停留在“救火”的状态，上海、广东监督站对新开工项目已经派不出驻厂监督员，以核电机组数平均比较，2012 年每个机组监管人员下降到平均 6 人，与国际上平均每个机组 35 人差距很大。

二是由于核与辐射安全监管人员的待遇与核电企业差距甚大（是 3～6 倍的差距），已经很难吸引相关科研机构、设计院所、核电厂等单位有一定工作经验的人才，目前监管人员主要是以新毕业的学生为主，对技术问题的判断和解决达不到足够的深度要求，需要不断在工作中培养技术能力，核与辐射安全监管技术水平与核工业从业人员的技术能力水平差距在不断拉大。

三是我国核与辐射安全监管的经费投入多年来处于极低水平。目前每年 4 100 万元人民币，大体相当于美法等国投入的千分之一，许多迫切需要开展的工作（如核与辐射监管科研、法规建设和审评能力建设等）苦于没有经费而无法落实。

四是核安全监管的技术水平和技术能力亟待提高。缺少独立的核算验证、试验、检验的必要装备和能力，核与辐射安全技术和监管的技术研发严重滞后，与核电自主化、国产化和创新发展不相适应。

（2）核能发展未能同步解决其废物处置问题

我国放射性废物主要产生于核电、核军工生产和科研、民用核燃料循环、核技术利用、伴生放射性矿物资源开发利用等领域，全国已有约 1 700 万 t 的废石和 70 万 t 的尾矿渣得到治理，目前运行的核技术利用废物库有 24 个，已经建成了西北和北龙两个中低放废物的处置近地表处置场。但是，目前核电厂的固体废物和废液固化体基本上存放于电厂的放射性废物暂存库中（存放时间较长的秦山核电厂已经超过 15 年，严重违反国家有关规定，大亚湾核电厂的废物库也接近存满）；核军工企业现场积存有大量的放射性废物，特别是长期贮存的放射性废液对环境安全造成极大的威胁；研究设施的退役与污染整治项目进展缓慢，废物处置能力、去污与环境整治技术能力远不能满足工程需要；铀地勘和矿冶系统产生的废石大多露天堆放，尾矿渣大多贮存在尾矿库中；伴生放射性固体废物大多露天堆放；

中低放废物区域处置政策难以落实；高水平放射性废物处置研究从总体上看只是做了一些跟踪性的初步探索工作，处置库选址尚无明确的责任单位。总之，核电和核技术应用的快速发展，使得放射性污染的潜在风险增加，放射性废物最小化原则还没有在设计和运行中充分地加以体现；中低放废物区域处置政策难以落实；燃料循环设施的“三废”处理系统的状况普遍标准偏低，大量的核设施等待退役，废物有待安全处理处置、欠债较多；没有国家级高放废物地质处置专项规划，相关政府法规和标准基本上还是空白；高放废物地质处置的责任主体不明确。

（3）辐射环境问题不容忽视

各种介质中的放射性水平与 1983—1990 年开展的全国环境天然放射性水平大调查的结果相比无明显变化，但建材中放射性造成室内氡的水平有明显上升。矿产资源开发利用造成了个别区域天然放射性水平升高。我国铀矿山通风得不到应有的重视，造成采场氡及其子体超标，导致工人肺癌发病率高于对照组，我国铀矿工个人所受剂量从 20 世纪 80 年代以来基本都保持在一个较高的水平；原地爆破浸出矿房中的矿石量要比常规矿房存留的矿量大几十倍到近百倍，爆破后矿井中氡的产生量要比常规法采矿的氡量大得多，矿井通风和防护问题亟待解决。医疗照射过程中的辐射安全问题也需要密切关注，通信和高压输变电建设过程中的工频电场和磁场问题突出。

我国的核技术已在医疗卫生、科学研究和工农业等领域广泛利用，尤其是放射性同位素和射线装置应用最为广泛，乏燃料和放射性物质的运输活动还不够规范，带来的监管问题突出。我国近几年放射性同位素应用规模与数量一直以高于10%的速度增长，到 2007 年，全国共有放射源单位 13 000 多家，在用放射源 11 万多枚，射线装置单位 3 万多家。此外还有废放射源 5 万余枚。我国放射性同位素应用中放射源丢失、被盗事故时有发生，造成人员受照射和环境受污染。据有关部门统计，1988—1998 年中共发生丢失放射源事故 250 起，占同位素应用领域全部事故的 80.9%，共丢失 546 个源，未找回的源 235 个，占丢源的 43.0%，丢失放射源事故主要发生在水泥生产行业，占丢失源总事故的 37.2%。

（4）核安全法律、法规和相关的技术标准不健全

一些与核安全密切相关的重要法律，如《原子能法》（或《核安全法》）迟迟未制定，我国还没有一部放射性废物管理相关的法律，在研究堆、核燃料循环设施、放射性废物管理、放射性物质运输等方面的法规缺项较多，一些新发布的法规或新修订的法规其配套导则不全，现行法规中尚存一些适用性差，不适应技术

进步等问题，一部分来自国际原子能机构的法规和导则由于历史原因在吸收的同时结合国情不够。

2．核与辐射安全战略目标

核与辐射环境安全总体目标：通过建立完善核与辐射安全法规体系和监管体系，利用先进的科学技术，使核燃料循环设施的“三废”处理设施得到配套和完善；形成完整的科研管理机制，建立一批核安全与辐射安全研究国家重点实验室；完成全国辐射环境监测网络建设，形成完整的核事故预警、应急响应和事故评价系统，建立健全应急监测能力；核与辐射安全总体达到国际先进水平，放射性废物管理进入良性循环。

2020年，建立完善核与辐射安全的法规体系和监管机制，全面推进放射性废物的安全管理；初步完成早期核工业核设施退役和“三废”治理，加强能力建设，形成完整的核事故预警、应急响应和事故评价系统，建立健全应急监测能力。

2030 年，核与辐射安全总体达到国际水平，进一步完善核与辐射安全的法规体系和监管机制，放射性废物管理进入良性循环阶段。

2050年，根据国家能源发展的情况，以及当时国际上核与辐射安全的进展，继续保持我国核与辐射安全监管水平始终与国际同步，对于新型核能发展带来的安全问题具备相应的对策，特别是针对核聚变能可能的应对，对其安全保持有效的监管；建成高放废物地质处置库，高放废物分离嬗变实现工程实施。

3．核与辐射安全战略任务

（1）提高核与辐射安全水平

坚持“核与辐射安全万无一失”的方针，健全对核与辐射危害的有效防御，重点维持核设施的正常运行，采用纵深防御策略，预防事故发生和在事故情况下缓解其后果，从而保护工作人员、公众和环境不致受到辐射带来的伤害。一是不断改进现有的“二代加”反应堆的安全水平，引进、消化、吸收、再创新三代核电技术，形成我国未来核电主力堆型和有自主知识产权的核心技术，积极开展快堆和高温气冷堆技术研发。二是自主开发与引进相结合，全面提高我国核燃料循环设施的安全水平。三是加快淘汰危险性大的老旧Ⅰ类、Ⅱ类放射源应用设施，采用新技术和新工艺促进潜在危险性较大的辐照加工和工业探伤等核技术应用行业的技术更新换代。

（2）加强放射性废物安全管理

核电及燃料循环设施必须在设计、建造、运行和退役过程中体现废物最小化的原则。编制和颁布放射性固体废物处置场选址规划，理顺管理体制，建立处置收费制度，促进中低放废物区域处置政策的落实。制定总体规划，落实管理体制，促进高放废物地质处置的进程，在2020年前建立以地下实验室为核心的国家高放废物地质处置研究平台。开展高放废液处理技术研究。

（3）提升核与辐射安全监管能力

加强核与辐射安全监管机构建设，使监管人数数量与国家核能发展规模相适应。加强核与辐射安全监管部门机构和队伍能力建设、提高技术手段，严格执法，加强对核与辐射安全的监督管理。2012年前，恢复设立环境保护部管理的国家核安全局，建成由机关、派出机构、技术支持单位组成的，相对独立的核安全监管体系，同时加强省级环境保护部门的辐射环境监管能力建设。

加强监管技术能力支撑体系建设，统筹规划、分步实施，建设由共用条件、独立核算、实验和验证条件、监督执法能力、辐射环境监测、应急响应能力、放射性废物安全监管、国际交流和履约条件、公众宣传九部分构成的技术支撑体系。

建立和完善国家辐射环境监测体系。在“十二五”期间全面建成全国辐射环境质量监测和重点核设施环境监测站点，并形成网络，对核与辐射设施进行监督性监测，对全国辐射环境质量进行监测，并对各类核与辐射事件和事故进行预警和应急监测。加强企业内部的核与辐射安全管理。

（4）控制人为活动造成的天然放射性水平和公众辐射照射剂量

尽快制（修）订放射性伴生矿管理条例等法规，对现有的建筑材料、室内氡钍射气限制和铀（钍）与伴生放射性矿防治标准进行清理、修订和补充，完善我国天然辐射照射控制管理法规标准体系。

环保部门外部监管、行业主管部门及其企业内部监管相结合，完善天然辐射照射监管体制和运行机制，加强监督管理，实施动态跟踪管理，严格监管放射源和射线装置，通过辐射水平的检测、辐射效应的评价、辐射防护措施和事故应急与干预，实现辐射防护最优化并使辐射剂量不超过规定限值。

制定天然辐射数据标志和交换标准，建立全国统一的数据中心和天然辐射数据平台，加强数据共享和交流。编制全国的氡潜势图，为国家氡危害防治政策的制定和各地采取防氡措施提供依据。

尽快组织开展对各种矿产资源开发利用中放射性环境污染、废物产生和职业照射现状进行全面调查，明确监管范围制定伴生矿名录，研究制定切实可行的管理手段和技术措施，加大资源综合利用和环境保护，加强对进口伴有放射性矿产品的监督管理。

加强建筑装饰材料的控制管理，尽快完善、落实措施并严格执行与天然放射性有关的建筑质量标准，促使建筑、装饰部门重视对天然辐射照射的控制；在医学诊断中尽可能用非放射性的方法代替放射检查，尽可能用低剂量放射检查的方法代替高剂量检查方法，加强诊疗新技术的开发应用；加强受检者和患者的防护，特别是对孕妇和儿童的防护；加强质量控制，保证放射设备在最佳状态下运行。

(5) 加强核与辐射应急、核保安与反恐

按照《突发事件应对法》的要求强化核应急基础能力建设，提高除核电厂外的其他核设施（特别是早期建成的军用核设施）的应急准备与响应能力；进一步完善核应急法规、标准体系，加快《核电厂核事故应急管理条例》的修订；加大核应急科研的投入，加快核设施威胁分类与威胁评估研究、核与辐射监测及核事故辐射后果评价技术研究、医学救治与公众防护技术研究等科研工作。

与核应急积极兼容，优化防范核与辐射恐怖事件的应急准备和响应的管理体制，强化核保安和反恐工作；加强核设施、核材料和放射源的保安能力；加强核与辐射恐怖事件预防、预警与处置技术的研究开发，优先安排预防、预警与处置技术的研究。

(6) 综合解决历史遗留问题

出台全面的放射性废物管理政策，除对中低放废物管理进一步明确外，还需对核设施退役及环境整治、高放废物和 α 废物处理处置、核技术应用废物管理、放射源管理、铀钍伴生矿放射性废物管理政策、放射性废物管理体制、经费渠道以及低中放废物区域处置政策的进一步实施等均需提出明确的技术要求和管理政策，从辐射环境监管的角度促进核军工历史遗留问题的解决。

尽快制订国家处理军工等核设施、核基地退役和治理、历史遗留放射性污染防治和环境治理的行动计划，确定历史遗留问题处理的管理体系、技术路线，统一安排经费和处理进度，设立核设施退役和放射性废物处理处置基金，确保遗留问题尽快解决。对于核工业建设早期选址在江河水系上游、环境风险比较大的核设施，要加快放射性“三废”治理和退役工作的进程。妥善解决核军工企业现有人员的解困安置问题。对于核基地还在运行的辅助设施给予维护、运行经费。出台铀矿冶设施退役治理工程移交监护办法，保障退役铀矿安全。

明确政府在“三废”治理项目中的主导地位，由核工业行业主管部门作为国家代表承担“三废”治理的政府主体责任，政府责任主体可以委托中核集团和中国工程物理研究院负责组织实施各自领域内的核设施退役和“三废”治理工作，国家环境保护行政主管部门为核安全和环境保护的监督部门。同时，在项目的执行中注意适当引入招标等竞争机制。构建审批的“快速通道”，简化军工“三废”治理项目的审批程序，加强过程监督和项目验收。

4. 核与辐射安全对策措施

（1）加强法规建设

加强部门之间的协调，加快《原子能法》和《电磁辐射污染防治法》的立法工作。及时修订和完善我国现有的核安全导则，加快制定研究堆、核燃料循环设施、核材料管制、放射性废物管理、放射性物质运输计划等法规缺失领域的导则。尽快制定《高放废物处置安全法》或《高放废物处置安全监督管理条例》。积极开展核安全与辐射安全法规导则的基础研究。逐步建立国家的核能工业技术标准体系。

（2）加强人力资源开发

积极促进调整高等教育的专业配置，加强高等教育系统核相关专业的人才培养，适应核电大规模发展对人才的需求。特别要重视师资队伍的建设，集中建设高水平的核学科专业，做好核学科专业布局和分层建设。加强核电工业相关单位的技术培训工作，提高业务和安全文化水平。结合核技术应用单位辐射安全许可证的换发工作，加强核技术应用相关人员的辐射防护知识培训。

（3）建立核与辐射安全研究体系

调整国内现有的核与辐射安全研究机构，基本形成由科学院和高等院校的核科学基础研究能力，核行业研究机构的应用研究机构和企业自身的研究能力。结合我国现有的科技管理体制，建立和完善核科技投入机制。

（4）加强国际合作

开展以履行各种核与辐射安全相关的国际公约为主线的多边合作，建立健全相应的履约机制，大力推进技术援助，建立同IAEA合作的长期规划和国家战略。以大型引进项目的核安全监管为中心，开展双边合作，提高我国核安全管理的水平。关注和参与国际社会有关核能的多边合作行动。

（十）噪声污染防治战略

1. 噪声污染综合防治进展及问题

我国环境噪声主要来源为交通噪声、工业噪声、建筑施工噪声和社会生活噪声，其中影响范围最大的是社会生活噪声，其次是交通噪声，二者影响的面积范围分别达到 47.2%和 17.1%。在我国大多数城市，城市声环境质量总体恶化，受噪声影响的暴露人口也在逐步增加，噪声成为直接影响我国生活质量的重要环境因素。根据对我国 43 个城市声环境质量的调查统计，我国噪声重度污染、中度污染和轻度污染的覆盖面积比例分别为 2.6%、7.2%和 32.5%，覆盖的城市人口比例分别达到 3.7%、8.1%和 33.8%。在大多数城市，环境噪声投诉率占环境投诉的 40%～50%，位居环境投诉首位。

近年来，我国在噪声与振动污染防治领域做了很多努力，初步建立了法规标准体系，多数城市根据当地特点初步建立了城市环境噪声的监督管理系统，噪声振动控制技术的研究开发能力得到一定增强，并形成了具有一定实力的、能满足国内常规噪声控制需要的噪声振动控制产业基础。

但是，我国噪声和振动污染综合防治中也仍然存在一些不足和问题。第一，对噪声污染的重视不够，投入不足，管理监管力度有待加强。尽管群众对噪声污染的投诉在所有环境投诉中名列前茅，但是仍然有部门认为噪声污染只是局部瞬时污染，对此不予重视。而噪声污染投入近年来虽然有所增加，但是增幅不大，从国家到地方的管理力量也非常薄弱。第二，噪声管理与城市规划衔接不够，城市规划不合理导致噪声问题不断出现。目前我国对环境噪声的控制以末端监督管理为主，主要针对具体项目或污染事件进行管理和控制，而对城市规划、土地利用规划、建设项目布局等问题导致的噪声缺乏源头监管，使得噪声管理工作往往事倍功半。第三，噪声标准体系尚不完善，部分标准不能适应环境噪声现状的变化，给噪声管理和执法带来一定困难。第四，缺乏统一有效的噪声管理体制，多头管理严重。城市的环境噪声管理是一个系统工程，涉及规划、建设、交通、公安、城管等部门，现行的法律、法规对噪声污染管理的职责界定比较模糊，各部门职责和权限不清、分工不明。第五，环保产业中的噪声控制产业发展不足。我国噪声治理产业经过多年发展已经取得一定成绩，但企业分布分散、规模小、技术陈旧现象突出，大规模和高技术水平的企业不足，噪声治理企业的资质管理和治理项目的质量管理等方面也比较薄弱。

2. 噪声污染综合防治战略的指导思想

以科学发展观为指导，以人为本，以建设和谐社会和提高城乡人民的生活质量为目的，以降低人的噪声暴露为主要任务，以解决噪声诱发的群体性事件为重点，加强噪声污染和噪声控制的宏观管理，努力建设安静舒适的城乡声环境。

3. 噪声污染综合防治战略目标

2020 年，我国环境噪声与振动污染的发展趋势得到减缓。基本解决环境噪声导致的群体性事件。

2030 年，我国环境噪声与振动污染的发展趋势得到抑制。生活区的噪声暴露基本达到标准。

2050 年，我国环境噪声与振动污染状况得到明显改善，实现“安静中国”的目标，城乡居民对声环境基本满意。

4. 噪声污染综合防治的战略任务

（1）加强工业噪声控制

通过调整城市产业结构和工业布局对工业噪声进行有效管理，减少并消除工业企业与居民区混杂带来的噪声扰民问题，对影响范围大、程度深的工业企业实施外迁，使其远离城区。进一步完善工业企业的噪声标准体系，强化对工业企业环境噪声的监测和管理，督促工业企业采取有效的降噪、减噪技术和措施。重视新工艺、新材料、新产品的研发，利用工艺改革发展低噪声工艺和设备，综合采用吸声、隔声、隔振和消声等技术措施，控制工业企业的噪声传播。企业进行新建、改建和扩建项目时，必须依法进行预防性检查，强化乡镇及农村地区的工业园区建设，减少工业企业对乡村生活区的影响。

（2）加强交通噪声控制

通过协调和统一声环境规划与交通规划，优化道路布局、土地利用布局和城市功能区布局，减少交通噪声的影响区域。逐步建立覆盖全国、针对不同噪声源的交通噪声实时监测网，以实时掌握交通噪声的污染状况。通过协调多部门的管理，保障城市交通流畅，并采用各种交通降噪措施，例如低噪声路面、列车鸣笛控制、站场噪声控制、敏感建筑物隔声等措施，大力减少交通噪声影响。对重要交通地段、受噪声污染严重的地区实施搬迁，对新建公路、铁路、轨道交通两侧建筑物要依据事先制定的环保要求严格审批和控制，减少噪声对居民的健康损害。

（3）加强建筑施工噪声控制

城市建设应该合理规划，尽量成片开发。对新建、改建、扩建的建设项目，按照环境影响评价和“三同时”的要求，要求建设单位采取噪声污染治理的工程措施。要求建筑施工单位合理安排施工工序、合理布局施工工位，减少施工噪声污染，鼓励相关投诉，并强化施工噪声的执法检查。利用技术进步改造施工机械，减少机械噪声。

（4）加强生活噪声控制

合理城市功能区布局，整顿市容，强化对经营场所、公共活动场所噪声的集中管理，实施社会生活噪声排放标准，出台全国性的社会生活噪声管理的法规、政策，健全各地（尤其是中小城市和乡镇）的社会生活噪声管理制度。在全社会广泛开展“安静为美”的宣传教育，倡导文明生活方式，营造降低社会生活噪声的舆论范围和审美标准。

5. 噪声污染综合防治的对策措施

（1）建立和完善噪声与振动污染综合防治的政府架构

针对噪声管理的特点，明确各部门的权利和责任，实行各部门通力协作、齐抓共管，加大管理力度，提高管理效率。加强各级环境保护部门的监督管理作用，明确其权利和职责，建立完善的噪声管理政府架构和统一的噪声管理体制，实现噪声污染和噪声治理方面的有力监督和高效管理。尤其要明确环境噪声投诉、社会生活噪声、声源控制各部门的权利和责任。在国家、省和县三级环保行政管理部门，设置专门的环境噪声与振动管理机构，做到“有班子，有编制，有人员”，并明确其职能和职责。

（2）完善我国环境噪声与振动的法规和标准体系

修订《中华人民共和国环境噪声污染防治法》以满足环境噪声与振动管理工作的需要，包括进一步加强对交通运输噪声、社会生活噪声的管理，突出预防为主原则，重视噪声源头控制，各职能部门的协同管理与各负其责等内容。建立和完善三个层次的环境噪声标准体系，包括对受体保护的声环境质量标准、针对高噪声活动或场所的噪声排放（或控制）标准以及针对高噪声产品的噪声辐射标准三个层次的环境噪声标准体系。加强有关技术导则、指南等应用基础和共用技术标准和规范的制定。

(3) **协调声环境规划与城市规划，优化城市功能区布局**

把声环境规划列为城乡建设规划的必要内容之一，明确不同区域的声环境功能，通过科学合理的区域规划，从空间上减少噪声的影响。把噪声功能区的合理规划纳入区域环境影响评价。优化城市功能区的设置与布局，科学配置资源，例如在城市交通规划中要注意干线道路走向，合理规定建筑物与交通干线的防噪声距离，并提出相应的规划设计要求。

(4) **实施强制性声源控制标准和/或噪声标牌制度**

实施强制性声源控制标准和/或噪声标牌制度，加强环境噪声和振动污染防治工程的监督管理。对主要环境噪声源进行研究识别，并实施更加严格的强制性声源控制标准和噪声标牌制度。加强噪声源分析和识别技术与设备以及低噪声设计开发软件和专家系统等基础工作，提高我国声源控制技术水平。

(5) **建立环境噪声源的中、长期控制降噪目标规划路线图**

根据各类噪声源降低的潜力，确定各种噪声源中、长期控制限值的目标值以及发展规划。提出公路、铁路以及航空噪声等主要环境噪声源降噪路线图，明确不同阶段的降噪目标和控制技术。在此基础上，组织开展系统化、系列化的研究，以确定未来切实可行的环境噪声源降噪规划路线图。加强我国有关噪声产业和防治工程的基础和共用技术工作，包括有关设计、工程应用、检测、验收等标准、导则、指南、规范等，以加强环境噪声和振动污染防治工程的监督管理。

(6) **加强声源控制技术研究开发**

提高噪声源配套噪声和振动控制设备水平，集成适合我国国情的有关技术资源，加强声源控制技术研究开发。

(7) **完善噪声与振动监测体系，强化信息公开**

对中心城市声环境实行网络化、数字化管理，推进噪声地图技术应用，建立城市声环境管理网络平台，对声环境的现状、各种噪声污染治理办法、治理效果预测、管理方式等资源实现共享，为政府部门和市民了解噪声等级、明确管理目标提供便利。建设先进、完善的环境噪声监测体系，推进监测站标准化建设，优化完善噪声监测网络，建设城市噪声动态监控网，对噪声污染源进行实时监测；建立突发噪声与振动污染事件的响应应急机制。

（十一）环境与健康战略

1. 环境与健康管理的进展与问题

当前我国所面临的环境与健康问题，也是发达国家在 20 世纪中期普遍面临的问题。随着整个社会的发展、进步，以及全民环保意识和维权意识的提高，对环境与健康问题处理得好坏逐渐会成为评判环境保护工作成败的核心指标，国家要以主动应对的姿态来加强环境与健康工作。我国环境与健康管理工作主要存在以下三个方面问题：一是国家环境与健康工作缺乏统筹行政管理体制；二是应对和解决重大环境与健康问题能力薄弱；三是提供公共服务能力不足。

2. 环境与健康战略的战略思想

以维护人体健康为基本出发点和根本目的，建立国家环境与健康管理与干预体系，逐步建立和完善国家环境与健康的预防、预警、应急和救助机制。着重突出"以人体健康为本"、"预防为主、风险管理"作为环境保护工作基本指导思想，实现环境保护工作重点的转移。

3. 环境与健康战略的战略目标

2010 年，确立环境与健康制度框架。全面建立环境与健康工作协作机制，制定促进环境与健康工作协调开展的相关制度，以及环境污染健康危害风险评估制度；完成对现有环境与健康相关法律法规及标准的综合评估，提出法律法规及标准体系建设的需求；完成国家环境与健康现状调查，以及对环境与健康监测网络实施方案的研究论证；加强环境污染与健康安全评估科学研究。

到 2020 年，环境与健康工作全面展开。开展环境与健康相关法律法规的研究、制定和修订工作，完善环境与健康标准体系，基本建成环境与健康监测网络和信息共享系统，有效实现环境因素与健康影响监测的整合以及监测信息共享，基本实现社会各方面参与环境与健康工作的良好局面。

到 2030 年，环境与健康工作常规化。环境保护事业将实现向以保护人体健康为核心任务的历史性转变。环境与健康工作全面展开，各项制度基本完善。

到 2050 年，环境与健康工作达到世界先进水平。环境与健康风险逐渐降低。有利于健康的人居环境作为一项基本公共服务基本实现均等化。

4．环境与健康战略的战略任务

（1）推动建立以维护人体健康为核心的污染防控目标

提高环境风险管理水平，推动污染防控目标从 SO_2 和 COD 等传统污染物的防控逐步扩展到对细颗粒物（$PM_{2.5}$）、重金属、有机物等对人体健康更具危害性的污染物的防控。

（2）统筹规划城乡环境与健康工作

针对环境与健康问题的城乡差异确定工作重点，在城市重点加强与空气污染密切相关的环境与健康的预防、预警、应急和救治工作。而在广大的农村地区，工作重点应主要是水污染引发的环境与健康问题，提高供水基础设施建设水平，建立对传统污染物和有毒有害有机污染物的监控、预防和干预体系，保障饮用水安全。

（3）建立不同类型的环境与健康干预模式

针对环境污染导致健康损害问题的特点，确定不同干预模式。对环境风险已经导致疾病或明确损害的，应加强环境治理和患者医疗救治，建立环境健康损害赔偿机制；对健康的危害和影响途径已经认识清楚但尚未产生严重损害的，重点是加大环境监测和治理力度，避免和降低环境污染的健康风险；对于那些对健康的影响尚不明确的环境因素，要加强监测、建立风险管理制度，严格准入。

（4）以保障人体健康为核心，促进环保工作转型

逐步建立起一套“以人体健康”为基准的管理体系、控制目标、干预重点、监测体系、准入标准和绩效评估体系，并在此基础上调整和完善环境保护的政策、法规，推动环境保护工作以及相关政府部门向以保障人体健康为核心的管理模式转型。

5．环境与健康战略的对策与措施

（1）完善国家环境与健康管理体制机制

明确国家环境与健康管理工作归口管理部门。根据有利统筹解决主要问题，以当前最优资源调度者为主，尽量减少机构变动的原则，从预防和风险防控的实际需求出发，学习借鉴国际经验，建议以环保部牵头构建新国家环境与健康管理体制和多部门工作协作机制，建立环境与健康领域的信息共享、公益

诉讼、法律援助和听证制度，制定公众参与机制，建设多渠道、多层次的资金保障机制。

（2）建立国家环境与健康预防体系

一是建立环境与健康风险评估的标准体系，从健康影响角度制定或修订污染物排放控制标准、环境质量评价标准、环境监测标准、环境影响评价标准、土壤污染、电磁辐射污染控制标准和环境污染损害评价与判定标准等；二是建立污染物优先控制名录，优先控制可能对人体健康造成极大威胁的污染物；三是加强环境影响评价，建立严格的环境准入制度，禁止或严格限制生产、使用可能导致人体健康严重损害的产品；四是严格控制相关污染物质的排放，并采取实时监控、跟踪健康影响等措施控制环境风险。

（3）建立国家环境与健康监测体系

建立大气、水、土壤环境与健康监测体系，特别要加强农村环境与健康监测体系的构建。制定统一的国家监测方案和监测规范，在充分利用现有各部门相关监测网络、监测工作和监测力量的基础上，进一步加强监测设施设备和人员队伍建设，不断充实和优化监测内容，逐步建立和完善包括环境质量监测与健康影响监测的国家环境与健康监测网络，开展长期的环境与健康监测和研究，系统地掌握主要环境污染物水平和人群健康影响状况与发展变化趋势，为科学指导环境保护和健康保护工作提供强有力的技术支持。

（4）建立环境与健康的风险管理、预警和应急机制

一是建立环境与健康风险评估机制，科学制定国家环境与健康风险等级区划，提高对可控制环境有害因素和健康危害的预测及管理决策能力，逐步实现环境与健康风险成本控制。二是加强环境与健康风险预警工作，建立环境与健康风险预警工作机制、环境污染与健康损害报告制度及预警发布制度，合理制定不同风险等级预警、预防和救治方案，不断提高防范重大环境与健康风险水平。三是完善环境与健康管理的应急机制。处理环境与健康的突发事件，提高应急处置能力。

（十二）全球和区域环境保护战略

1. 中国面临的全球和区域环境问题

在最近几十年乃至上百年间，以气候变暖为主要代表，全球环境发生 5 大类

的重大变化，包括：① 大气系统，如气候变暖、臭氧层耗损、酸雨等问题；② 土地系统，如荒漠化问题；③ 海洋和淡水系统，如海洋污染问题；④ 化学品与废物，如持久性有机污染和危险废物越境转移问题；⑤ 生物多样性破坏。此外，核与辐射安全也是重要的全球环境问题之一。全球环境问题的发生及其影响具有“全方位、大尺度、跨国界、多层次、长时期”的特点，不仅对人类自身健康和安全构成直接和潜在的威胁，对经济社会的长期稳定和发展提出严峻挑战，而且还从根本上损害着人类赖以生存的自然生态系统，很可能造成生态系统不可逆转的破坏，动摇人类生存和发展的生态基础。

目前，全球环境问题有 4 个发展特征和趋势：① 全球环境总体状况恶化，各种环境问题的地区及社会分布失衡加剧；② 少数全球或者区域性环境问题取得积极进步，多数进展缓慢或者改善乏力；③ 各种全球环境问题相互影响，复杂性不断增强；④ 从目前到 21 世纪中叶是决定全球环境变化走向的关键时期，机遇与挑战并存。

全球 5 大类十多种全球环境问题中，包括气候变化、臭氧层破坏、酸雨、持久性有机污染和危险废物越境转移、生物多样性减少、森林退化、土地荒漠化、海洋污染等，中国既是原发地之一，又受到它们的严重影响。而且种种迹象表明，这些不利影响还在不断加剧。这就要求，为了自身的利益，中国必须切实应对全球环境问题，并减缓不利影响。

目前，我国主要面临 3 类全球环境问题：① 危害严重、影响直接、应对措施的复杂性相对较低且见效较快的问题。这类问题危害严重、影响直接，但应对措施的复杂性相对较低且见效较快，包括持久性有机污染和危险废物越境转移问题；② 危害巨大、影响深远广泛、应对措施非常复杂且见效慢的问题，主要是气候变化问题，臭氧层保护问题；③ 危害、影响和应对措施复杂性都介于第一类和第二类之间的问题，包括生物多样性破坏、土地荒漠化和海洋污染。

另外，由于中国是世界上拥有邻国最多的国家，周边国家多达 28 个，其中直接接壤的就有 15 个，中国也面临一些严峻的区域（双边）环境问题，主要包括：① 跨界河流水量和水质问题，主要包括东北地区的中俄界河黑龙江、中朝界河鸭绿江和图们江的水环境质量问题，西北地区的中哈界河额尔齐斯河和伊犁河、西南地区的湄公河水资源利用矛盾。即使跨界河流的水质问题可以在未来 15～20 年得以解决，水资源利用矛盾也将长期存在；② 陆源污染造成的海洋污染问题（渤海湾污染和海上漂浮物），短期内较难解决；③ 东亚酸雨问题，随着中国污染控制力度的不断加大，有望逐渐缓解；④ 东北亚沙尘暴问题，由于问题复杂，短期内难以改善；⑤ 东亚光化学烟雾问题；⑥ 汞污染问题，国际环境压力将不断增加。

2．国际经济全球化进程中中国面临的挑战

我国在全球环境治理中做出了积极贡献，积极参与和推动了许多重大国际环境协议形成和相关国际进程，并积极推动国内履约。30 多年来，我国通过国际环境合作与履约，不仅引进了大量的资金、先进的技术和管理经验，促进了我国环境问题的改善，而且通过履行与我国经济社会发展水平相适应的环保责任和义务，树立了负责任大国形象。未来很长一段时期，我国还需要继续统筹环境与发展进程中国际、国内两个大局，将国际环境履约与环境保护国际合作有机融入国内环境保护工作，“以外促内、以内带外”，以国际环境履约行动促进经济发展方式转变，优化经济发展；将环境保护的理念渗透到经济社会发展之中；完善环境保护政策法规标准制度体系；提高环境管理能力，调动社会各方面力量参与环境保护，构建和完善环境治理体系；促进污染物减排，实现国内环境改善与履行国际环境责任的协同效应，全面贯彻落实科学发展观，推动实现环境保护的历史性转变，探索环境保护新路。

截至目前，我国批准了 50 多项国际环境条约。我国在气候变化、生物多样性保护等方面的履约行动得到了国际社会的肯定，特别是在淘汰消耗臭氧层物质方面，我国已成为国际楷模，并获得《蒙特利尔议定书》执行奖。然而，由于我国是温室气体、二氧化硫、臭氧层消耗物质的重要生产和消费国，化学品生产大国，以及木材进口大国，我国对气候变化、酸雨、臭氧层耗竭和持久性有机污染等许多全球和区域环境问题的影响日益增加。而且，从工业化阶段、人口基数、经济增长方式等因素看，我国对全球环境的影响仍将不可避免地增大。

与此同时，我国在积极参与经济全球化的进程中，也面临着日益严峻的环境挑战。

第一，我国处于新一轮全球产业结构调整的下游，承接着产业转移和积聚的污染风险，加剧了局部地区的环境问题。我国目前是世界第三贸易大国，工业制成品出口已占到了我国整个货物贸易出口的 90%以上，主要是低端产品的生产加工；外资企业出口在我国出口中所占比重达到 58%。1995 年投资于污染密集产业的外商占外商投资企业数的 30%左右，到 2005 年，这一数字上升到 84.2%，其中，

化工、石化、皮革、印染、电镀、杀虫剂、造纸、采矿和冶金、橡胶、塑料、建筑材料和制药等高污染行业和高耗能行业都成为外商投资的重要方向。

第二，我国贸易快速增长的资源环境代价过大。在我国贸易顺差不断扩大的同时，由于不合理的贸易结构，以及经济增长方式的粗放，我国在大量出口产品的同时，将能源资源消耗及其环境影响留在了国内，造成了严重的“生态逆差”。单纯考虑产品或产业在上游加工、制造、运输等全过程所消耗的能源，我国出口产品所消耗的国内能源已经高于进口产品所消耗的国外能源，服装及其他纤维制品制造、仪器仪表文化办公用机械和电气机械及器材制造业三大行业既是出口贸易金额最多的，也是全过程消耗能源最多的行业。国际能源署（IEA）最新研究认为，2007 年我国净出口产品所消耗能源占能源消费总量的 28%，所排放的 CO_2 占总排放量的 34%。“十五”期间，我国每年对外贸易所带来的 SO_2 逆差约为 150 万 t，占我国 SO_2 年排放总量的近 6%。如果考虑生产结构与贸易结构的差异性，由外贸拉动的 SO_2 逆差将会更高。

第三，我国面临着危险废物越境转移的严峻挑战。有报道称，全世界电子废物的 80%被运到亚洲，其中 90%进入我国，近年来，我国每年要容纳全世界 70%以上的电子废物。尽管该报道未必符合实际情况，但可以反映出危险废物越境转移在我国的严重程度。

第四，我国进口产品中有许多诸如大排量豪华轿车等奢侈消费品。一方面在消费过程中消耗了大量的资源能源，污染严重；另一方面，诱导社会对奢侈消费方式的仿效，客观上增加了国内环境压力。

3. 全球和区域环境战略的指导思想

新形势下我国应对全球和区域环境问题、开展国际环境合作的指导思想为：以更加积极的态度、更加务实的行动，全面融入国际环境合作，为全球和区域环境问题的解决贡献力量。由过去在全球环境事务中侧重强调“有区别的责任”原则，向既坚持“有区别的责任”，又重视“共同的责任和义务”的原则转变；由过去被动地应对全球环境问题带来的各种压力，向“共同责任，积极参与”转变；由单纯的环境受援国，向在继续接受援助促进我国和区域的生态环境保护的同时，又提倡“相互帮助、协力推进”，为发展中国家提供力所能及的援助，共同呵护地球家园转变。在科学发展观的指引下，通过国际环境合作与履约，统筹环境与发展进程中国际和国内两个大局，以外促内，推动自身环境问题的解决，树立负责任的大国形象，通过不懈努力，推动建设持久和平、共同繁荣的和谐世界。

4. 全球和区域环境保护战略目标

我国新形势新阶段的国际环境合作以及应对全球和区域环境问题的战略目标可以概括为："两个服从、四个服务、三个维护、两个统筹"。

两个服从：服从国家外交战略，服从国家环境保护战略。

四个服务：服从国家外交战略，体现两个服务：一是为抓住用好重要战略机遇期服务；二是为全面建设和构建社会主义和谐社会服务，为夺取全面建设小康社会新胜利服务。服从国家环境保护战略，做好两个服务：一是为实现环境保护的历史性转变服务；二是为环境保护重点工作服务。

三个维护：维护国家环境安全，维护国家核心利益，维护国家国际形象。

两个统筹：统筹国内环境保护，统筹国际环境发展进程，力争在2030年前解决好周边及部分区域环境问题，2025—2030年后对解决主要全球环境问题做出显著贡献。

5. 全球和区域环境保护战略任务

总体上，应对全球和区域环境问题的战略任务可以分为国内行动与国际合作两部分。对我国目前面临的大多数全球和区域环境问题而言，国内行动是根本，是缓解和解决问题的实质性手段；国际合作是缓解压力、争取理解、维护利益、赢得时间、谋求空间和寻求支持，是辅助手段；二者相互交叉，相辅相成，同等重要。国际合作往往提出国内行动的重点和方向，国内行动需要国际合作提供时间和资源等方面的支持并为国际合作目标和任务提供基本保障。

(1) 国内行动六大战略任务

——处理好跨界河流的水污染防治和水资源利用问题，消除隐患；研究并提出酸雨等污染物长距离污染输送问题的解决方案。

——建立和完善相关法律法规和管理制度，减轻持久性有机污染和危险废物越境转移对我国环境和人体健康的危害。

——全面提升国际环境公约履约能力，在应对气候变化、臭氧层消耗、生物多样性减少等全球环境问题方面做出新贡献。

——通过调整进出口产品结构、贸易规模及质量，转变贸易增长方式，降低对外贸易的资源环境代价。

——在加大对外投资力度的同时，加强对外投资的环境管理，以环境友好的方式利用国际资源。

——对汞污染和大气棕色云等新型全球和区域环境问题开展系统和超前研究，做好应对的技术储备。

（2）**国际合作四大战略任务**

——对发达国家（大国），加强战略对话，增进互信，深化合作，推动相互关系长期稳定健康发展。首先，有重点地推进与各主要大国和国家集团的环境合作，从战略高度巩固与我国有传统合作关系大国的环境合作；其次，积极发展和开拓与我国有共同利益、有相近立场、有潜在合作机遇大国的环境合作。大国合作对象的选择既要考虑环境合作自身的需要，也要考虑服务国家政治经济外交战略的需要，特别是处于政治敏感时期，与大国的环境合作既不能“冒进”，也不宜过分消极。

——推动与周边国家和区域、次区域的合作，实现“睦邻、安邻和富邻”和“与邻为善、以邻为伴”。

——对发展中国家，继续扩大团结合作，深化传统友谊，扩大务实合作，提供力所能及的援助，维护发展中国家的正当要求和共同利益。在双边方面加强对话交流，加强与发展中国家的合作；在多边场合积极协调立场，加强中非务实合作，与亚洲发展中国家的合作可以纳入周边合作框架之中加以深化。将环境保护纳入中国对外援助工作的总体框架，适时对发展中国家提供力所能及的环境援助，开拓环保产业市场，实施环保“走出去”战略。研究出台对外援助和投资绿色指南等指导性文件，规范我国对外投资企业的环境行为，树立良好的国际环境形象。

——多边环境合作的具体任务有四个：一是积极参与多边环境进程，在国际环境规则制定中发挥建设性的作用，推动国际环境合作继续朝着更加合理公正的方向发展，维护我国和广大发展中国家的核心利益；二是在“共同但有区别的责任”原则下，承担相应的国际义务，树立积极的国家形象；三是加强与联合国环境规划署等联合国系统以及其他重要国际组织的环境合作，逐步提高我国对这些国际组织的资金贡献，提升我国对这些国际组织的决策影响；四是切实做好国际环境公约的各项履约行动，建立完善履约机制、管理体系和政策法规，树立负责任的国际形象。从所受环境影响、环境责任、对策效果和政治影响看，我国应对全球环境问题的优先序，应该是持久性有机污染、危险废物越境转移、气候变化、臭氧层保护、生物多样性等。

6. 全球和区域环境保护对策措施

为完成战略任务，实现国际环境合作领域的战略目标，需要以下措施与对策：

（1）建立健全国际环境合作及国际环境公约履约管理机制

在应对全球和区域环境问题的国内行动和国际环境合作事务方面，国家应建立统一的对外和对内协调机制，建立一个统一的国家级环境公约履约领导与协调机制，如国家环境公约履约委员会。然后，按照不同公约和牵头部门，下设相应专业协调委员会和协调办公室。与该协调机制相对应，组建一个相对集中的履约实施大机构，如国家环境公约履约中心，下设不同公约的履约部门，并设立专门的国际环境合作与履约资金机制，保障国际环境公约的履约。

（2）将应对全球和区域环境问题及其国际环境合作工作纳入国家相关规划当中

将应对不同全球和区域环境问题的国家行动及其国际环境合作工作纳入国家环境保护中长期规划，统一部署，协同推进。将环境保护内容纳入我国对外援助计划，重点对东南亚、非洲地区开展环境培训和污染治理技术开发等环境外援工作。

（3）建立有利于调整对外贸易结构和优化贸易增长方式的政策和机制（立法、政策）

充分利用我国的贸易顺差，进口高能源资源含量的产品和技术，减少相关产品出口。对进入我国的原材料产品的主要供应链全面实施综合性环境影响评价，包括诸如大豆、食用油、鱼、棉花、木材、生物燃料以及矿产品等，逐步消除非法木材贸易和其他相关进出口贸易及其负面的环境影响。运用 WTO 框架下“环境例外”条款，限制对国内环境影响较大的废旧资源和奢侈品等产品的进口贸易，保护国内环境。建立健全我国对外投资的环境管理政策与机制，以环境友好的方式利用国际资源。

（4）建立环境事务外交官制度，培养国际环境职员队伍，适时适当增加国家对外环境捐赠资金

建立环境事务外交官制度，向联大安理会常任理事国、我国驻国际组织使团，以及在我国设有环境办事机构或派驻有环境事务外交官的国家增设环境驻外机构

或派驻环境事务外交官。国家有计划地培养一批语言好、环境业务能力强的国际型环境人才，有组织地推荐给联合国环境相关机构、政府间环境机构、有重要影响的非政府国际环境机构。适时适当增加我国对联合国环境相关机构、其他重要国际环境组织及其重大国际环境计划或项目的国家捐赠资金额度，提升我国的国际影响力。

第七章　中国环境监管的战略分析与对策

一、环境监管取得积极进展

30 多年来，我国环保事业经历了从无到有、从小到大的发展过程。为了促进我国经济、社会与环境的协调发展，我国先后制定并实施了一系列重大措施加强环境保护，支撑了我国环保事业的发展和进步。

（一）环境法制不断健全，初步建立了符合国情的环境保护法律体系

1978 年《中华人民共和国宪法》第十一条规定“国家保护环境和自然资源，防治污染和其他公害”，首次将环境保护列入国家根本大法。1979 年，我国第一部环境法律《中华人民共和国环境保护法（试行）》的颁布，标志着我国环境保护开始步入依法管理的轨道。目前形成了以宪法为基础，以环境保护法为核心，其他相关部门法关于环境保护的规定为补充，由环境保护法律、法规、规章、标准以及国际条约所构成的环境保护法规体系。

迄今为止，我国已经制定了 10 部环境保护法律、15 部自然资源法律，制定颁布了环境保护行政法规 50 余项，部门规章和规范性文件近 200 件，军队环保法规和规章十余件，批准和签署多边国际环境条约 50 余项，各地方人大和政府制定的地方性环境法规和地方政府规章共 1 600 余件。

国家有关法律中加大了对环境犯罪的打击力度。1997 年《中华人民共和国刑法》修订中，增设了“破坏环境资源保护罪”规定，对一些污染环境、破坏资源的行为规定了刑事处罚。1998 年 7 月 17 日，山西省运城市天马文化用纸厂法定代表人杨军武因特大环境污染案被判有期徒刑两年，并处罚金 5 万元，成为《中华人民共和国刑法》修改实施后，因破坏环境资源保护罪被判刑的第一案。2006

年，最高人民法院出台《关于审理环境污染刑事案件具体应用法律若干问题的解释》，对《中华人民共和国刑法》中规定的环境犯罪的定罪量刑标准进行了细化，使环境刑事责任追究更具有可操作性。

环境保护标准体系不断完善，种类日益丰富、数量不断增加，标准的科学性和制（修）订工作的公开性不断提高。从 20 世纪 70 年代初第一个环保标准《工业“三废”排放试行标准》发布至今，建立了以环境质量标准和污染物排放（控制）标准为主体，其他环境保护标准相配套的国家环境保护标准体系。自 2005 年起国家环境保护标准进入快速发展时期，每年出台的国家环境保护标准超过 100 项。现行国家环境保护标准已经超过 1 200 项。北京、上海、天津、重庆、山东、广东、辽宁等地也制定了一批重要的地方污染物排放（控制）标准。

加快完善国家污染物排放（控制）标准体系。开展了太湖等环境敏感地区国家环境保护标准制（修）订工作。开展了 60 余项重点行业国家污染物排放标准制（修）订工作。对现行国家污染物排放标准体系进行了重大改进。在对现有企业和建设项目分别提出排放控制要求的基础上，增加了水污染物特别排放限值的规定，体现了在特殊地区环境保护优先的原则，大幅度提高区域环境准入和退出门槛。制定了《煤层气（煤矿瓦斯）排放标准（暂行）》，在国际上首次提出控制温室气体排放的强制措施。

（二）环境执法得到强化，努力解决群众反映强烈的难点问题

环境执法监督工作经历了探索起步（1986 年前）、试点（1986—1995 年）、发展（1996—2001 年）、深化改革（2002 年至今）四个阶段。目前环境执法监督工作从排污费征收逐步扩展到环境保护日常现场监督执法的各个领域，执法队伍不断发展壮大，形成了以日常监督执法为基础，以环境监察执法稽查为保证，以集中执法检查活动为推动，以公众和舆论监督为支持的现场监督执法工作机制。打击环境违法行为的力度不断加大，连续五年开展环境执法专项行动，平均每年查处 2 万多起环境违法案件。2006 年，监察部、国家环保总局发布了《环境保护违法违纪行为处分暂行规定》，加大了对国家公职人员环保不作为、乱作为的惩治力度，推动建立环境保护行政执法责任制度。环境执法在促进环保法律法规贯彻实施、促进产业结构调整和经济发展方式转变、解决突出环境污染问题、维护公众环境权益等方面发挥了重要作用。

（三）环境管理体制不断完善，环保部门机构和能力不断增强

建立了由全国人民代表大会立法监督，各级政府对当地环境质量负责，环境保护行政主管部门统一监督管理，各有关部门依照法律规定实施监督管理的环境管理体制。

环保部门机构和能力不断增强。从 1974 年国务院环境保护领导小组下设办公室，成立专门的环保机构开始，30 多年来，我国环境保护机构的地位发生了重大变化。在历次政府机构改革中，环保机构地位不断提升。1982 年，成立了城乡建设环境保护部，内设环境保护局。1984 年，城乡建设环境保护部下属的环境保护局改名为国家环境保护局。1988 年，国家环境保护局从城乡建设环境保护部分离出来单独设置，列为国务院直属机构。1998 年，国家环境保护局升格为国家环境保护总局（正部级），作为国务院主管环境保护工作的直属机构，负责对环境保护工作实施统一监管。2001 年，国务院建立由环保部门牵头的“全国环境保护部际联席会议”，恢复了原国务院环委会办公室的部分职能，增强了部门协调能力。2003 年机构改革，国务院保留国家环保总局，并在机构、编制和职能上得到进一步加强，增设了环境监察局，明确了国家环保总局在生物物种资源管理工作中的牵头地位，对外来物种入侵管理职责进行了分解，同时明确了环保部门对放射源的统一监管职责。为加大环境政策、规划和重大问题的统筹协调力度，2008 年 3 月，国家组建环境保护部。环保机构发生的重大变化，充分表明了党中央、国务院对环境保护的高度重视和深入贯彻落实科学发展观的坚定决心，表明环保工作开始进入了国家政治经济社会生活的主干线、主战场和大舞台。

（四）环境影响评价制度改革力度加大，深化规划环境影响评价

1973 年第一次全国环保大会召开后，环境影响评价的概念引入我国。《中华人民共和国环境保护法（试行）》（1979）中确立了我国环境影响评价制度；《基本建设项目环境保护管理办法》（1981）对环境影响评价的范围、内容、程序以及管理等作了具体规定；《建设项目环境保护管理办法》（1986）对评价的范围进行了扩展，从原来的基本建设项目扩大到所有对环境有影响的建设项目，并对评价内容、程序、法律责任等作了修改和补充；《建设项目环境保护管理条例》（1998）对环境影响评价内容、程序、法律责任等进行修改和完善；《环境影响评价法》

（2003）正式实施，进一步强化了我国环境影响评价的法律地位，并将规划环境影响评价纳入法律范畴。

近年来，国家把环境准入作为宏观调控的重要手段，一方面，提高了电力、钢铁、石化等 13 个高耗能、高排放行业建设项目的环境准入条件，坚持“以新带老”、“上大压小”，否决了一批违法违规项目；另一方面，对环境污染严重、环境违法突出的行业和地区，果断采取“区域限批”、“流域限批”措施。经过近 30 年的发展，环境影响评价制度逐步完善，在推动节能减排、调整产业结构和布局、优化经济增长等方面发挥了重要作用。2007 年，全国环境影响评价审批建设项目共 27.79 万项，在严格控制新污染的基础上，通过“以新带老”、“上大关小”、“区域削减”等措施，削减 COD 排放量 534.53 万 t、SO_2 排放量 1 239.63 万 t。通过环境影响评价优化选址、选线，国家环保总局审批的生态类建设项目共减少占地 778 hm^2，避绕自然保护区 25 处、湿地 1 处、风景名胜区 6 处、文物保护单位 20 处，有效地节约了土地资源，防止生态的破坏。

（五）环境区划和规划体系初步形成，环境保护纳入国家经济和社会发展规划

在过去 50 多年里，我国先后开展了自然环境要素/部门区划、综合自然区划、生态区划、社会经济区划、环境保护和治理区划等一系列区划工作，这些区划结果为实现分区管理、分类指导奠定了科学基础，许多区划成果为政府和社会提供了决策的建议和科学依据，产生了巨大的经济效益和社会效益，在国家和地区的建设中，尤其是农业生产条件分析、国土调查和规划、资源调查和开发规划、生产力布局、环境整治、区域规划和城市规划、自然保护区建设等方面起到了独特而重要的作用，同时也大大地提高了区划研究的应用价值和科学水平，推动了相关分支学科的发展。近年来，我国从中央到地方的区域发展规划、城市发展规划以及土地资源的详查、减灾方案的设计和制订、城乡信息管理系统的建设等各种报告和方案中，都体现了区划的研究成果。2008 年，原国家环保总局和中国科学院共同发布了《中国生态功能区划》。这是我国继自然区划、农业区划等工作之后，在生态保护与建设领域的重要基础性工作，为有效管理生态系统提供了基础和手段，是国家主体功能区划分的重要依据。

环境规划工作经历了孕育（1973—1980 年）、尝试（1981—1985 年）、发展（1986—1995 年）、转变提高（1996—2005 年）阶段，环境规划逐步纳入国民经济

和社会发展计划，规划的指导性和可操作性不断提高。从“九五”开始，我国环境规划推出两项重大举措，即“九五”期间全国主要污染物排放总量控制计划和中国跨世纪绿色工程规划，是对“七五”、“八五”等历次环保计划的创新和突破。2005 年以后环境规划进入约束规划阶段。“十一五”国家国民经济和社会发展规划，将 GDP 增长指标作为指导性指标，首次提出环境保护方面的两项约束性指标。国家“十一五”环境保护规划第一次以国务院文件形式颁布，总量控制指标作为国民经济和社会发展的约束性指标，污染减排成为环境保护的主要任务和全社会的共同关注点，环境规划实施评估和考核被提上日程，环境保护相关内容和要求开始成为各级政府的中心工作。环境规划明确了一定时期国家环境保护建设的方向，规定了环境保护的基本目标和政策、措施以及资金投入，在保障环保活动纳入国民经济和社会发展规划，合理分配排污削减量、规划和谋划各项环保活动，促进环境与经济、社会可持续发展，有效实现科学管理等方面发挥了重要作用。

（六）环保投入逐年增加，环境经济政策逐步完善

1. 环境保护投入逐年增加

1978 年以来，我国环境保护投资总量逐年增加，机制和渠道逐步建立。“六五”期间，全国环境保护投资 166.23 亿元，占同期 GDP 比例的 0.5%。“七五”到“九五”，环境保护投资基本保持 2.7 倍速度递增。1999 年，环境保护投资占 GDP 的比重首次突破 1.0%（按照经济普查调整后的 GDP 计算，首次突破 1.0%实际发生在 2000 年）。1991 年，全国环境保护投资为 170.12 亿元，占 GDP 的 0.78%。此后的 15 年间，每年投资总额逐年增加，2006 年达到 2 566 亿元，是 1991 年的 15.1 倍，占 GDP 的比例达到 1.22%。2007 年，我国环境保护投资总额为 3 384.3 亿元，占当年 GDP 的 1.36%，见图 7-1。

环保投资效果逐步显现。随着国家对环境保护投资力度的逐步加大，在经济快速增长的情况下，环境保护投资已经在污染物处置能力、工业污染治理水平、主要污染物总量控制以及环境质量改善等方面开始逐步发挥效益，对实现环境保护规划目标提供了重要的保障，起到积极的推进作用。

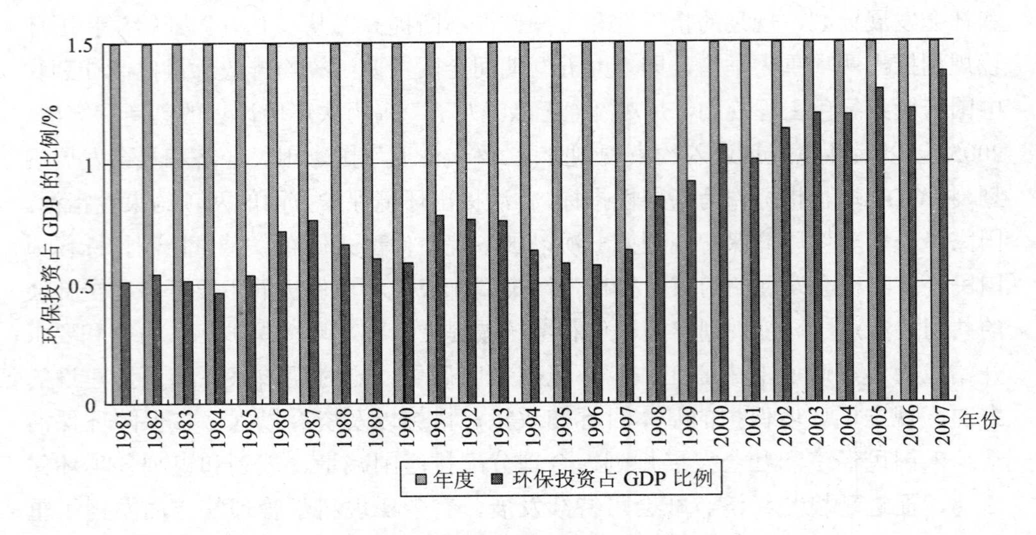

图 7-1　1981 年以来中国各年环保投资占 GDP 的比例

2. 环境经济政策逐步完善

一是绿色信贷进展良好。环境保护成为信贷的重要依据之一。环保部门向人民银行征信系统提供了 4 万多条企业环境违法信息，商业银行据此采取停贷或限贷措施。二是绿色保险试点工作稳步推进。在生产、经营、储存、运输、使用危险化学品企业，易发生污染事故的石油化工企业和危险废物处置企业，特别是近年来发生重大污染事故的企业和行业等开展了试点工作。目前江苏省出台了船舶污染责任保险，湖北、湖南省及宁波等地环保部门与保险机构协调配合，推出了环境污染责任保险产品。湖南试点中已出现全国首例环境污染责任保险赔偿。三是加快完善绿色税收政策。对资源综合利用产品实行税收优惠；对符合条件的环境保护项目享受企业所得税优惠、企业购置环保专用设备投资额的 10%抵免企业所得税；对木制一次性筷子、实木地板、大排量汽车、燃油等加征消费税；取消或降低“两高一资”产品出口退税。财政部和国家税务总局先后两批取消了近 600 种“两高一资”产品出口退税。四是积极推行绿色证券。以上市公司环保核查制度和环境信息披露为核心，阻止重污染项目融资，推动企业履行社会责任。五是完善生态补偿政策。山西等地开展了煤炭等矿产资源开发的生态补偿政策试点，浙江、福建、辽宁等省开展了对饮用水水源地、重要江河上游等重要生态功能区生态补偿试点，江苏、河北等省率先在全国按照河流交界断面水质、水量情况进行补偿。六是加快环境价格和收费制度改革。现有完成脱硫的燃煤机组，其上网电量在现行上网电价基础上每千瓦时加价1.5分。从2003年开始，实行排污收费制度改革，引入污染物排放总量收费，提高了排污费征收标准。加大污水处理费征收力度等政策；全面推行生活垃圾处理收费制度。七是实行政府绿色采购。财政部和国家环保总局发布了《关于环境标志产品政府采购实施的意见》和《环境标志产品政府采购清单》。八是一些地区开展了二氧化硫和化学需氧量排污权交易试点，利用市场机制提高治污效率，降低治理成本。

（七）环境科技支撑能力逐步增强，环保产业长足发展

基本建立门类比较齐全的环境科技体系。基本形成了从基础研究、技术研究、应用技术研究、产品开发到工程实施相互衔接、相互促进的科研队伍体系。国家相继开展了环境容量、土壤背景值、酸雨、水污染防治、湖泊富营养化防治、固体废物污染防治等系列国家科技攻关项目。研究成果广泛应用到环境保护工作中，促进了我国环境管理制度的建立和完善，提高了环境管理能力和科学决策水平。环境资源领域成为国家“973”计划（国家为加强基础研究和科技工作而实施的重大计划）的重要支持领域。国家先后启动了《湖泊富营养化过程与蓝藻水华暴发机理研究》《持久性有机污染物的环境安全、演变趋势与控制原理》《长江流域生物多样性变化、可持续利用与区域生态安全》等重大基础研究（“973”）项目，这些项目研究阐明了区域典型污染物的变化机理，科学揭示了某些污染物的环境行为和污染规律，显著提高了部分前沿科学基础问题的认识水平。2006年，国家启动了环境保护公益性行业科研专项，开展行业应用基础研究、行业重大公益性技术前期预研究、行业实用技术研究开发、国家标准和行业重要技术标准以及计量、检验检测技术等研究。针对我国环境保护的瓶颈问题，国家先后组织实施了《重大环境问题对策与关键支撑技术研究》《水安全保障技术研究》《三峡库区生态环境安全及生态经济系统重建关键技术研究与示范》等一批科技支撑计划项目，为环境管理与决策提供了有效科技支撑。2007年，国务院批准实施的《水体污染控制与治理》重大科技专项，选择典型流域开展水污染控制与水环境保护的综合示范，立足于解决我国水污染控制和治理关键科技问题。

强化了关键技术研发与应用，解决污染治理技术瓶颈。“十五”期间首次将资源环境技术领域作为国家“863”计划发展重点，国家先后组织实施了567项资源

环境领域的“863”计划项目。通过技术研发与工程示范，初步掌握了一批先进生产工艺和关键装备制造技术，开发了一批水和大气污染治理、土壤污染修复、固体废弃物处理、湖泊污染控制与生态修复等关键技术，提高了燃煤、机动车尾气、污水治理、城市生活垃圾处置等污染控制能力，缩小了与国际先进水平的差距，推进了我国部分区域（流域）环境质量的改善。

环保产业规模迅速扩大，领域不断拓展，结构逐步调整，整体水平明显提升。初步形成了包括环保装备制造、环境工程咨询、环境技术咨询、环保设施运营、资源回收利用以及洁净产品开发等领域的研发、生产、建设、运营服务产业体系。“十五”以来，在国家市场经济和环保产业政策的鼓励推动下，我国环保产业以年均15%的增长速度快速发展，环保设施运营服务业呈现加快发展态势，产业的组织机构开始向集团化、大型化发展，环保投资多元化、污染处理设施运营市场化开始形成，一些有实力的环保公司开始采用BOT模式操作环保项目。据估算，2008年，我国环保产品和环境工程建设与服务业从业人数近200万人，产值约2 500亿元。

（八）环境监测能力逐步提高，环境信息化建设加快发展

我国环境监测工作起步于20世纪70年代中期。在“六五”和“七五”期间，环境监测机构快速发展，从中央到省、市、县都建立了监测站。从“七五”末期到“八五”期间，我国监测工作逐步完善，初步形成了以环境质量为核心的监测网络。各部门的环境监测工作也取得了积极进展。水利、海洋、气象、国土资源等部门分别建立了有关水文水质、海洋、酸雨、地下水水质等监测网络；农业、林业、海洋和中国科学院分别建立了有关生态监测或研究网络。目前我国环境监测工作已初步形成组织机构网络化和监测分析技术系统化的雏形。2008年，全国地级以上城市建成了1 309套空气自动监测系统，519个城市开展了城市空气质量监测（其中324个地级以上城市每日开展空气质量监测），477个城市进行了酸雨监测；全国重点流域建设了300多套水质自动监测系统，对长江、黄河等七大水系及浙闽、西北、西南诸河的387条河流，593个监测断面每月进行监测；对113个环保重点城市的410个饮用水水源地水质每月进行监测。在301个近岸海域国控站位开展了近岸海域水质监测；开展了城市区域环境噪声、交通噪声、功能区噪声监测；开展了电离辐射、电磁辐射的监测。依法发布各类环境质量报告。发布《中国环境状况公报》《城市空气质量日报预报》《水质自动监测周报》《地表水

水质月报》《重点城市饮用水水源地水质公报》《全国生态环境状况报告》《中国环境统计年报》《全国环境质量报告书》等各类环境状况报告。

我国的环境信息化建设从“九五”开始起步。经过十多年的努力，特别是“十五”期间通过一系列重大建设项目的实施，初步建立了国家级、省级、地市级三层架构的环境信息化组织管理体系，直接为各级环境保护主管部门提供信息化支持。推进全国环境信息机构规范化建设。启动了环境信息化标准体系建设，编制了一系列环境信息标准规范，已颁布5项环境信息标准。信息传输网络建设初具规模，2005年底，连接全国各省级环保厅（局）和计划单列市环保局的全国环境保护电子政务外网建成。“十五”期间，50%的省环保厅（局）已建成省辖范围内的宽带环保专网。环境管理业务应用开发不断深入，紧密围绕环境管理需求，以环境管理办公自动化应用为契机，以环境管理数据库开发为基础，以环境管理应用系统建设为核心，开展了一系列环境管理应用系统的开发与建设，使环境信息资源开发与利用水平得到逐步提高。环境信息服务得到明显加强，各地通过环境保护政府网站建设，为社会公众提供信息服务，促进了政务公开，提升了政府形象，环境信息化人才队伍初步形成。

（九）环境宣传教育力度不断加大，公众参与环保进展明显

在中宣部、教育部、国家环保局制定的《全国环境宣传教育行动纲要（1996—2010）》基础上，三部委又先后制定《2001—2005年全国环境宣传教育工作纲要》和《关于做好“十一五”时期环境宣传教育工作的意见》，指导开展全国环境宣传教育工作。2001年开始实施的国家第四个五年普法规划，把环境保护法律法规的宣传教育列为全民法制宣传教育的重要内容，并把环境保护法律法规纳入年度法制教育计划。开展了绿色社区、绿色学校、绿色家庭的创建活动。通过“保护母亲河”、“绿色承诺”、“天天环保”等实践活动，对广大青少年进行环境道德教育。新闻媒体加强了对环境保护的宣传报道。加强对领导干部、重点企业负责人的环保培训，提高其依法行政和守法经营意识。随着环境问题的凸显，环境文化的理念开始深入人心，人们越来越注重环境保护，同时环境意识的提高也使得更多的人在生产生活中更加崇尚绿色价值观和绿色生活方式。

国家出台了一系列措施推动公众参与环保。《中华人民共和国环境影响评价法》对公众参与作出制度性规定，要求对可能造成不良影响的规划或建设项目，应通过论证会、听证会或采取其他形式，征求有关单位、专家和公众对环境影响

评价报告书的意见。2005 年，国家环保总局就社会广泛关注的圆明园环境整治工程的环境影响举行了公开听证会。2006 年，为进一步拓宽环保公众参与民主决策的渠道，发布了《环境影响评价公众参与暂行办法》，详细规定了公众参与环境影响评价的范围、程序、组织形式等内容。2007 年，国家环保总局出台了《环境信息公开办法（试行）》，为更深层次的环保公众参与奠定了基础。在参与形式和参与内容上，公众参与环保已经不再局限于社会环保宣传活动，而是逐步发展为参政议政、为环境保护建言献策。民间环保团体利用媒体、环保读物宣传环保理念，开展环保调研和环保实践活动，在很大程度上推动了公众环保意识的不断提高。

二、环境保护监管存在的主要问题

30 多年来，我国不断完善环境法制体系，逐步建立起了具有中国特色的环境管理制度，环保投入逐年增加，环境监管能力和环保科技保障能力日益增强，支持和保障了我国环保事业的顺利发展。但是，随着我国经济的快速发展、社会主义市场经济体制的完善、依法治国方略的实施、环境保护的保障措施还存在一些问题，还不能很好地适应新的形势、新的发展和新的要求，环境保护的保障措施也面临新的挑战。环境保护支撑及保障体系存在的问题如下：

（一）环境法制体系尚需进一步完善

一是环境立法中还存在许多空白，不少重要领域尚无法可依。在土壤污染、化学物质污染、生态保护、遗传资源、生物安全、臭氧层保护、核安全、环境损害赔偿和环境监测等方面，还没有制定相应的法律或行政法规；环境规划的法律地位不明确，实施环境规划缺乏法律依据。

二是环境法律存在制度设计缺陷。现行环境法律对政府环境行为规范不够，对具体的环境责任和约束性规定薄弱，缺乏法律监督制度和制约机制。

三是环境违法刑事制裁不够，公民环境权益保障不足。我国刑法关于环境和自然资源方面的罪名大部分都是自然资源方面的，对环境违法的刑事制裁力度不够。尚未建立环境公益诉讼制度。

四是环保违法惩罚力度弱，造成企业违法成本低。尤其是对“私设暗管”偷排，用稀释手段“达标”排放等恶意违法行为缺乏有威慑力的处罚手段。

五是环境保护社会监督的法律保障制度尚不健全。尽管群众的公民主体意识和环境维权意识不断增强，环境污染损害纠纷增多，但是公众参与环境决策和监督以及维护自身环境权益等方面，还缺乏法定的程序和渠道。环境法律关于公民环境权益、环境民事赔偿和环境纠纷调处等规定尚不健全或存在空白，使公众的环境监督责任难以有效发挥，一些直接涉及人民群众切身利益的问题长期得不到解决，甚至成为影响社会稳定的重要因素。

六是环境标准体系尚需进一步完善。环保标准科研基础薄弱，投入不足。环境基准体系研究刚刚起步，缺乏统一的研究方法和数据库，尚未建立系统的污染物排放标准以及达标技术支撑体系。环境管理技术基础薄弱，排放标准在制定时的环境效应及技术经济可行性论证尚需加强。环境标准编制经费过低，排放标准的实施评估、复审机制亟待建立。环境保护标准体系的完善性、权威性和协调性尚待加强。

（二）环境执法不到位

环保部门缺乏查封、冻结、扣押、强制划拨权等行政强制手段，处罚手段弱、执行周期长、程序复杂等问题，导致对环境违法行为难查处、难执行、难追究责任。环境执法主体林立、权责分散、部门协调难、执法成本高、效能低下。一些地方受地方保护主义干扰，环境执法工作难以作为。区域性、流域性环境问题日益突出，而条块分割执法割裂了区域环境问题的整体性，跨界污染纠纷难以处理。执法机制不健全，对相关环境违法责任追究力度不够，部门联动协调机制尚不完善。在日常执法中，往往是环保部门单打独斗，执法任务重、装备差、人员少，环境执法能力还不能完全适应环境执法监督的实际需要。

（三）环境管理体制不顺

一是不能适应政府职能转变的需要。环保部门要由统一监管向强化综合协调、加强公共服务转变，现有的环境管理体制还不能够适应政府职能转变的需要。二是环保职能配置分散，部门职责交叉严重，中央与地方事权不明晰。环境保护涉及领域广，我国环保工作起步晚、起点低，有关法律对环境管理体制、部门职责的规定过于抽象，造成部分环保责任难以落实、相互推诿等问题。部分中央政府该承担的职责交由地方政府负责，部分适合地方政府承担的任务，中央政府又过多干预，大大增加了管理成本，降低了环境管理效率。政府间还存在财权上移、事权下移的趋势。基层政府承担的事权过重，责权不一致的问题较为突出。三是监督考核机制不健全。尚未建立对相关部门的环保监督机制。对地方政府的环保考核力度不够，环保责任对地方缺乏约束力，难以克服地方保护主义对环保的不当行政干预。四是综合调控能力薄弱。部门间高层次的议事协调机制不健全，目前环境保护部际联席会议机制作用难以有效发挥；环保部门组织协调各部门开展环境保护工作存在很大困难，统一监管难以到位；区域监管能力薄弱，虽设有区域环保督察派出机构，但作为事业单位，执法主体地位不明确，执法权威不够。五是人员编制严重不足。当前环境形势十分严峻，环保任务日益艰巨，但环保部门人员编制明显偏少，已经影响到环保行政执行力的有效发挥。

（四）环境影响评价制度执行力度不够

一是环境影响评价制度的实施还存在阻力。一些地方重经济轻环保，行政干预环评审批的现象比较明显，“先上车，后买票”、“上车不买票”、“越级审批”以及环评报告技术审查和行政审批走过场等现象还比较突出。二是环境影响制度本身不完善。《中华人民共和国环境影响评价法》规定的环境影响评价的约束范围不全面，政策、法规和部分规划尚未纳入其中，且规划环评条款过于原则，缺乏可操作的、切实可行的细则和规定。项目多头管理，部门职能分割，“肢解”环境影响评价的现象还很严重。公众参与环评体系不完善，缺乏具体明确的法律支持，参与形式单一，信息公开滞后。三是执行机制、体制不健全。一些地方环保部门对项目环评审批后的“三同时”执行情况缺乏有效监管，“重审批、轻验收”现象较为普遍。一些地方把关不严，“漏管”、“漏批”的现象比较突出。四是环评市场体系还不够健全，市场监管有待加强。一些环评机构与建设单位之间存在着不正常的关系，不重质量重利益，使得环评报告质量不高，不能客观公正地反映实际环境状况。

（五）区划和环境规划基础性作用尚未充分发挥

一是环境区划发挥的作用有限。大多数区划要么从自然要素出发，要么只从经济要素出发进行区域划分，没有综合统筹考虑经济、资源和环境问题。区划还没有深入研究和反映人类活动的影响及其反馈作用。一些区划偏离客观实际，过分侧重于部门利益。二是环境规划的约束性不强。缺乏具有法律意义的环境规划，一些环境规划仍然处于“墙上挂挂”的局面。环境规划实施的责任机制和监督考核机制有待进一步完善。三是重规划编制、轻规划实施的局面仍然存在。规划投资不到位，规划实施效果受制于其他多个部门，规划实施评估未实现制度化和规范化，实施主体和责任不明确，规划难以落实，导致一些规划的编制与实施脱节。四是不同层次规划有待进一步协调统一。环境保护规划缺乏与其他领域规划实质性的衔接协调，国家环境规划与省级、地方环境规划，以及环境专项规划等都存在一定的纵向和横向不协调的问题，地方规划难以体现国家总体规划的目标和要求。五是部分规划目标偏高。某些规划提出的目标缺乏足够的科学依据，对污染治理的长期性、艰巨性、复杂性和治理难度估计不足，目标、指标、任务、措施、投资内在关系和可达性分析不够。一些环境规划目标指标未充分体现区域间的差异性和特征性。环境规划指标较多地涉及污染防治，对于生态系统和人体健康涉及较少。

（六）环保投资总量不足，尚未形成稳定可靠的投入机制及渠道

一是投资总量不足。尽管近年来国家加大了环保投资力度，但相对环保实际需求仍显不足，"十五"期间的环保投入还达不到发达国家20世纪70年代的投入水平。"十五"期间环保投资绝对量增速趋缓，环保投资增长率小于固定资产增长率，环保投资中新建项目"三同时"环保投资占全社会固定资产投资比重偏低。环保投资占GDP的比重波动大，随机性较强，1994—1996年与2005—2006年两个时段集中出现了环保投资增长率小于同年GDP增长率的现象，环保投资弹性系数变化起伏较大。环保投资统计口径不清，造成环保投资底数不清。环保资金缺口逐年增加，资金保障程度差。规划确定的资金难以落实，环境保护重点工程项目资金难以保障，影响了规划目标的实现。

二是缺乏稳定性、约束性和制度性的投资渠道保障，环境保护投资仍然处于"一事一议"、"一时一策"的应急性状态。传统发展模式和财税制度使环保投资缺口大、基数少、保障难，环保投资增长率与GDP、财政收入、固定资产投资之间也没有建立长期均衡关系。环保投资渠道不畅、相对单一，一些传统渠道已经逐渐萎缩、失效，新的渠道尚未建立。大多数投资渠道没有约束性，缺乏持续、稳定的资金供给。约束性的环境保护目标没有约束性的环保投入保障，难以支撑我国环保事业的稳定、快速发展。环境保护多渠道投融资机制尚不健全，经济激励制度体系也很不完善。

三是政府间环保事权财权不匹配，稳定的财政投入保障机制远未建立。中央

和地方政府环境事权与财权分配格局不匹配，地方政府环境责任和财税支持条件不对等，财政投入尤其是地方财政投入不到位。另外，由于政府职能“越位”、“缺位”，引起财政支出的“越位”、“缺位”，财政支出方向与资金需求重点不一致。环保资金供给上缺乏稳定有效的财政制度保障。

四是环保投资缺乏监管，环保投资效率不高。由于缺乏预算约束机制、治污工程全过程技术管理的意识、有效监管制度、持续运行资金投入、持续运行的机制政策等，我国在投资总量不足的同时，还存在环保投资管理不当、资金绩效不高等问题，在客观上也加剧了环保投资资金供给的压力。

（七）过多使用行政手段，缺乏环境保护激励和约束的长效机制

长期以来，我国环保工作主要依赖行政手段，市场手段不健全，经济政策手段尚未形成体系，缺乏环境保护激励和约束的长效机制。行政手段虽然在短时间内立竿见影，但长期效果却十分有限。过多地运用行政手段治理污染，污染易反弹，行政成本高，容易激发社会矛盾，难以有效遏制污染转移，也加剧了市场的不公平竞争。

一是现行环境税费体系对环境保护的激励作用不足，对加强环境保护的调控作用相对较弱。与国外相对完善的环境税收体系相比，我国缺少直接针对污染排放和生态破坏行为课征的独立环境税，限制了税收对污染、破坏环境行为的调控力度，税收手段未能充分发挥保护环境的作用。现行环境税收体系中的部分税种，如资源税、消费税、增值税、企业所得税和进出口税收等，虽然通过增加环境资源的使用成本，刺激环境资源的节约利用，在一定程度上减少了污染排放，但环境保护的要求体现还不够充分，对环境保护的激励不足。

二是在资源和环境定价方面，还不能充分反映资源的稀缺性和环境成本，资源和环境的廉价不利于节约资源和保护环境，难以形成长效机制。生态补偿部门色彩明显、缺乏统一的政策框架和实施规划，补偿主体、补偿标准和资金渠道等问题一直得不到很好的解决。

三是资本市场的环境监管刚刚起步，还面临着提高认识、夯实基础和完善信息共享等多重制约。相当多的中小型污染企业采取民间融资或者自筹资金，绿色信贷对这些量大面广的污染企业尚不能发挥制约作用。加之目前还缺少具体的绿色信贷指导目录、环境风险评级标准等，商业银行难以制定相关的监管措施及内部实施细则，降低了“绿色信贷”措施的可操作性。企业上市环境核查尚待进一步完善。

四是绿色贸易政策还远远没有体现环境保护的要求。一些“高污染、高环境风险产品”大量出口国外，造成了“污染留在国内，产品大量出口”的现象。我国对外投资和海外援助的环境保护问题引起国际社会的高度关注。

五是环境经济政策基础研究薄弱，能力滞后，难以满足需要。相关基础研究薄弱，缺乏可供政策实施的禁止、限制、鼓励类的产品、设备、工艺等配套名录以及相关标准，政策的实施缺乏具体、可操作的依据；环境经济政策研究队伍能力滞后，缺乏一支既懂经济又懂环保的专家队伍；国家与地方尚未形成合力，地方环境经济政策研究刚刚起步，还未引起足够的重视。

（八）科技保障支撑能力有待提高

我国环境科研基本处于被动跟踪状态，缺乏系统的、基于国情的重大生态环境问题的研究和关键技术开发。环境科技的发展不能满足经济社会快速发展的需求，对新的环境问题缺少应对理论和技术储备。环境科研对环境与发展的决策支撑力度明显不足。除少数研究外，我国在环境科学领域的研究缺少基础性、战略性、原创性研究，缺乏为相关产业和产品的发展提供科技支撑的创新性能力。环境污染控制技术与设备水平低，集成创新不足。我国环境治理技术研发创新不足、目标分散、技术与设备集成和实用化水平低；一些关键领域缺乏有效的污染治理技术，设备国产化率较低；在大量引进国外技术与设备的同时，消化吸收不够，尚未形成具有自主知识产权的环保成套技术和设备，不能提供有效治理技术和服务。环境科技投入量和投入效率有待提高，公益性科研机构缺乏必要的扶持。国家环境科技创新体系尚未形成，环境科研创新基础能力薄弱，人才缺乏。缺乏科学有效的环境技术评估与示范推广机制，无技术可用、有技术不用、技术含量不高、污染治理设施低水平重复建设、企业排污不稳定达标等问题突出。

环保产业总体规模小，产业组织集中度较低，综合发展能力弱。我国环保产业从业单位绝大部分是小型微型企业，引领产业发展，具有研发、生产、服务一体化的大型骨干企业和企业集团较少。“群体大、个体弱”的局面仍没有大的改变，企业市场综合竞争能力不强。环境服务业发展滞后。环保技术与装备自主创新能力不强。

（九）环境监测和信息能力建设相对滞后

环境监测体系建设亟须加快。环境监测法律地位不明确，缺乏统一监督管理，部门间任务交叉，工作重复。全国尚无统一的环境监测网，缺乏统一规划。各部门的环境监测网根据自身的需要进行能力建设，不仅加重了国家和地方的财政负担，而且造成严重的低水平重复建设以及人力、物力和资源的浪费。缺乏科学统一的环境监测技术体系，环境监测数据缺乏可比性。各部门的环境监测系统都仅服务于本部门的管理需要，监测技术标准、监测数据上报制度等存在较大差异，造成各环境监测系统信息无法进行整合，严重影响政府科学决策。因多头发布环境监测信息，导致环境监测信息混乱，有损于政府的公信力，造成不良社会影响。环境监测资金投入不固定，缺乏长效保障机制。各级监测站的能力不足，特别是大量承担监测任务的城市站和县级站，在中西部地区基础能力不足问题尤为突出。许多市、县监测站尚不能按规范要求全面完成常规监测任务。

环境信息保障及服务能力薄弱。环境信息基础支撑及信息服务能力不足。环境信息采集缺乏规范性约束，环境信息及时响应能力薄弱，环境保护参与综合决策的信息支撑能力不足，环境信息对宏观管理和决策的支撑和保障不足。环境管理核心业务信息化应用水平低，业务化应用创新严重滞后于业务模式发展，使得环境管理业务信息化应用困难重重。目前环境信息支撑电子政务的信息服务能力还很薄弱。环境信息化自身基础和保障体系薄弱。无论是环境信息化网络覆盖能力、环境信息硬件设施，还是其他信息化基础条件也都很薄弱，难以满足工作的需要。环境信息标准规范建设滞后，环境信息开发应用水平层次较低，资源的共享和利用成为瓶颈，组织机构不健全，人才队伍匮乏，环境信息化工作缺少稳定的资金投入。环保政府网站建设也还需要进一步加强，为公众服务水平有待进一步提高。

（十）环境信息公开和公众参与亟待加强

环境信息公开的制度和机制还不够健全，环境信息公开的内容相对单一，难以满足公众对环境知情权的需求。企业环境信息公开的法律规范不够，公众难以及时准确地获取企业环境信息，企业违法排污行为得不到公众有效监督。随着我国环保事业进一步发展，公众对于环境保护的重要性、必要性、责任感和紧迫感均有显著提升，但公众主动了解环保知识、参与环保活动、监督政府和企业环境行为还很不足。公众参与环保主要是在环境污染、生态破坏等违法行为危及自身利益时才向环保部门讨说法的状态，没有充分发挥其从源头发现和制止违法行为的普遍监督作用。民间环境保护组织的力量仍然非常有限。由于公众环境意识、参与能力和水平、传统文化、体制缺陷，以及现行法律法规有关公众参与环境保护的规定，过于原则和抽象，缺乏可操作性等多种原因，公众参与环境监督的机制尚未普遍建立。

三、环境监管面临的挑战及今后改革思路

（一）环境监管工作面临的挑战

1．与科学发展观的要求不适应

与科学发展观的要求相比较，环境保护法制、政策、制度建设、能力建设等还不适应形势的需要。目前环境监管的常规措施主要是针对技术相对先进、环境管理相对完善、符合国家产业政策的大中型企业及城镇地区，而对那些技术落后、污染严重的小型企业及农村地区监管不力，环境监管与国家的科学发展相脱离。虽然环境管理体制不断健全，但是符合科学发展的环境管理体制还十分薄弱，环境与发展综合决策机制尚未形成，环境标准、执法等尚需加强，环境监测还不能如实反映环境质量，难以为科学的环境决策提供强有力的技术支撑。城乡一体化的环境保护体制尚未建立，分区分类的环境管理模式尚未形成，还没有充分体现科学发展观所要求的城乡统筹、区域统筹等思想。

2．与建设法治政府的要求不适应

建设法治政府要求建立完善的法律制度体系，规范行政执法行为，强化监督制约机制，推进依法行政。虽然环境法制建设取得很大进展，但目前有法不依、执法不严、违法不究的问题没有完全解决；有令不行、有禁不止等现象突出，侵害人民群众合法环境权益的现象在一些地方时有发生。一些立法领域存在空白或法律依据不足，一定程度上存在无法可依的情况；缺乏对政府环境行为约束的法律制度；现有法律法规偏软，环保部门缺乏强制执法权，对一些违法行为的震慑力不足；环保行政执法队伍的素质状况还不适应规范执法的需要，行政执法的监督机制还不适应从严治政的需要；环保行政复议能力建设还不适应依法化解社会矛盾的需要。

3．与完善社会主义市场经济体制不适应

改革开放 30 年来，我国经济领域基本上完成了由计划经济向社会主义市场经济体制的转型，但是，目前的环境政策体系仍带有计划经济时代“烙印”，行政手段一直是环境政策体系的“主角”，没有形成适应社会主义市场经济要求的环境政策体系。政府在环境管理中有时不计成本，大包大揽，影响了效率和效益；政府在发挥政策引导作用时，还没有形成将环境成本内部化的政策体系，对企业和公众的环境行为的激励和约束作用不强，还不能适应市场经济的需要。迫切需要利用市场手段配置具有公共物品属性的环境资源，从主要用行政办法转变为综合运用行政、经济、技术和信息等手段解决环境问题，形成有利于环境保护的长效政策机制。

4．与艰巨的环境管理任务不适应

目前我国环境问题已发生深刻变化，处于多种环境问题并存的转型期，对生态系统、人体健康、经济发展乃至国家安全的影响和风险都在明显加大，主要表现在：从常规的点源污染转向面源与点源相结合的复合污染；由单纯的工业污染过渡到工业和生活污染并存，农业污染日趋严重；传统污染物尚未得到全面控制，新的污染物不断增加；长距离跨界污染日趋严重；环境绩效差的污染型产业由发达地区向落后地区转移的趋势明显；生态问题日益突出和扩大，已经影响到区域、流域的生态安全和可持续发展；环境健康问题提上议事日程，清洁的空气、卫生的饮用水和食品安全问题越来越受到公众的关注、环境健康风险日益加大。发达国家上百年分阶段出现的环境问题，在我国 30 年的快速发展过程中集中出现，呈现压缩型、复合型和结构型特点，环境问题变得更为复杂，环境保护的任务更为艰巨。面对如此艰巨的环境管理任务，仅靠常规的工作思路和简单地就环境论环境的政策和措施，远远无法解决日益突出的环境问题。当前对环境问题的认识还很不到位，还不能充分意识到环境问题的长期性、艰巨性和复杂性；与复杂的环境管理任务相比，环境监管能力和人员素质还存在很大差距。

5．与全球环境保护形势与挑战不适应

当前全球气候变化、越境空气污染问题、生物多样性问题等日益引起国际社会的高度关注，环境问题已经成为影响国际政治经济关系的重要因素。在国际环

境履约谈判中，一些发达国家既从环境利益出发，推动国家环境履约，又受经济利益驱动，左右谈判走势，使全球环境保护的形势异常复杂；在全球产业结构调整中，发达国家把污染严重的产业转移到发展中国家，通过进口生产过程中对环境有较大污染的廉价产品，实行低价消费，又通过绿色壁垒，深刻影响了国际贸易的发展。我国是一个发展中的环境大国，既要面对国际环境公约履约压力，又要维护国家的发展权益和利益，而目前我国应对和谈判的基础性和技术性支撑不够，难以做到主动和有效的应对；我们既要借鉴国际经验，又要坚持一切从实际出发，制定符合国情的政策措施，而目前引进过国外先进理念的多，与国情结合制定有针对性和可操作性、效果好的政策相对少，环境管理与国际上的差距还很大。

6. 金融危机对环境保护带来严峻挑战

为积极应对国际金融危机，中央采取了调结构、扩内需、保增长等重大措施，将加强环境保护作为扩大内需的重要措施，环保投入进一步加大。但是，环境保护也面临新的挑战。一方面，金融危机使很多企业利润减少，资金流动性下降，企业污染治理设施建设和正常运行的难度加大，偷排漏排等违法排污风险增加；另一方面，一些地方实施的经济刺激计划没有充分考虑环境保护的要求，一些“两高一资”企业可能卷土重来，一些已经淘汰的落后产能、设备和企业可能死灰复燃，污染可能出现反弹。同时，国内经济走出低谷后的强劲反弹，也将给环境保护带来更大压力。

（二）改革的总体思路

环境保护支持保障措施的改革和完善，要以科学发展观为指导，坚持环保历史性转变的指导思想，坚持完善法制、发挥市场机制作用、依靠科技进步、加大公众参与力度，注重效率、强调公平、强化基础，进一步提高我国环境保护的支持保障水平，为实现环境保护的战略目标、推动生态文明建设提供强有力支撑。

1. 坚持历史性转变的指导思想

要加快推进从重经济增长轻环境保护转变为保护环境与经济增长并重，从环境保护滞后于经济发展转变为环境保护和经济发展同步，从主要用行政办法保护环境转变为综合运用法律、经济、技术和必要的行政办法解决环境问题。要坚持把环境保护摆上更加突出的战略位置，与经济社会发展统筹考虑、统一安排、同时部署；坚持环保规划先行，与产业规划、土地规划、城市规划相协调、相统一，以环保规划优化经济社会发展；坚持把环保要求全面融入经济社会发展的政策中，形成有利于环境保护的政策氛围；坚持改革创新，加快重点领域和关键环节改革步伐，构建充满生机、富有效率、更加开放、有利于历史性转变的体制机制，进一步增强环保工作的动力和活力。

2. 坚持依法管理，完善环境法治

要完善环境法律法规，健全环境法律制度。从完善体制、机制和制度入手，着力规范和约束行政权力，强化法律责任，严格责任追究。要高度重视人民群众的监督，自觉接受权力机关的监督，加大信息公开，促进公众参与。加强环境执法，确保环境保护法律、法规、规章和标准得到全面实施，使公民、法人和其他组织合法的环境权益得到切实保护，环境违法行为得到严厉的制裁。强化行政监督，要及时纠正违法和不当的行政行为。

3. 转变政府职能，完善体制机制

要按照建设服务型政府的要求，加快环保部门职能转变。环保部门要由统一监管向强化综合协调、加强公共服务转变，环保部门要为公众参与做好服务，为治污和生态保护做好服务。要突出加强环境综合管理，积极探索大部委环境管理体制，解决部门职责交叉、权责脱节和效率不高的问题，团结和动员各方面的力量，形成环保工作合力。环保部门要以转变职能为核心，将体制改革、机制改革、制度改革与职能转变相协调。要加大行政资源整合力度，进一步理顺关系，合理划分中央、地方事权，充分发挥中央和地方两方面的作用。

4. 与社会主义市场经济体制相适应，完善环境经济政策体系

要坚持从再生产的全过程制定环境经济政策，将环境保护贯穿于生产、流通、分配、消费的各个环节。要通过市场手段调节企业和社会的环境行为和利益，为治理污染和生态保护提供政策上的支持，不断完善环境保护的激励和约束机制，努力提高环境建设的效率和效益。要在环境税费、资源和环境价格改革上进行重大突破，将企业环境外部成本内部化，以此带动企业技术进步和产业升级，推动

企业自觉遵守环境法律法规。

5. 积极应对国际金融危机，加快调整经济结构和产业结构

要努力把应对金融危机当做转变传统发展模式、推动科学发展、调整经济产业结构的重大机遇，力争在化危为机上见实效。既要立足当前，保持我国经济平稳较快增长，也要从战略和长远出发，加快结构调整和发展方式转变。金融危机导致我国外需大量减少，客观上为我们转变发展方式、调整经济结构提供了巨大的“倒逼机制”压力。要通过严格的环境标准和政策法规，促进产业升级换代和产业合理布局，改善投资结构，防止重复建设，淘汰落后产能，推动建立可持续的生产体系。

四、环境监管的对策与措施

（一）加强环境法治建设

1. 修改《中华人民共和国环境保护法》，加强对政府环境行为的制约和监督

围绕落实地方政府对环境质量负总责的要求，重点解决地方政府干扰环境执法问题，切实落实主要领导是环保第一责任人、分管领导是直接责任人的要求，创建和强化一批重要的环境管理制度，包括生态区划与环境功能区划制度、环保规划制度、生态补偿制度、跨界环境纠纷与环境质量考核制度、环境保护目标责任制、责任追究制度、淘汰落后产能制度及补偿机制、环境法律援助与救济制度等。

2. 填补法律空白领域，修订现行环境法律

抓紧拟订有关土壤污染、化学物质污染、生态保护和环境监测等方面的法律法规草案，尽快填补环境立法的空白。制定土壤污染防治法，规定土壤监测与标准、土壤污染防治监督管理、土壤污染预防、土壤污染整治、农产品产地土壤污染防治等内容。制定有毒化学品控制法，建立国际上普遍采用的一些先进的化学品管理制度、措施、方法，规范新化学物质环境管理、危害环境化学物质的管理和化学物质污染环境突发事件的应急处理。制定生态保护法，系统规定生态环境

质量评价、生态监测、生态功能区划、生态补偿机制、生态破坏事件应急等制度。制定环境监测管理条例，协调有关部门的环境监测管理职责与职能，统一规划全国环境监测网络建设与运行、统一环境监测信息综合评价与发布。

对法律法规的原则性规定，制定与其配套的法规、规章、标准、导则和名录，增强法律的可操作性。抓紧修订和完善《中华人民共和国大气污染防治法》《中华人民共和国环境噪声污染防治法》《中华人民共和国环境影响评价法》《中华人民共和国固体废物污染环境防治法》等。加强物种及遗传资源保护与惠益分享的法规建设，进行生物安全、外来入侵物种防治、物种资源知识产权保护等方面的国家立法，加快地方物种资源保护的立法工作。对我国缔结或者参加的国际履约，制定配套的法律法规。

3．健全和完善环境管理制度

对现行的环境管理手段进行系统的甄别和评估，有效整合和改进环境管理制度，通过“整合一批、改进一批、新建一批”，形成一个既吸收国际先进环境管理经验，又能够在我国国情下得到有效实施的环境管理制度体系。“整合一批”是将现行环境管理制度中性质相同或相近甚至功能重叠交叉的制度整合起来；“改进一批”是根据新形势对环境管理的要求，改进原有环境管理制度；“新建一批”是根据我国深化改革、法制建设和环境管理的新情况、新经验，建立一批新的制度。在这些“整合”、“改进”和“新建”中，建立监督和制约环境行政行为的制度是一项重点工作。

4．推进国家法律生态化

站在建设生态文明的高度来审视我国的法律体系，对与环境法律相关的所有法律从落实科学发展观和制度建设的角度，进行一次审查和调整，使之更好地同环境法律的立法宗旨和制度安排协调起来，更好地保障环境法律的实施，与环境法律一起共同成为我国生态文明的法律保障。推进刑法、民法、物权法、行政法、资源法、经济法等国家重要法律对环境保护的支持，形成体现科学发展观和生态文明观的国家法律体系。

（二）建设完备的环境执法监督体系，提高环境执法监管能力

树立服务科学发展的理念，着力解决影响可持续发展和人民群众生产生活的

突出环境问题；树立生态系统执法的理念，整合环境执法监督资源；树立公平正义的理念，保障人民群众环境权益；树立执法效能的先进的环境执法监督理念。到2020年努力建成“权责明确、行为规范、监督有力、运转高效”的环境执法监督体系。

1. 改革环境执法监督体制

通过立法明确环境执法监督机构的执法地位和工作职责，将环境执法监督人员纳入公务员序列，研究探索建立环境警察队伍；合理界定和调整行政法规执法权限，逐步整合优化环境执法资源，实现行政审批权、行政许可权与执法监督权的相对分离，整合环保部门内各职能部门的现场执法监督权并由环境执法监督机构统一行使；按照“国家监察、地方监管、单位负责”的总体要求，合理划分层级事权，理顺环境执法监督组织管理体系；建设规范权威的环境执法监督机构，成立副部级的国家环境监察局，统一管理全国环境执法监督工作，归口管理和业务指导区域派出机构执法监督业务工作。在国家现有派出机构的基础上，结合区域生态特征和行政区划，重新规划、调整派出机构的设置，完善其职能；远期将整合优化分散于国务院有关部门的生态环境执法监督职能，并加强地方环境执法监督机构建设。

2. 创新环境执法监督工作机制

形成协调有序的内部执法监督机制，包括建立和完善内部信息交流和沟通协调制度、建立重大案件集体审理制度、健全岗位目标管理责任制和考核奖惩制度、完善执法过错责任追究制度。建立上下联动机制，包括健全巡查制度、强化直查制度、完善案件备案和统计制度、完善稽查制度、建立年度考核制度。健全区域、流域环境执法监督协作机制，包括建立信息共享制度、联合检查制度、环境事件协同处置制度。建立和完善环境执法监督部门联动机制，包括完善部际联席会议制度、环境案件移交移送制度，建立执法信息通报制度。建立广泛的社会监督机制，包括完善环境执法监督信息公开制度、健全环境投诉举报制度、建立社会环境监督员制度、完善环境听证制度、建立重大环境违法案件新闻发布制度；建立引导企业自律的机制，包括全面推进企业环境监督员制度、建立企业年度环境报告制度、完善企业环境行为信用评价制度，建立企业环境风险等级制度。完善对政府及相关部门履行环保职责的监督检查机制，包括建立个案监督检查制度、健全挂牌督办制度、建立环境监察建议书制度。

3．提高环境执法监督能力

加强环境执法人才队伍建设。建设一支数量与任务匹配的环境执法监督队伍；实行科学管理，加强环境执法监督人才培养和继续教育；继续推进环境监察标准化建设，东部及有条件的中西部城市环境执法监督机构率先实现现代化，提升环境执法装备水平；提高环境执法信息化水平，建设污染源自动监控系统、环境违法行为举报投诉信息管理系统、污染源现场执法信息管理系统、生态环境遥感与地理信息监测系统、环境污染事故应急指挥系统；建立企业环境监督员制度，设立法律援助机构、污染损害评估机构等社会中介机构，充分发挥这些机构对环境执法的服务作用。

（三）加强环境系统管理，推进综合协调管理体制的建立

1．合理设定中央政府和地方政府的环境保护责任

加强国家环境保护主管部门对地方环境保护部门的监督和指导。在行政区划的基础上，建立和健全环保管理机构的区域协调机制，解决跨地区环境问题。合理划分中央和地方在环境保护方面的责任。强化中央统一领导，充分发挥地方主动性、积极性；中央与地方继续实行分级负责的环境管理体制；按照“权责匹配，重心下移”原则，合理划分中央与地方政府在管理环境事务的权利，明确职责；加大环保系统干部双重管理力度，形成中央和地方在环境保护中的合作关系，提高国家对地方的环境保护调控效率。中央与地方的职权划分，可以根据污染源和生态保护的范围和问题的重要性进行职能界定，凡属于跨区域、流域的环境问题，以及危害较大和影响较深的环境问题等，可由中央政府加强政策制定、协调和管理，而属于地域性的环境问题，由当地政府来执行，但是中央政府拥有监督的权利。

2．切实转变职能，建立适应优化经济发展的环境管理体制

强化综合管理、宏观调控、监督执法和公共服务等职能，逐步解决环境管理职能分散、交叉等问题，实现责权统一。分阶段完善国家环境管理体制，逐步推进统一监管和分部门负责的“大部制”改革。近期的改革目标是横向上减少环保

职能交叉，适当归并环保职能，提高环境行政管理效率。纵向上进一步下放职能，科学划分中央和地方的环保事权，加强地方尤其是基层环保机构能力建设。做实国家核安全局，做大环境监察体系，做强环境支撑体系。中期改革目标是统筹整合相关部门的生态保护职能，由国家环境保护行政主管部门统筹协调和监督管理国家环境事务和生态保护工作。赋予环保派出机构更多环境管理职能，明确其行政地位，充分发挥其区域环境管理能力。研究建立环境监察专员制度，切实建立健全“国家监察、地方监管、单位负责”的环境监管体制。远期的改革目标是借鉴发达国家大部制改革经验，加快推进大部制改革，重点解决好生态保护、核与辐射安全、环境监察、环境监测等体制和职能问题。

3. 建立跨部协调机构，增加环境保护部的协调能力

成立独立于环境保护部之外的国家环境质量委员会，负责监督、协调环境战略、环境质量等有关工作，为中央决策提供环境政策方面的咨询。

加强生态文明建设，建议国务院成立生态文明建设领导小组。组长由国务院领导担任，各部门负责人作为成员，办公室设在环境保护部。生态文明建设领导小组应该成为协调国务院各部委在环境保护和生态建设的领导机构，尤其是要能够协调环境保护部与经济综合决策部门、资源管理部门和其他部门之间关系，从而能够发挥综合管理的职能。由国家环境保护主管部门负责统一规划、协调和指导有关生态文明建设工作。

（四）建立环境区划和规划制度，完善环境影响评价制度，建立环保参与宏观经济调控机制

1. 建立环境区划制度

以环境区划落实主体功能区环境要求。以青藏高原环境功能区划为试点，探索基于多环境要素相互作用考虑的综合环境功能区划，研究提出跨省界区划方案或者大区域性的环境功能区划，实现要素功能区划方案向综合环境管理区划融合集成，实施分区管理，分类指导。以宏观综合管理为主、兼顾区域要素控制，提出配套环境政策，建立相关专项区划协调机制，建立区划实施政府责任考核机制和区划实施的动态评估机制。以统一环境功能区划为龙头，实现环境保护规划的统一。以民生为本，确保人体健康和生态系统安全。重要生态功能区要求未来发

展要坚持保护优先、适度开发、点状发展，加强生态修复和环境保护，引导超载人口逐步有序转移。环境质量满足重要生态功能保护的需要，要确保区域生态环境安全；根据区域主导生态功能保护的需要，因地制宜开展生态保护与生态建设项目，提高退化土地和受损生态功能修复率。

2. 进一步强化环境规划的约束性

编制具有法律效力的中长期环境规划，体现环境规划的先导性，为制定经济社会发展规划提供依据。改变规划编制和实施“两张皮”状态，规划目标、任务、手段、措施要力求匹配，约束性环境保护目标必须要有约束性的环保投资相匹配。尽快建立规划实施技术平台，强化环境保护规划实施与经济社会的联动预警分析，建立并完善环境规划的实施评估机制。根据不同功能区的生态环境特点，建立合理的考核体系，将区域的生态保护和环境治理目标列入政府考核项目，实施环境规划执行的行政问责制度。

构建合理有序的规划体系。继承“横向+纵向”的规划体系，增加要素规划的覆盖面，试点编制复合型污染的环境规划；构建合理的国家环境规划体系；以环境目标体系为核心着力加强环境规划体系相互衔接，实现环境总体规划与要素规划、国家环境规划与区域/地方环境规划、中长期规划与短期实施计划的三统一；理清各层级环境规划的重点和差异；强化目标指标的可达性分析和关联度；实现总体规划和要素规划的有机互补。

力争若干环境规划创新。编制全面、可达的“十二五”总量控制实施规划；着手编制重大预算项目战略规划；编制统一的重点流域水污染防治规划。“十三五”或更长一段时间内逐步扩展到编制全国水污染防治规划，规定省界断面和国控断面考核目标，强调国家事权；在要素规划质量导向的基础上，实行人体健康和生态系统的规划战略重点转移。

3. 加强和完善环境影响评价制度

加强和完善战略环境影响评价制度。建立环境影响评价综合决策机制，提高战略（规划）环境影响评价的权威和地位。推动战略环境影响评价法规建设和战略环境影响评价管理机制建设。逐步建立从单一的项目环境影响评价到战略环境影响评价、规划环境影响评价和项目环境影响评价整体配套的环境影响评价体系。加快从单纯调整企业行为向综合调整政府、企业、公众行为的转变，从控制物质生产环节向全过程控制转变。充分发挥战略环境影响评价综合决策平台的作用。建立战略环境影响评价审批和监督委员会；继续推进公众参与，进一步加大和规范信息公开制度，提高公众参与环境影响评价的有效性。建立独立的环境影响评价审查委员会和第三方后评估制度。

加强项目环境影响评价制度。完善环境影响评价执行机制。积极开展环境影响后评估，落实重大项目的跟踪评价制度，制定环境影响评价考核、激励、问责机制；实现环境影响评价全程监控；提高环境影响评价制度的效率；扩大公众参与环境影响评价的广度和深度；加大处罚力度，对于违法或不严格履行环境影响评价制度的给予严厉的处罚，促进环境影响评价的有效执行。

（五）完善环境经济政策，建立环境保护的激励和约束机制

1. 推动绿色税收政策

一是尽快建立促进科学发展的环境税收政策体系。“十一五”期间重点推行以环境保护为主体功能的独立型环境税税种，以此为我国环境税收体系建设的突破口。可以考虑开征碳税，起始税率可考虑低额度、大范围征收的方式，在远期可参考国内清洁发展机制吨碳价格调整税率。争取该阶段以立法的形式出台《环境税收征收管理条例》或《环境税法》。“十二五”期间，拓宽、深化环境税收体系，提高环境税的法律效力。“十三五”期间，合理税费归位，促进环境税收体系不断完善，基本构建符合科学发展要求的环境税收制度。

二是落实企业所得税环保优惠政策，制定符合条件的、享受所得税优惠的环境保护项目和环保专用设备目录，鼓励企业治理污染和购置环保专用设备。

三是继续开展高污染、高环境风险产品目录制定并提出有关取消出口退税的建议，环保要求与出口管理尽量接口，实行差别税率。

四是加大消费税改革的力度，将部分严重污染环境、大量消耗资源的产品纳入消费税征收范围。

2. 建立生态补偿机制

建立涵盖西部地区、流域上下游、重要生态功能区和自然保护区、矿产资源开发、重污染行业退出、资源枯竭型城市的生态补偿等七大领域的生态补偿政策体系。坚持“受益者付费，破坏者补偿”的原则，补偿标准的确定应以调整相关

利益主体间的环境利益与经济利益的分配关系为核心，以内化相关生态保护或破坏行为的外部成本为基准；明确不同补偿主体、受偿主体的责任和义务。“十一五”期间，重点完成我国生态补偿框架体系设计，加大力度推进国家重要生态功能区、自然保护区、矿产资源开发和重点流域四大领域的生态补偿政策试点工作，同时开展重污染企业退出补偿、西部生态屏障和资源枯竭型城市的补偿机制研究，并推进相关政策出台；“十二五”期间，继续推进四大领域试点工作的实施，充分评估重污染企业退出、西部生态屏障以及资源枯竭型城市进一步开展生态补偿试点的可行性，争取出台若干重要的国家生态补偿政策；“十三五”期间，完善国家生态补偿政策设计，争取用 15 年左右的时间，初步建立适应国家可持续发展需求的生态补偿体系。

3．继续推进资源环境价格和收费政策改革

2008—2010 年，研究提出环境收费政策框架体系，强化排污收费的立法和执法能力建设，构建监测部门和监察部门合作机制，完善自然资源立法，积极促进金属矿物、非金属矿物和能源矿物资源的价格改革。2010—2015 年，加大费改税建设，做好与环境税政策体系的对接，同时，深化推进水资源、电价、煤炭、石油、天然气等关键性资源性产品的定价机制改革，强化环境资源价格改革的能力配备建设；逐步理顺煤炭、石油、天然气、水等资源价格成本构成机制，构建基于市场的环境资源全成本定价机制，充分考虑生态破坏、污染治理和生态恢复等成本。2015—2020 年，不断完善环境资源定价政策体系，基本形成可持续的环境资源定价政策体系。

4．构建有效支撑可持续发展的绿色资本市场

“十一五”期间，设计绿色资本市场的政策构架，尽快制定《环保信贷指导目录》《环境污染责任保险指导目录》《上市企业环境绩效评估指南》等政策文件，加快绿色资本市场的立法研究和建设，沟通行业界开展环境责任险论证，充分考虑在现有的相关法律法规（如《中华人民共和国保险法》《中华人民共和国环境保护法》等）中纳入环境保险内容的可行性。提出一套合理的、针对拟上市公司环境绩效审核监管标准和评估指标与方法，加强环保部门企业环境信息的供给能力建设，构建环保部门和金融系统的信息沟通平台，有效提高环保部门与保险、信贷系统的协作，编制并发布我国证券市场环境绩效指数。总结中国银行等银行实

施环境信贷的经验，在北京、天津、重庆、上海、江苏等企业环境绩效评估研究基础较好的省市选择 100 家重污染、高耗能的上市公司或正准备上市的公司开展环境绩效评估试点并总结经验，促使出台有关构建绿色资本市场所需的操作性强的政策。“十二五”期间，继续加大环保金融手段研究的力度，持续深化推进试点实践，争取出台具有可操作性的法规，进一步完善实施机制，初步构建形成绿色资本市场政策体系。“十三五”期间，继续推进试点，总结试点示范经验，完善绿色资本市场政策体系，基本构建能够满足社会主义市场机制需求的绿色资本市场政策体系。

5. 积极探索排污指标的有偿使用和交易机制

研究制定排污权有偿使用和交易政策，加强监管、平台、组织机构和宣教建设力度；启动国家电力行业排污交易试点，因地制宜地引导地方开展水污染物排放指标有偿使用和排污交易试点。鼓励基于自愿的温室气体排放贸易试点和其他具有环境权益的产品的交易；继续鼓励能效等优先领域清洁发展机制项目开发。

6. 继续扩大政府绿色采购，积极引导绿色消费，大力推动绿色生产

制定和完善政府绿色采购的法律法规，全面推行政府绿色采购制度。选择优先领域、优先行业、优先产品分别制定相关标准，不断完善政府绿色采购的标准体系。建立对清单产品的优先采购机制。及时调整、更新绿色清单信息，实时动态管理。公布政府采购信息，完善监督机制。

（六）建立稳定的环境保护投资机制与渠道

1. 完善环境公共财政体系，提高环境保护投资绩效

合理界定中央政府与地方政府环境保护的事权财权，实施政府环保“一级财权一级事权”的公共财政制度。要制定有关环境保护预算和投入的专项规定，形成各级政府环保财政预算的硬约束，确保最基本的财政投入底线，着力形成机制、建立渠道、明确基数，并将其作为环境保护法修改的重要内容。做实“211 环境保护科目”，各级政府新增财力要向环保投资倾斜，逐步提高政府预算中环保投入的比重，明确环保投入占 GDP 比例，确保环保公共财政支出增幅高于 GDP 和财政收入的增长速度。建立健全落实政府环保职责和公共服务功能的稳定、机制化

的财政渠道，促使地方政府的“211 环境保护科目”“有渠有水”、“水源充足”。中央政府在每年新增财政收入中按照 5%～10%的比例专项用于环境保护，成立国家环境保护专项资金（含核与辐射安全资金）。国家财政转移支付应加大环境保护的权重，制定积极的国家环保公共投资政策，将环境服务均等化作为公共财政保障重点。

2．积极引导、推动社会力量加大对环保的投入

进一步完善环境服务收费制度，强化市场监管，明确所有制，开放市场，制定收费政策和税收优惠政策等内容，保障城市污水和垃圾处理市场化的健康有序发展。通过改革和完善相关机制，成立国家环保投资公司、财政担保公司，发行市政环保债券，充分利用信贷、债券、信托投资和银行贷款等多渠道的商业融资手段，为社会资本进入环保领域疏通渠道，筹措环保资金。建立国家财政资金跟踪问责机制，完善监督管理机制，努力提高环保投资实施效果。

（七）加强环境科技支撑能力，加快发展环保产业

1．完善环境保护标准体系及管理制度

要制定体现国家环境保护目标的环境质量标准和具有中国特色的污染物排放标准，完善与此相配套的标准体系和环境技术管理体系。开展排放标准体系及其实施效果评估，包括对标准制订计划的评估、标准实施效果评估等，将评估信息整理、提炼、公开并纳入决策依据范畴。

建立国家环境基准体系，为环境质量标准的制定提供科学依据。将保护生态的基准和保护人体健康的基准作为我国环境基准体系的基本内容。在水方面，应以建立保护水生生物基准和保护人体健康基准作为核心内容，同时跟踪国际上生物学基准、微生物基准、营养物基准、底泥基准等的研究进展，适时建立相应的基准体系。在大气方面，应建立以人体流行病学数据为基础的大气环境基准，并逐步开展保护生态环境的大气环境基准研究。建立我国保护生态环境基准和保护人体健康基准的导则，系统指导我国环境基准工作的开展。

完善排放标准体系。排放标准的本质是规定和推动环境保护技术进步的政策。制定排放标准，要以技术为依据，同时考虑社会承受能力；要定期评估和更新排放标准，推动环境保护技术进步和升级。要更加关注排放标准的费用效益（效果）。

排放标准的形式不应只局限于一个排放限值。排放标准在体现其强制性的优势的同时，也应尽可能为排放源提供选择执行的灵活性。要尽可能全面、多样化地制定排放标准，包括为控制排放而制定的原料燃料品质标准，从而构成一个形式多样化的排放标准体系。

鼓励拥有先进环境保护技术的单位和个人参与标准研制。建立排放标准管理信息公开和公众参与制度。依照一定的程序规范，强调信息公开和决策透明，尤其在立项、审查、复审等关键节点的公开评议和质询。标准制定和实施过程中，强调利益相关者，包括政府的相关机构、标准研制单位和个人、技术审查专家、非政府组织、企业、公众等多方的参与协作。

2. 加强环境科技和环保产业支撑能力

完善环保科学决策机制，提升环境科技发展内在驱动力；深化环境科技体制改革，加强公益性环境科研机构建设和流域、区域综合观测研究能力建设以及及早发现重大环境问题的调查能力建设。

建立政府为主导、企业为主体、市场为导向、产学研相结合的环境技术创新体系。充分发挥企业作为环保技术投入的主体地位，引导企业开展环保技术创新和对引进先进技术的消化吸收与再创新。要大力开发污染控制与生态保护的高新技术、关键技术和共性技术，通过与企业的紧密结合，迅速将相关技术成果转化为商品化和产业化的生产能力，直接为环境污染控制、生态保护和环境质量改善服务。

建立环境科技的区域创新体系。区域创新体系是指在区域层次上集聚和整合各类创新要素所构成的社会化网络。中国科学院、中国工程院、相关高等院校、环保系统国家科研院所要与地方科研院所紧密协作，就区域性、流域性重大环境问题进行联合攻关。要将中央和地方科技力量有机结合，促进区域内科技资源的合理配置和高效利用。要以建立和完善区域创新体系、提高区域科技创新能力为主线，实施区域环保技术体系建设战略、中心城市科技创新辐射带动战略和集群创新战略。

建立环境科技中介服务体系，尤其加强公益性环境科研院所的现代化建设。要针对当前科技中介服务行业规模小、功能单一、服务能力薄弱等突出问题，大力培育和发展各类环境科技中介服务机构，加强环保先进适用技术推广应用。引导科技中介服务机构向专业化、规模化和规范化方向发展。要充分发挥高等院校、科研院所和各类社团在科技中介服务中的重要作用。发挥各类环保产业协会、环境科学学会以及行业协会在咨询服务、技术转化和推广、环境科普、学术交流中的作用。加快发展环保服务业，推进环境咨询市场化。

加强公益性科研院所的现代化建设。进一步深入公益性科研院所管理体制改革，建立健全人事管理制度、收入分配制度等，完善绩效评估、考核和激励机制。加强学科建设、基础性工作和队伍建设，加强基础理论研究、高新技术以及应用开发和技术推广，为国家环境管理提供强有力的技术支撑。同时，也要加强地方环保科研院所建设。

建立环保产业与环境保护协调发展机制，强化市场监管，引导环保产业健康发展。积极引导企业参与环境科技创新，鼓励国家优势科研单位多学科交叉，参与环境科技的创新。调整优化产业结构，加速环境服务业发展。应把结构调整作为环保产业宏观调控的重点，通过财政、信贷、税收等政策，实现资源合理流动与优化配置。加快环境服务业发展，积极推动环境咨询、环境工程技术咨询、环保设施运营、环境监测与分析等市场的发展。提升环保产业规模经济水平，形成产业内适度集中、企业间充分竞争和协调发展的格局，实施骨干企业和企业集团发展战略，提高市场集中度。

（八）建设先进的环境监测预警体系

1. 完善环境监测法律法规和制度

要依法管理和开展环境监测工作，加快环境监测法治化进程。积极推动制定《环境监测管理条例》等法规，明确环境监测统一监督管理的机制，以及环境监测事业、监测行为、监测数据的性质和法律地位等。抓紧制定《环境监测网运行管理办法》《环境监测设施管理办法》《环境监测信息传输和信息发布管理办法》等规章制度。制（修）订一批与监测预警体系建设密切相关的、包括《环境监测站建设标准》《环境监测定员定额标准》等在内的标准，加快和规范环境监测预警体系建设。

2. 研究创新环境监测机构的管理体制

以获取科学、准确、及时、可靠、统一的环境监测数据为目标，开展环境监测管理模式探索，研究创新环境监测机构的管理模式，逐步理顺全国环境监测管理体制与运行机制。由环境保护部统一组织、监督和管理全国的环境监测工作，对全国环境质量状况进行监视和报告；各大区域（东北、华北、华东、华南、华中、西北、西南）应设立区域监测派出机构（如分局等），作为区域性环境监测中心，按要求组织开展本区域的环境质量监测，对本区域的地方监测数据质量进行监督，真正落实环境质量地方负责制。

3. 完善环境监测网

优化调整国家环境监测网。以推进历史性转变、满足环境保护和环境监管需要为出发点，以网络与监测点位（断面、站位）结构设计和功能实现为突破点，以说清全国和流域、区域环境质量状况及其变化、掌握污染源污染物排放情况、对环境突发事件进行应急监测与有效预警为落脚点，优化调整国家环境监测网（简称国控网）和骨干成员，承担全国或流域、区域环境空气、酸沉降、沙尘暴、地表水、地下水、海洋、土壤、生态/生物、城市噪声、电离辐射、电磁辐射、污染源等监测任务，开展环境突发事件应急监测与预警。

加快建设地方环境监测网。根据国控网建设原则，尽快建设省级和市级环境监测网，做到三级环境监测网的监测任务不重叠，监测数据共享，覆盖面科学，建成监测数据具有代表性地满足环境监管工作的环境监测网络体系。要按照事权划分原则，明确界定国家与地方在国控网监测任务、能力建设、运行管理、质量管理和信息管理等方面的权责关系。

根据环保工作需要，将POPs、光化学烟雾、细粒子等污染物纳入常规监测。针对性地开展前瞻性环境问题研究，逐步开展全球气候变化、生物多样性、臭氧层保护、持久性有机污染物、温室效应、危险废物越境迁移等监测。建立支持环境与健康预防体系的环境监测和疾病监控体系及信息平台建设，对危害健康的重点污染源和污染物进行长期监测，掌握我国主要污染物和人体健康的动态变化趋势，建立环境与健康监测数据库，为国家采取预防对策和干预措施的重要依据。建立水环境与健康监测（特别要加强农村水环境与健康的监测、饮用水水源地监测）、大气环境与健康监测体系，并逐步建立土壤环境与健康监测体系。建立环境与健康风险评估机制，加强环境与健康风险预警工作。

4. 加强环境监测科研，加大环境监测投入

加强环境监测基础研究和应用技术研究（包括监测基础理论、监测新技术和

新方法、环境监测技术规范、分析方法标准、预测预报、综合评价、质量控制等），加快环境监测科技成果转化，强化科技创新对建设先进的环境监测预警体系的促进作用，提高环境监测预警体系的科技含量。积极引导和促进我国环境监测技术产业的发展，提高国产环境监测仪器的质量和技术水平，加快实现国产环境监测仪器的自动化、系列化。加大自动在线监测仪器、总量监测仪器、应急监测仪器、多功能便携式现场监测仪器和环境监测实验室专用仪器的研究和开发力度，提高环境监测仪器国产化和产业化水平，为建成先进的环境监测预警体系、实现环境监测现代化发展目标、保证环境监测预警体系长期稳定运行奠定基础。

（九）加强环境信息能力建设

启动实施“金环工程”和“数字环保”工程建设，促进信息化与环保工作的融合，全面提升环境监管的效能和水平。加强环境信息化机构和队伍建设，完善环境信息安全保障体系，实施环境信息化标准规范建设工程，努力提高环境信息化建设与运行水平。

逐步协调和整合有关环境信息的制度。理清现有的环境监测、环境统计、排污申报登记等各项制度的关系。对于相互重叠的指标，应该建立统一的核查机制，来保证环境信息源的统一；建立信息使用机制，保证各类信息使用者都能获取明确的环境信息。

建立有利于环境信息化发展的体制机制。一是要加强统一领导，健全环境信息化工作体制。建立由国家环境保护主管部门牵头、相关部门参与的联合工作机制；实行信息主管制度，加强对环保部门环境信息化工作的统一领导；建立环境信息目标考核制度；制订实施环境信息化发展规划，将环境信息化纳入统筹规划的发展轨道。二是要建立完善环境信息化工作运行机制。建立完善、分级维护的环境信息工作机制；建立合理的环保系统内部、外部环境信息资源共享交换机制，保障环境信息的共享与利用；完善政府主导的经费保障机制；建立面向市场的技术保障机制和完善的信息化培训体系。

整合环境信息资源，建立合理的交换与共享机制，建设“环境信息枢纽”，建立环境信息共享网站和环境数据库，加快环境保护现代化、信息化建设，提高环境信息资源的综合利用和服务水平。加强环境信息基础设施和信息资源建设。将环境信息化纳入国家电子政务工程重点业务信息系统建设；加快建设信息采集基础设施和环境信息网络基础能力建设；建立信息资源统一管理模式，通过体制、制度、技术等多种保障手段，对分散在各个部门、各个单位、各个层面、不同来源、不同形式、不同用途的环境数据实行全覆盖、全过程、全尺度的统一管理，提高信息资源共享和利用水平。

推进环境信息技术应用，提升信息服务水平。建设环境管理核心业务应用系统，完善环境信息服务体系；大力建设政府网站，推进政务公开，保障公众知情权、参与权、监督权，以网上审批和在线投诉为突破点，积极延伸政府服务范围，有效降低政府服务门槛。加强环境信息化保障体系建设。

建立、完善环境与健康信息管理与服务工作机制。建立国家环境与健康信息平台和建立环境与健康信息服务工作机制，为相关管理部门的工作提供技术依据，为环境与健康有关单位提供科学基础数据。建立环境与健康信息的发布管理制度，定期发布环境与健康信息，向社会公布环境污染信息和可能造成健康损害的信息，接受公众监督，帮助社会公众规避健康风险。在环境与健康信息发布上加强部门间的沟通和协作，保证信息的权威性和准确性。建立国家级和地方环境污染动态监测数据库、健康影响动态监测数据库；建立环境与健康监测数据存储、收集、汇总、调用和安全保护工作机制，统一环境和健康数据代码并与国际代码接轨，加强数据质量控制、质量保证和审计，形成有效监测数据信息资源，为国家和地方环境与健康管理决策提供科学依据，为环境与健康研究提供基础数据。

（十）提高全民环境意识，维护公众环境权益，推动公众参与环境监督

完善环境信息公开制度，保证公众知情权；畅通参与渠道，推动公众参与环境监督。探索实行社区环境圆桌对话机制，建立政府、企业、公众定期沟通、平等对话、协商解决的机制和平台。扩大公众环境知情权和监督权，健全重大环境政策、立法、环评审批等听证制度，完善立法听证程序，促进环境决策民主化。研究并逐步完善环境公益诉讼制度。实行环境污染有奖举报，鼓励公众对违法企业的揭发检举。充分发挥环境非政府组织在普及环境知识和倡导公众参与方面的重要作用，引导环境非政府组织支持我国环境保护工作。加强面向不同社会群体的环境教育与培训，特别要加大对各级决策者和企业的环境教育与培训，积极促进生态文明观念在社会上的牢固树立和普及；完善环境新闻宣传管理机制，积极发挥新闻媒体的舆论引导和监督作用。

加强环境文化建设，创新环境文化表现形式，建立良好的环境文化发展机制，营造环境文化社会氛围，积极引导环境公益活动；加强国际环境文化交流与合作；

加强环境社会宣传，加大环境社会宣传资金投入力度，发挥环境社会宣传机构和环境图书出版在社会宣传中的重要作用。

（十一）建立环境政策评估制度

建立环境政策评估制度，推动环境政策评估的理论与实践，完善环境政策执行机制和提高环境政策执行水平。制定环境政策评估管理办法，规定包括形成独立于环保部门的环境政策评估机制，加强专家学者与公众的参与，将环境政策评估结论作为决定重大环境政策延续或革新的重要依据。研究开发环境政策评估的方法与技术指南。研究内容包括环境政策评估的模式、环境政策评估的程序与技术规范、环境政策评估的模型库、参数库与案例库等。

开展重大环境政策的实施评估。开展总量控制、排放标准、环境监测、排污许可证、排污权交易等重大环境政策的实施评估，总结其经验与教训，为研究建立环境政策评估制度提供实践支撑。

第八章　重大建议

综合4个课题和29个专题研究成果，经研究提炼，提出以下重大建议。

（一）严格环境标准，强化环境监管，进一步促进经济结构调整，优化经济增长

在应对国际金融危机、拉动内需、保持经济平稳较快发展中，各地要严格执行环境保护法律法规，坚持既定的减排任务和目标，实行环境保护工作问责制，对违反国家产业政策、违反环保法规新上污染环境、破坏生态的项目，要坚决查处，情节严重者，应追究当地主要领导的责任；要将环境质量改善情况纳入各级党政领导干部政绩考核，实行干部离任环保审计。要将环境保护优化经济增长的机制逐步完善，坚持下去。对环境违法事件比较多、环境污染较重的地区和产能过剩行业实行严格的“区域限批”制度，把“区域限批”和领导问责制结合起来。

发挥经济主管部门和行业协会的作用，协调产业发展和环境保护的关系，加大产业发展中的环保投入和产业技术开发投入，推进产业技术进步和产业结构优化，加速淘汰难以满足环保要求的落后生产工艺和产品，在产业经济发展中实现我国环境保护的重点突破。有关部门应协力合作，尽快健全重污染企业退出机制，保证落后生产工艺、产品及企业的及时、平稳、有序地退出。

（二）建立稳定的环境保护投入机制，大幅提高中央和地方政府履行环保事权的能力，确保环保任务与投入的责权统一，努力提高环保资金的使用效率

国家应制定有关环境保护预算和投入的专项规定，确定政府履行环境保护职责的相应财政资金安排，明确渠道、明确责任；完善政策机制，推动建立包括政府投入、市场投入的多元化环保投入机制；对国家重大环境保护专项和重大环保项目的投资（如扩大内需等项目的环保投资），环保行政主管部门应依法履行职责；要继续加大环境保护重点工程、重大科技、国家环境执法和监测能力建设的投入，形成与中央政府环境综合管理相适应的环保调控能力。

（三）稳步推进税收制度的绿色化，建立有利于保护环境、节约资源的税收和价格政策体系

研究建立独立型环境税，并在部分地区先行试点；完善包括企业所得税、消费税、营业税等在内的现有税收政策改革，使其更多地体现环境保护的要求，鼓励和引导企业治理污染、保护生态；逐步建立和完善资源税、生态税和环境税，将环境资源的税收作为地方财政收入的新的增长点，以推动地方政府职能的转变；借鉴国际经验，逐步提高石油、煤炭、天然气、水资源以及各种矿产资源等价格，尽快与国际市场接轨，推动增长方式转变和经济结构调整。

（四）完善国家环境保护管理体制，推进“大部制”改革

应继续厘清国务院各部门之间和各级政府的环保职责，努力减少部门间和层级间的职能交叉、监管缺位和推诿扯皮；完善环保行政主管部门的职能，科学划分国务院各部门的环保事权以及中央和地方的环保事权，充分发挥有关部门的作用，做到权责统一。分阶段推进环保管理体制改革，最终实现环保“大部制”管理。完善国家环境决策和环境监管技术咨询服务体系，充分发挥环保社会中介组织的作用。

（五）加强环境法治，完善监管制度

以“强化政府责任”为主线，启动修改《环境保护法》，重点制定有关约束和规范各级政府环境行为的法律制度；以“强化环境民事责任”为主线，研究制定环境污染损害赔偿法等，完善保障公众环境权益的法律制度；以“厘清环境监管制度”为主线，研究现有环境监管制度之间的有机联系，减少重复、交叉、冲突和矛盾，按照“整合一批、改进一批、新建一批”的原则，逐步完善环境法律制度；以“国家法律生态化”为主线，积极推动民商法、行政法、经济法、社会法、刑法等法律与环境法律法规及制度安排的协调统一，更好地发挥国家法律体系对环境保护的保障作用。

（六）实施环境风险管理策略，积极防范有毒有害物质污染环境

国家“十二五”或更长时期的环境规划控制指标，要以维护环境安全、生态稳定和人体健康为宗旨，从重点控制常规污染扩展到控制危害环境与健康的各种环境风险。水环境保护要增加对过量营养盐和有毒有害物质等的控制；大气环境保护要增加对大气细颗粒物、氮氧化物、臭氧等的控制；要强化饮用水、地下水和土壤环境保护，严格防治重金属和有机物污染，做好污染土地的调查和修复；环境监管和环境监测要根据上述要求进行调整，各地可从实际出发确定地方控制指标，同时将环境风险作为调整产业布局、环境功能区划的依据。开展环境风险的科学研究，创新风险管理体制、机制，制定环境风险管理规划和环境风险应急预案，规范环境风险评价步骤和程序，提高防范环境风险的能力。结合节能减排，制定必要的政策措施，做好温室气体的协同控制。

（七）请国务院听取环境宏观战略研究成果汇报，在 2009 年年底发布中央关于加强环境保护工作的文件，指导“十二五”我国环境保护工作

后记

中国环境宏观战略研究是我国环境保护领域的一项重要基础性工程。2007 年 5 月 11 日，启动了由中国工程院和环保部共同承担的中国环境宏观战略研究项目。三年来，在项目领导小组和专家领导小组的领导下，参与研究的各位院士、专家、学者迎难而上，主动配合，以扎实严谨的工作态度和出精品争一流的进取意识，开展了大量工作，项目成果丰硕，4 个课题组 29 个专题形成了研究报告 600 多万字。这些成果对于我国加快建设资源节约、环境友好型社会，提高生态文明水平，具有重要的指导意义。

2010 年 12 月 20 日，李克强同志在中国环境宏观战略研究成果应用座谈会上指出，“研究的目的在于应用。要把研究提出的新理念、新战略切实转化为可操作的新举措、新政策”，要“把环境宏观战略研究的成果转化好应用好”，“这是对专家学者们的尊重，更是对国家和民族的未来负责，是对广大人民群众尽心尽力的体现”。

为了认真落实中央领导的有关要求，中国宏观战略项目办公室后续又举办了一系列成果宣传和辅导活动，并组织编写相关宣讲辅导材料和重要研究成果摘要。本书从长达 132 万字的《中国宏观战略研究综合报告卷》中选取了重要成果精华，编辑成册出版。希望本书的出版能够方便广大干部和群众学习，快速了解成果概貌，推动研究成果的宣传普及，并将有关成果充分利用于指导环境保护工作，践行中国环境保护新路的力量和方法，并在实践中不断完善和丰富，为逐步增强我国可持续发展能力，加快生态文明建设贡献力量。

编　者